Flash CC 2015动画设计标准教程

常 征 倪宝童 等编著

清华大学出版社
北 京

内 容 简 介

本书全面介绍了使用Flash设计动画的操作方法和处理技巧，内容包括Flash软件操作，绘制图形与填充，编辑形状，编辑文本，使用图层，使用元件，创建Flash动画，制作基于对象的动画，编写ActionScript脚本，实现复杂的程序内容，应用交互组件和多媒体后期制作等，基本涵盖了Flash软件应用的各个方面。本书结构编排合理，图文并茂，实例丰富，可有效帮助用户提升Flash的操作水平，适合作为高等院校相关专业教材，也可以作为读者自学动画制作的参考资料。

图书在版编目（CIP）数据

Flash CC 2015动画设计标准教程/常征等编著. —北京：清华大学出版社，2017（2017.7重印）
（清华电脑学堂）

ISBN 978-7-302-44577-7

Ⅰ. ①F…　Ⅱ. ①常…　Ⅲ. ①动画制作软件-教材　Ⅳ. ①TP391.41

中国版本图书馆CIP数据核字（2016）第175058号

责任编辑：冯志强　薛　阳
封面设计：杨玉芳
责任校对：徐俊伟
责任印制：李红英

出版发行：清华大学出版社
网　　址：http://www.tup.com.cn, http://www.wqbook.com
地　　址：北京清华大学学研大厦A座　　邮　　编：100084
社 总 机：010-62770175　　邮　　购：010-62786544
投稿与读者服务：010-62776969，c-service@tup.tsinghua.edu.cn
质量反馈：010-62772015，zhiliang@tup.tsinghua.edu.cn
印 装 者：清华大学印刷厂
经　　销：全国新华书店
开　　本：185mm×260mm　　印　　张：15.75　　字　　数：397千字
版　　次：2017年2月第1版　　印　　次：2017年7月第2次印刷
印　　数：3001～5000
定　　价：39.80元

产品编号：058294-01

前　　言

传统的动画制作是基于纸面的，在纸张上绘制原画，然后再通过高速摄像机或摄影机，将动画录制为视频数据。随着计算机技术的发展，越来越多的动画开始以计算机为主要设计工具，应用贝塞尔曲线绘制矢量图形，并使用编程语言来控制动画，增强了动画元素的可复用性。

计算机技术的普及迅速改变了传统的动画制作行业，计算机辅助设计使得人们摆脱了传统的笔、颜料和纸张，迅速进入到计算机动画设计的新时代。Flash 作为典型的动画设计软件，支持对位图数据的处理、矢量图形的绘制，以及脚本控制等，可以独立完成各种动画开发项目。由于 Flash 动画具有体积小、放大后不失真、交互能力强、制作简便、边下载边运行、可输出多种格式的电影文件等诸多优点，使得它在多媒体课件制作中的应用越来越广泛。动画设计的电子化、数字化降低了课件动画制作的成本，提高了动画设计的效率。本书以较新的 Flash CC 软件为基础，详细介绍 Flash 制作的相关知识。

1．本书内容

本书共分为 10 章，由多位在动画设计及脚本开发方面有多年经验的专业人士编著而成，通过通俗易懂的语言、图文并茂的体例风格，详细讲解动画的技术与技巧。具体内容如下。

第 1 章介绍了 Flash CC 的基本界面、基本功能、应用领域等基础知识，以及创建 Flash 影片和导入外部各种素材文档的方法，帮助用户打下一个良好的基础。

第 2 章介绍使用 Flash 绘制矢量线条、几何图形，以及为几何图形填充颜色的方法，并介绍了 Flash 的几种路径编辑工具，如钢笔工具等。

第 3 章以选择工具、部分选取工具、套索工具等为基础，介绍了对绘制对象进行复制、删除、移动、锁定、编组、分离、排列、对齐和贴紧等功能，帮助用户了解如何提高绘制图形的效率，以及创建文本、编辑文本和设置文本属性的方法。

第 4 章介绍了 Flash CC 中的图层概念，以及创建遮罩层和引导层、图层文件夹的创建、查看、编辑等方法。

第 5 章着重介绍了按钮元件、影片剪辑元件、图形元件等的创建、编辑方法，Flash CC 的投影滤镜、模糊滤镜、发光滤镜、斜角滤镜、渐变发光滤镜、渐变斜角滤镜以及调整颜色滤镜等的使用方法。

第 6 章介绍了 Flash 动画的原理，以及帧的概念，并讲解制作逐帧动画和补间动画的方法。

第 7 章介绍了制作 3D 动画、骨骼和运动学的方法，包括 3D 旋转工具、3D 平移工具的使用方法以及调整透视角度和消失点的方法，以及添加 IK 骨骼、选择骨骼、连接与约束、制作 IK 骨骼动画等内容。

第 8 章介绍了 ActionScript 脚本技术的基础知识，以及控制语句流程的方法。除此之外，还介绍了函数这一重要的编程概念。

第 9 章介绍了 Flash 中应用多媒体技术的方法，包括使用音频和视频等。除此之外，还介绍了动画制作后期的一些处理操作，包括导出数据和发布影片等。

第 10 章介绍了几种类型课件的制作，并附有详细的制作例子。

2．本书特色

本书是一本专门介绍 Flash 动画设计与制作基础知识的教程，在编写过程中精心设计了内容丰富的体例，以帮助读者顺利学习本书的内容。

- ❑ **课堂练习**　本书每一章都安排了丰富的练习，以实例形式演示 Flash Professional CC 的操作知识，便于读者模仿学习操作，同时方便了教师组织授课内容。
- ❑ **串珠逻辑**　统一采用了三级标题灵活安排全书内容，每章最后都对本章知识进行思考练习，从而达到内容安排收放自如，方便读者学习本书内容的目的。
- ❑ **全程图解**　本书制作了大量精美的实例，通过插图读者可以看到逼真的实例效果，从而迅速掌握 Flash Professional CC 的应用。
- ❑ **思考练习**　复习题测试读者对本章所介绍内容的掌握程度；思考练习理论结合实际，引导读者提高上机操作能力。

3．读者对象

本书结构编排合理，图文并茂，实例丰富，全书包含众多知识点，采用与实际范例相结合的方式进行讲解，可以供高等院校和高职高专院校学生学习使用，也可以作为读者自学动画制作的参考资料。

参与本书编写的人员除了封面署名人员外，还有李敏杰、余惠枫、吕单单、郑国栋、隋晓莹、郑家祥、王红梅、张伟、刘文渊等人。由于时间仓促，作者水平有限，书中疏漏之处在所难免，敬请读者朋友批评指正，可以登录清华大学出版社网站 www.tup.com.cn 与作者联系。

目　录

第1章

体验 Flash CC 2015

Flash 是一款设计和制作动画的专业软件，许多设计者和开发者使用它来创建演示稿、应用程序和其他允许用户交互的内容。为了更好地帮助广大设计者和开发者，Adobe 公司在 2015 年推出新版 Flash Professional CC 2015（以下简称 Flash）软件，为交互式 Web 站点、创建数字动画、桌面应用程序及手机应用程序开发提供了功能更加全面的创作和编辑环境，因此相比旧版更加受到了广大动画设计者和开发者的喜爱。

本章将通过介绍 Flash 软件的基本功能、Flash 的应用领域、Flash 的工作界面等，帮助用户了解如何使用 Flash 软件，管理 Flash 文件以及使用辅助工具、设置场景、导入素材等相关知识。

1.1 Flash 概述

Flash 是一种创作工具，它通过矢量绘图方式显示图形，允许用户以时间轴的方式控制图形的运动，通过流的方式传输多媒体数据，同时支持以脚本控制各种动画元素，实现用户与动画的交互。

在现阶段，Flash 主要用于广告、小游戏、MTV、产品展示、开发网络应用程序等几个方面。

为了实现 Flash 的多种动画特效，可以通过添加图片、声音、视频和特殊效果，构建包含丰富媒体的 Flash 应用程序。最后通过一帧帧连续播放的动态过程，就是用户的制作需要。

1.1.1 Flash 基本功能

Flash 是目前影响最广泛的动画设计与制作软件，其具备了从动画的绘制、动作的实现到最后的编程控制以及最后动画的输出一整套功能，可以完全满足用户的动画创意、动画设计、动画制作以及动画发布所有的要求。Flash 软件具有如下几种基本功能。

1. 原画绘制

原画是动画制作领域的术语，是指在动作场景中，某个动作的起始和结束的画面，也就是动画绘制的关键动作，绘制原画是绘制动画动作的基础。

在传统的动画制作行业中，原画往往是绘制在纸张上的，绘制这样的原画费时费力，绘制时的修改也很麻烦，人力成本和物力成本都相当高昂。

对于一些长达几十分钟甚至几个小时的动画而言，绘画师往往需要花费数月时间来绘制这些原画，进行大量的重复性工作。

在 Flash 中，原画被称作“关键帧”，其地位同样十分重要。Flash 软件提供了非常强大的矢量图形绘制工具，包括线条工具、矩形工具、椭圆工具、铅笔工具、钢笔工具等，用户无须美术基础，只需使用鼠标即可以所见即所得的方式，绘制图形和图像。

同时，Flash 还可识别外接的绘图板，可将绘图板中绘制的笔触转换为矢量的线条。因此，无论是“鼠绘流”用户还是“板绘流”用户，都可以方便地使用 Flash 绘制原画。

提 示

“鼠绘流”和“板绘流”是指计算机绘画的两个主要流派。“鼠绘流”主要使用鼠标进行绘制，借助绘画软件实现笔触的力度，而“板绘流”则主要使用各种绘画板进行绘制。

使用 Flash 最大的优点在于，Flash 是一种基于元件的动画设计软件。在绘制动画中相同的物体时，绘画师无须像在纸张上绘制一样重复地进行绘制，只需要将已画好的物体复制过来即可。

2. 补间制作

早期的动画制作工艺十分复杂，除了绘制原画以外，动画的绘画师们还需要绘制两张原画之间的动作动画，即补间动画。计算机动画的出现，为动画制作提供了新的助力。人们编写了动画制作软件，可以自动分析动画的关键帧，然后用计算机自动绘制补间动画。

在各种动画制作软件中，Flash 的补间动画制作功能最为强大。用户只需要为两个关键帧中同一个元件的属性设置一个差值，或将两张图像转换为矢量图并分离，即可轻松地制作普通补间动画和形状补间动画，快速创建影片。

3. 编写脚本

大多数计算机动画只能按照一个时间轴逐帧地显示动画。这样的动画被称作线性动画。线性动画可以方便地展示一个动画片的情节发生、发展、高潮和终结，但无法实现与观众的交互。

Flash 支持动作脚本语言和 JavaScript 脚本语言，允许设计者使用脚本代码控制影片的播放、暂停、重复、返回等。

动作脚本的出现，使 Flash 动画具备极强的交互能力，摆脱了传统动画的束缚。如今，Flash 动画已被应用到了诸多领域，成为最灵活的前台。

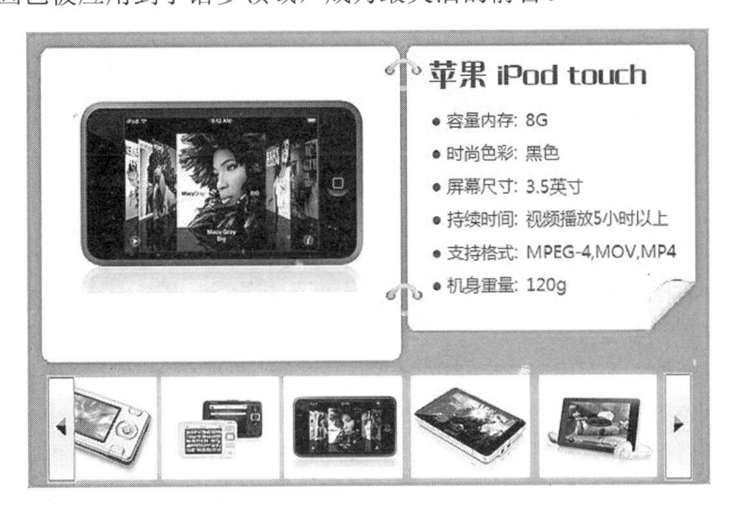

4. 导出动画

Flash 允许将用户设计和制作的动画导出为多种格式，包括 SWF 动画（Flash 动画的标准格式）、包含动画的网页、GIF 图像、JPEG 图像、PNG 图像、Windows 可执行程序和 Macintosh 可执行程序等，几乎可以在所有的计算机平台中播放。

1.1.2 Flash 应用领域

Flash 是一种矢量动画设计软件。使用 Flash 设计制作的动画体积很小，然而表现形式却十分丰富，且兼容多种操作系统和设备，被称作最灵活的前台。因此，Flash 被大量应用于互联网和各种媒体平台中，包括 PC、MAC、手机、数字电视、PDA 等。Flash 软件主要包括以下基本功能。

1．制作网站动画

传统的 XHTML+CSS+JavaScript 技术由于浏览器的代码解析引擎限制，通常只适合表现一些静态的页面。

随着个人计算机的性能提升，以及互联网带宽的提高，越来越多的网站开发者将目光投到 Flash 动画上，通过简单的动作脚本和各种补间、逐帧动画技术相结合，将动画应用到网页开发中，突破浏览器的限制，实现丰富的动画效果。

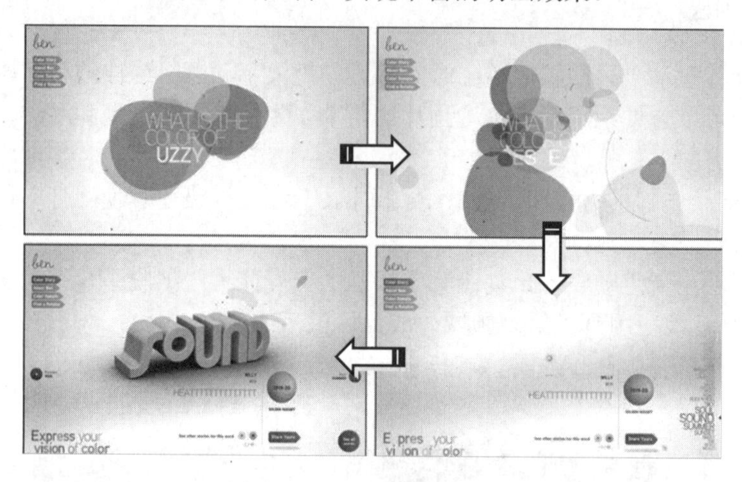

2．制作网络广告

广告业务一直是互联网中各种网站最重要的收入来源之一。早期的网络广告往往是以 JavaScript 控制的各种图像来实现，由于浏览器的差异，编写的这些脚本很容易产生错误，造成用户无法浏览。

Flash 技术为网络广告提供了一个新的舞台，设计师们可以用可视化的界面设计出可以在任何网页浏览器以及操作系统下都能正常播放的动画，不会因为脚本解析问题而影响用户对网站的印象。制作精美的动画还可以吸引用户观看，提高广告的投放效益。

3. 设计动漫短片

Flash 的本职工作就是设计和制作各种动画。相比在纸上绘制、然后再拍摄，最后剪辑视频的传统动画制作方式，使用 Flash 制作动画成本更低，技术也更加简单。

用户无须专业的漫画绘制技巧、摄影摄像设备、影视后期处理技术，也可以制作出非常精美的动画。

4. 制作演示课件

Flash 软件的界面十分友好，可视化制作动画的功能十分强大，既可以制作各种线性动画，也可以制作各种非线性动画，因此，被广泛应用到各种教学、宣传、演示的制作中。

相比传统的板书和 PowerPoint 幻灯片，Flash 的表现手法更加丰富，而且 Flash 动画可以进行编译，防止他人获取源文件后进行篡改。

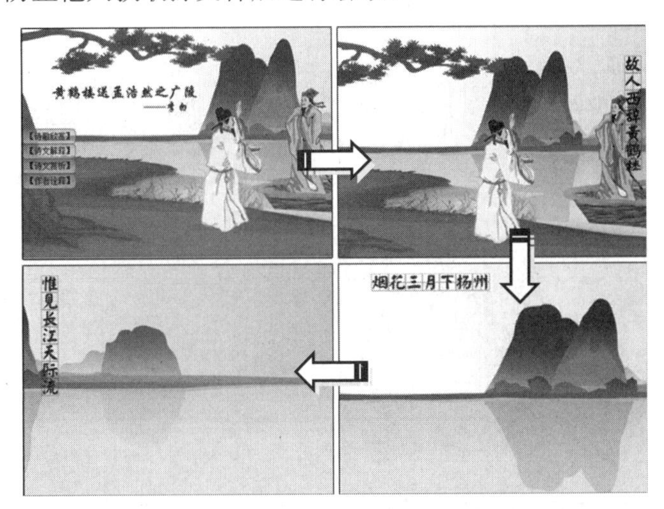

5. 开发应用程序

随着 RIA（Rich Internet Application，富互联网应用）技术的深入人心以及 Adobe AIR

（Adobe Integrated Runtime，Adobe 集成运行时）技术的提出，Flash 已经不再是一款简单的动画设计软件。自 Flash MX 以来，Macromedia 公司以及后继的 Adobe 公司不断地增强 Flash 软件与动作脚本语言的结合，逐渐将 Flash 设计成为一种综合性的跨平台开发软件。

现在的 Flash 软件不仅可以设计动画，也可以通过动作脚本，开发各种简单的小型桌面应用程序，以及基于互联网的网络应用程序。作为一种新的智能开发平台，Flash 拥有巨大的潜力。

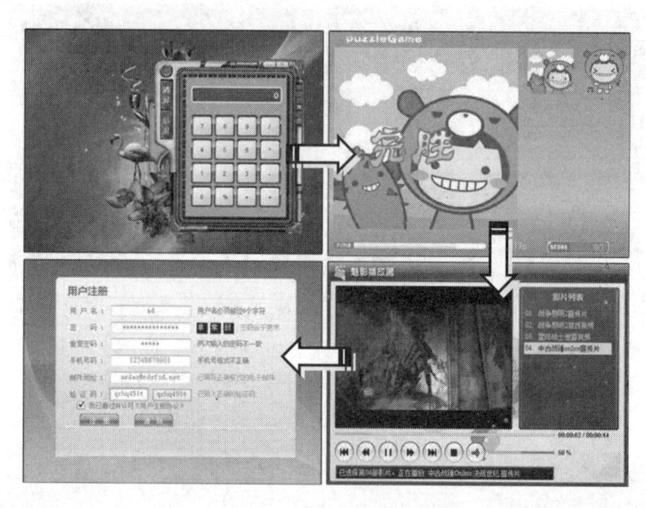

1.2　Flash CC 2015 的工作区界面

Flash CC 2015 是 Flash 系列软件中的最新版本，在用户界面方面基本延续了上一版本的风格，以便用户快速上手。在 Flash CC 的【工作区】主界面中，包含【菜单栏】、选项卡式的【文档】窗格、【时间轴】/【动画编辑器】面板、【属性】/【库】面板、【工具箱】面板等组成部分。

Flash CC 2015 的界面与传统的 Flash 软件有很大区别，在 Flash CC 2015 新的【工作区】界面中，将传统的【时间轴】面板移到了主界面的下方，与新增的【动画编辑器】面板组合在一起；同时将【属性】面板和【库】面板两个面板组成面板组，与【工具箱】面板一起移到了主界面的右侧。这样调整的目的是尽量增大【舞台】的面积，使用户可以方便地设计动画。以下是 Flash 主界面中各组成部分的简要介绍。

1. 菜单栏

Flash 与同为 Adobe 创作套件的其他软件相比最典型的特征就是没有标题栏。Adobe 公司将 Flash 的标题栏和菜单栏集成到了一起，使得在有限的屏幕大小中尽可能多地将空间留给【文档】窗格。

在菜单栏中，包含设计和制作 Flash 动画时所需要的所有 11 个命令菜单，即【文件】、【编辑】、【视图】、【插入】、【修改】、【文本】、【命令】、【控制】、【调试】、【窗口】和【帮助】等。

在菜单栏右侧，新增了【工作区切换器】菜单。Adobe 创作套件 4 的一大特点就是提供了一些预制的工作区布局供用户选择使用。同时，还允许用户创建、存储和编辑自定义的工作区布局。

2.【文档】窗格

【文档】窗格是 Flash 工作区中最重要的组成部分之一，其作用是显示绘制的图形图像，以及辅助绘制的各种参考线。

在默认状态下，【文档】窗格以选项卡的形式显示当前打开的所有 Flash 影片文件、动作脚本文件等。用户可用鼠标按住选项卡名称，然后将其拖曳出【选项卡】栏，使其切换为窗口形式。

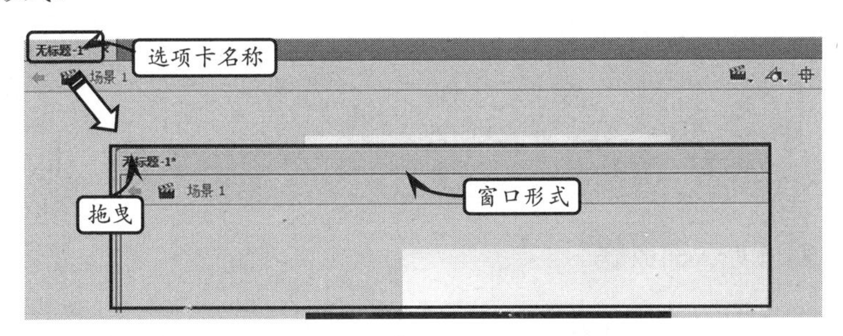

同样，用户也可用鼠标按住窗口形式的【文档】窗格标题栏，将其拖曳至【文档】窗格区域的顶端，将其切换为选项卡形式。

在【文档】窗格中，主要包括【标题栏】/【选项卡名称栏】和【舞台】等两个组成部分。在舞台中，又包括【场景】工具栏和【场景】两个部分。

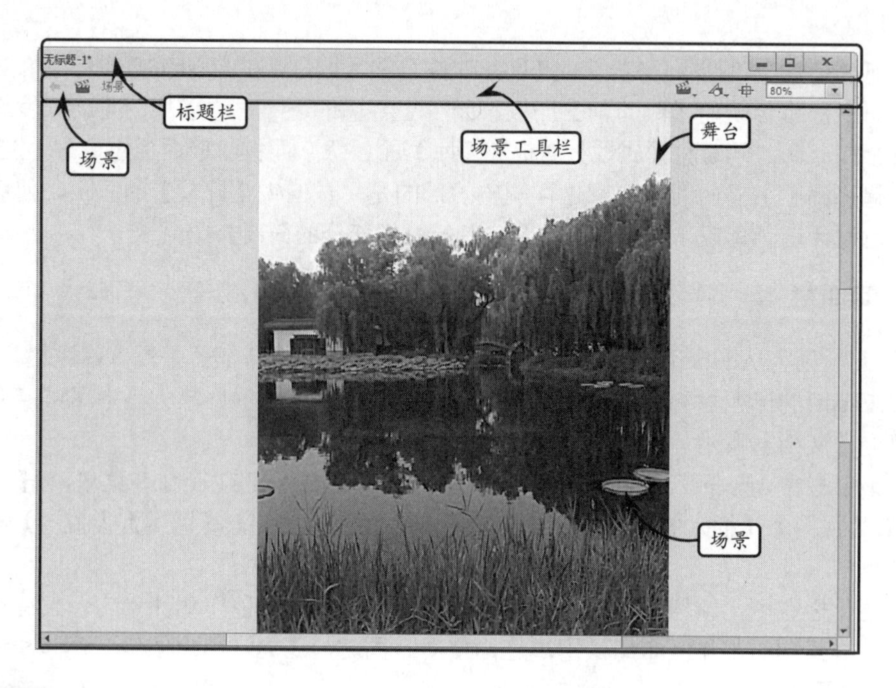

提 示

【场景】工具栏的作用是显示当前场景的名称，并提供一系列的显示切换功能，包括元件间的切换和场景间的切换等。【场景】工具栏中自左至右分别为【后退】按钮、【场景名称】文本字段、【编辑场景】按钮、【编辑元件】按钮等内容。

3.【时间轴】/【动画编辑器】面板组

时间轴是指动画播放所依据的一条抽象的轴线。在 Flash 中，将这条抽象的轴线具象化到了一个面板中，即【时间轴】面板。

早期的 Flash 软件中，【时间轴】面板通常在 Flash 主工作区的顶部。默认情况下，Flash 则将【时间轴】面板放在了工作区的底部。

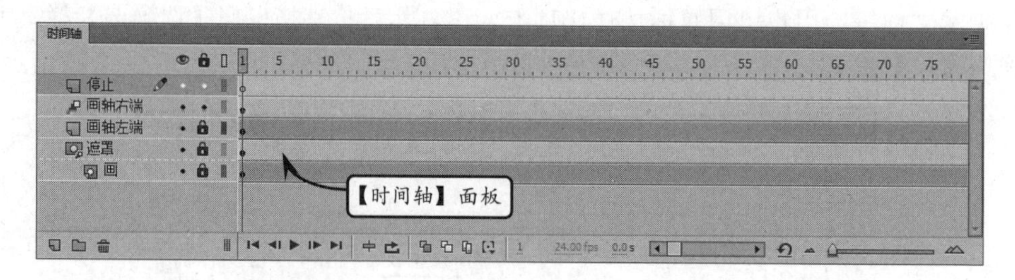

4.【属性】/【库】面板组

【属性】面板又被称作【属性】检查器，是 Flash 中最常用的面板之一。用户在选择 Flash 影片中的各种元素后，即可在【属性】面板中修改这些元素的属性。

【库】面板的作用类似一个仓库，其中存放着当前打开的影片中所有的元件。用户可直接将【库】面板中的元件拖曳到舞台场景中，或对【库】面板中的元件进行复制、编辑和删除等操作。

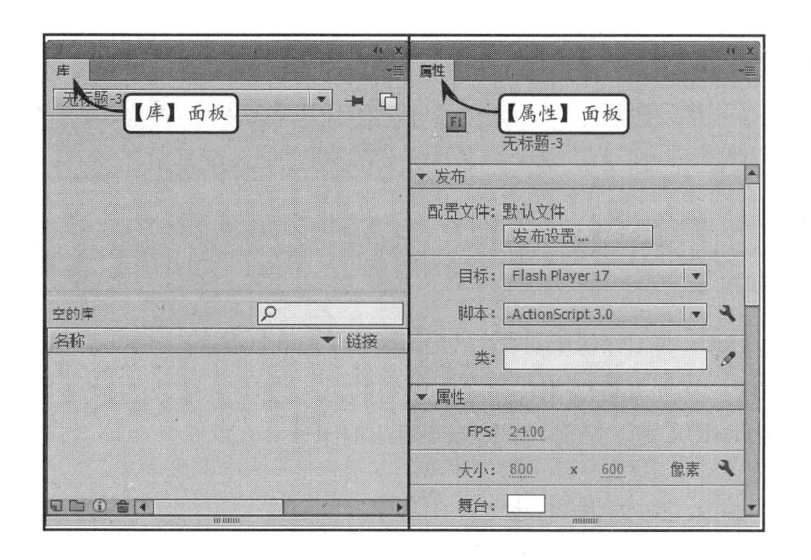

提　示

如果【库】面板中的元件已被 Flash 影片引用，则删除该元件后，舞台场景中已被引用的元件也会消失。

提　示

用鼠标按住任意面板组中的选项卡名称后，即可拖曳面板，将面板转换为对话框状态。

5.【工具箱】面板

【工具箱】面板也是 Flash 中最常用的面板之一。在【工具箱】面板中，列出了 Flash 中常用的 30 种工具，用户可以单击相应的工具按钮，或按下这些工具所对应的快捷键，来调用这些工具。

提　示

在默认情况下，【工具箱】面板是单列的。用户可以将鼠标悬停在【工具箱】面板的左侧边界上，当鼠标光标转换为【双向箭头】⟷时，将其向左拖曳。此时，【工具箱】面板将逐渐变宽，相应地，其中的工具也会重新排列。

一些工具是以工具组的方式存在的（工具组的右下角通常有一个小三角标志），此时，用户可以右击工具组，或者按住工具组的按钮 3s 时间，均可打开该工具组的列表，在列表中选择相应的工具。

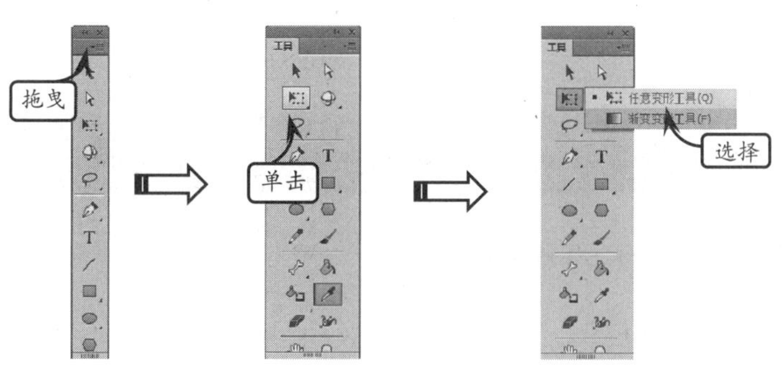

提 示

在【工具栏】面板的下方，还包括【笔触颜色】、【填充颜色】等两个颜色拾取器以及【黑白】按钮和【交换颜色】按钮等工具。

1.3 创建 Flash 文件

在了解了 Flash 的工作区界面后，即可着手学习 Flash 的文档知识和使用技巧。在 Flash 中，可以通过欢迎屏幕或执行命令来创建动画文档。本节将介绍 Flash 文件的类型，以及如何创建 Flash 文件、设置 Flash 文件的基本属性。

1.3.1 Flash 文件类型

Flash 不仅是一种动画设计与制作软件，还是一个灵活而强大的应用程序开发平台。在 Flash 中，支持用户创建以下几种文件。

1. Flash 源文件

Flash 允许用户创建扩展名为 FLA 的，基于 ActionScript 2.0 或 3.0 版本的 Flash 源文件。虽然这两种源文件的文件扩展名完全相同，但在编辑这两种源文件时所使用的脚本语言不同，发布这两种源文件时所使用的发布设置也不同。

提 示

Flash 所创建的 FLA 文件与 Flash CS3 及之前各版本 Flash 创建的 FLA 文件是不同的。因此，Flash CS3 及之前各版本 Flash 是无法打开 Flash 创建的 FLA 文件的。另外，Flash 无法打开由 Flash 8 及之前版本 Flash 创建的 FLA 文件。

2. 基于 AIR 的 Flash 源文件

除了创建基于 ActionScript 2.0 或 3.0 的 FLA 文件以外，Flash 在安装时默认安装 AIR 1.1 版本，因此，用户也可以使用 Flash 创建基于 AIR 1.1 版本的 FLA 源文件。

基于 AIR 技术的 FLA 源文件与普通 FLA 文件的区别是可以使用仅限 AIR 技术可用的一些 ActionScript 类和属性，同时可以发布为扩展名为 AIR 或 AIRI 的跨平台 RIA 程序。

提 示

AIR 技术目前最新的版本为 1.5.2。用户可以到 Adobe 的官方网站下载基于 Flash 的 AIR 开发套件最新版本。然后，即可使用 Flash 创建最新的 AIR 应用程序。

3. 基于移动设备的 Flash 源文件

如果用户在安装 Flash 时选择了安装 Device Central 软件（一种虚拟机，可以模拟手机等移动设备的 Flash 播放器），则可以使用 Flash 创建基于移动设备的 Flash 源文件，同时，也可以将源文件发布，然后用 Device Central 进行调试。

4．幻灯片或表单应用程序

Flash 也可以创建基于 ActionScript 2.0 版本的幻灯片动画或者 Flash 表单应用程序。这两种文件的扩展名也是 FLA。

5．ActionScript 文件

Flash 允许用户创建在影片源文件外部的 ActionScript 文件，将代码打包然后存放到这类文件中。ActionScript 文件的扩展名是 AS。

将动作脚本代码写到 ActionScript 文件内的好处是可以方便地为多个 Flash 文件使用同一段脚本，提高脚本代码的共用性。

ActionScript 文件不区分脚本语言的版本，既可支持 ActionScript 2.0，也可以支持 ActionScript 3.0。

6．ActionScript 通信文件

在为 Flash Media Server（Flash 流媒体）进行开发时，需要将服务器端的脚本写到扩展名为 ASC 的 ActionScript 通信文件中。ASC 文件与 AS 文件类似，也可以重复地调用。

7．Flash JavaScript 文件

Flash 既允许用户使用 ActionScript 开发复杂的 Flash 应用程序，也允许用户使用 JavaScript 开发一些简单的小程序，将代码写入到 JSFL 文件中。

使用 JavaScript 编写的 JSFL 文件同样也可以在多个 Flash 应用程序中重复使用。

8．Flash 项目

Flash 从 CS3 版本开始模仿 Visual Studio，允许用户为某一个开发工程建立 Flash 项目文件，并将工程所需的各种文件路径集合到项目文件中，以便于集中修改。Flash 项目文件的扩展名为 FLP。

1.3.2 创建 Flash 源文件

使用 Flash 可以方便地创建基于 ActionScript 3.0 的 Flash 影片源文件，并设置源文件的各种属性。

在 Flash 中，执行【文件】|【新建】命令，打开【新建文档】对话框。在对话框中的列表框内选择 ActionScript 3.0，单击【确定】按钮。

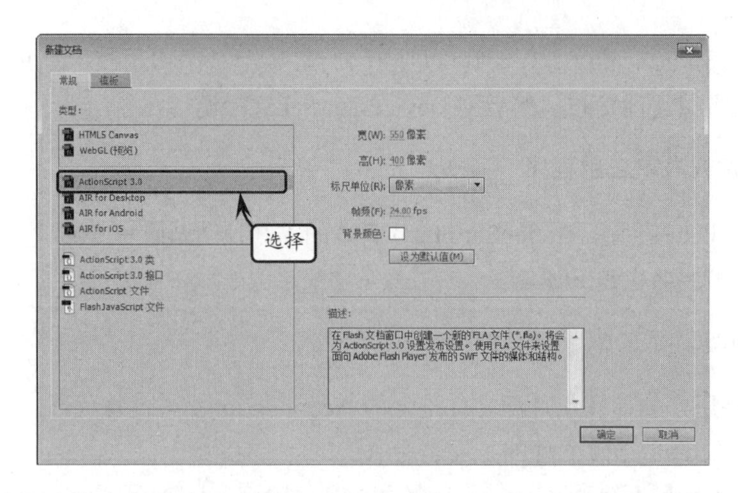

在【文档】窗格中，将自动创建名为【未命名-1】的 Flash 源文件。在源文件的场景中，用户可以单击【属性】面板中的【属性】选项卡|FPS，修改影片的刷新频率。

用户可以在场景的空白处右击，执行【文档属性】命令，在命令菜单中执行【修改】|【文档】命令，打开【文档设置】对话框。在【文档设置】对话框中，用户可以设置各种 Flash 源文件的基本属性。

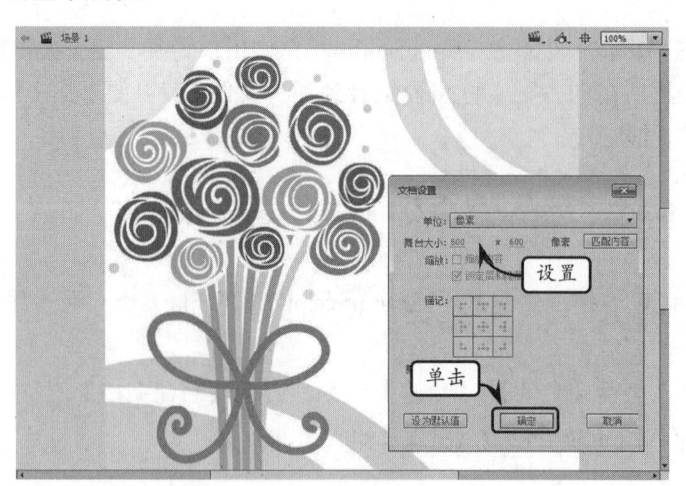

【文档属性】对话框中的设置项目

设 置 项 名	作　用
尺寸	Flash 影片的大小
调整 3D 透视角度以保留当前舞台投影	选中后，即可为 3D 透视角度保留当前投影
匹配	为 Flash 影片设置显示方式，以匹配打印机或屏幕
背景颜色	设置 Flash 影片的背景颜色
帧频	设置 Flash 影片的刷新频率
标尺单位	设置 Flash 影片中的标尺单位类型，包括英寸、英寸十进制、点、厘米、毫米和像素
设为默认值	将已为 Flash 影片进行的设置项目保存为新建文档的默认值

1.4　导入素材

Flash 作为 Adobe 创作套件的重要组件之一，可以与 Adobe 创作套件中的其他软件完美地结合。在制作 Flash 动画时，用户不仅可以绘制各种动画元素，还可以导入已有的外部素材，进行集成工作。这种操作称为导入素材。

虽然 Flash 是一种矢量动画制作软件，但其可以方便地导入位图图像，并将位图图像应用到动画和应用程序中。这些位图图像如下。

1．BMP/DIB 图像

BMP（Bitmap，位图）和 DIB（Device Independent Bitmap，设备无关联位图）是 Windows 操作系统中广泛应用的无压缩位图图像。

由于 BMP/DIB 格式图像属于无压缩位图图像，因此表现相同内容时要比大多数图像体积大得多。为了避免大体积的图像影响动画播放效率，Flash 将自动把 BMP/DIB 格式的图像压缩。

2．GIF 图像

GIF（Graphics Interchange Format，图形交换格式）是一种支持 256 色、多帧动画以及 Alpha 通道（透明）的压缩图像格式。

在表现图像方面，GIF 格式所占磁盘空间最小，但效果也几乎是最差的。Flash 可以方便地导入 GIF 格式图像。如果导入的 GIF 图像包含动画，则 Flash 还可以编辑动画的各帧。

3．JPEG/JPE/JPG 图像

JPEG（Joint Photographic Experts Group，联合图像专家组）格式是目前互联网中应用最广泛的位图有损压缩图像格式，其扩展名主要包括 JPEG、JPE 和 JPG 等三种。

JPEG 格式的图像支持按照图像的保真品质进行压缩，共分为 11 个等级。通常可保证图像较好清晰度和磁盘占用空间平衡的级别为第 8 级（即 Flash 中的品质 80）。

4. PNG 图像

PNG（Portable Network Graphics，便携式网络图形）是一种无损压缩的位图格式，也是目前 Adobe 推荐使用的一种位图图像格式。

其支持最低 8 位到最高 48 位彩色、16 位灰度图像和 Alpha 通道（透明通道），压缩比往往要比 GIF 还大。基于这些原因，PNG 图像的使用越来越广泛。

1.4.1 导入普通位图

在 Flash 中，可以方便地导入各种普通位图。使用 Flash 创建影片源文件，然后即可执行【文件】|【导入】|【导入到库】命令或【导入到舞台】命令，在弹出的对话框中将普通位图或其他素材导入到 Flash 影片中。

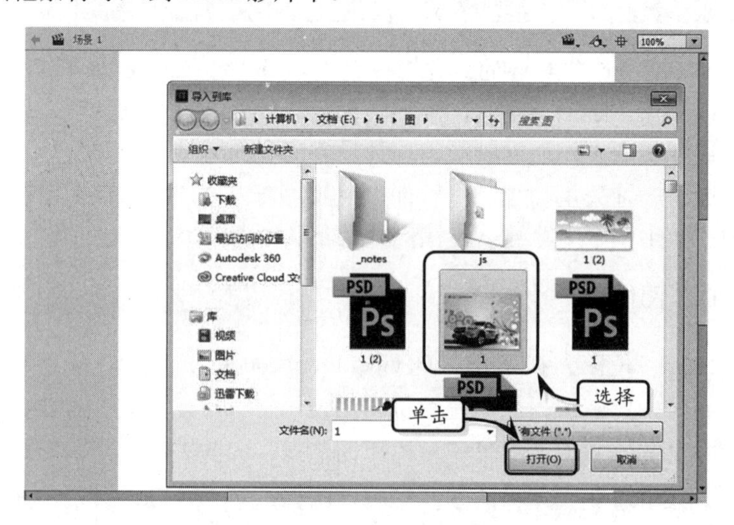

提 示

除了使用命令导入位图以外，Flash 还允许用户将磁盘中的位图拖曳到 Flash 影片中。在 Windows 浏览器中选择位图，然后即可按住鼠标，将其拖曳到 Flash 舞台或【库】面板中。

1.4.2 导入 PSD 位图

PSD 文档是 Adobe Photoshop（Adobe 开发的图像处理软件）所创建的位图文档，支持内嵌矢量的智能对象，支持图层和各种滤镜。

注 意

虽然 PSD 文档中可以内嵌矢量的智能对象，但其本身仍然是一种位图文档。其中大部分的图像均是以点阵的形式存在的。Photoshop 本身也只是一种位图处理软件。

Flash 允许用户直接导入已制作完成的 PSD 文档，作为 Flash 应用程序的皮肤或 Flash 影片的元件。

在 Flash 中创建新的 Flash 源文件，然后即可执行【文件】|【导入】|【导入到库】命令，在弹出的【导入】对话框中选择相应的文件，并单击【打开】按钮打开(O)。

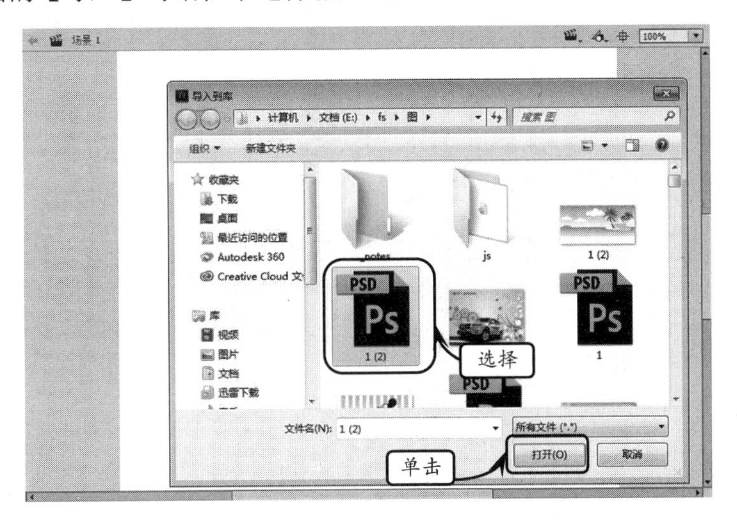

提　示

单击【文件类型】右侧的下拉列表，可以显示出 Flash 允许用户导入的文件类型列表，并根据用户选择的文件类型在显示区域进行筛选。

1.5　课堂练习：制作运动宣传海报

在制作运动宣传海报动画时，可以通过导入素材文档和添加文本内容，来表达动画中的含义。而在 Flash 中，文本的添加方法与其他图形设计类软件添加方法相同，并且它还可以向动画中添加静态、动态和输入三种类型的文本。下面通过添加静态文本，来设计一段健美运动宣传口号的画面效果。

操作步骤：

1 新建 Flash 空白文档，执行【文件】|【导入】|【导入到舞台】命令，导入素材图像。然后，再将素材添加至舞台。

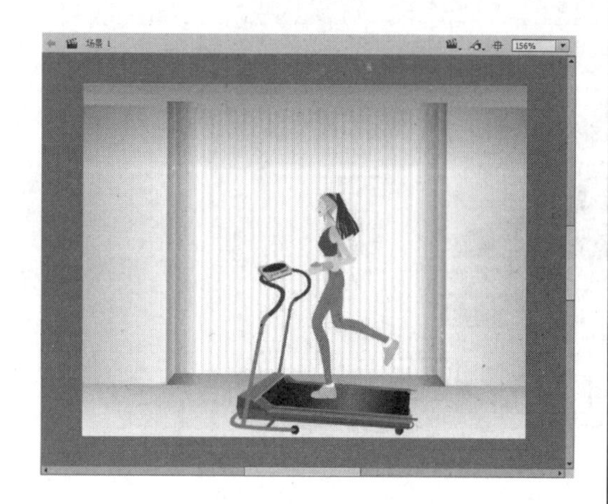

2 单击【文本工具】按钮T，在【属性】检查器中设置【系列】为【隶书】;【大小】为 18;【字母间距】为 5。

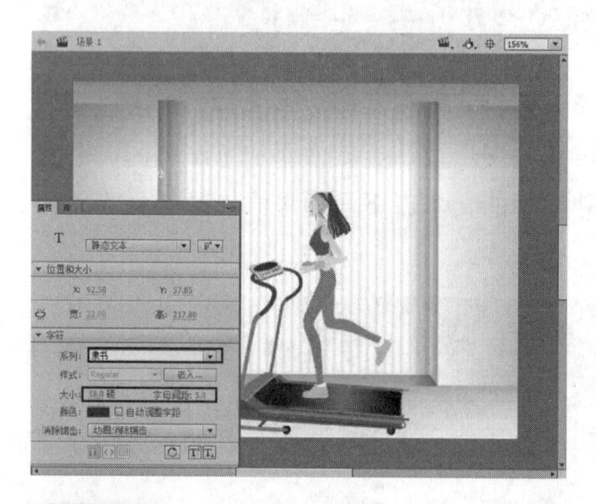

提 示

通常中文字体不包括粗体或斜体样式，如需要为其添加这类样式，可执行【文本】|【样式】|【仿粗体】或【仿斜体】命令。

3 在舞台中，单击鼠标左键显示一个文本框，然后输入古诗标题。再设置【文本方向】为【垂直，从右向左】，并将其移动到舞台右侧。

4 在【属性】检查器中，单击【添加滤镜】按钮+，并在弹出菜单中分别执行【投影】和【发光】命令。

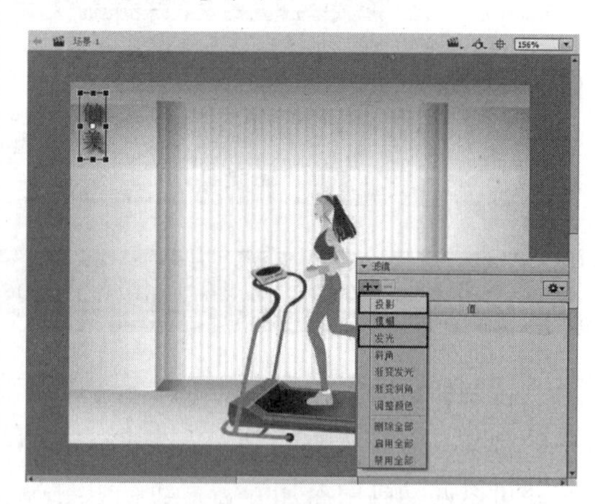

5 在分别展开的参数选项中，设置【投影】参数和【发光】参数。

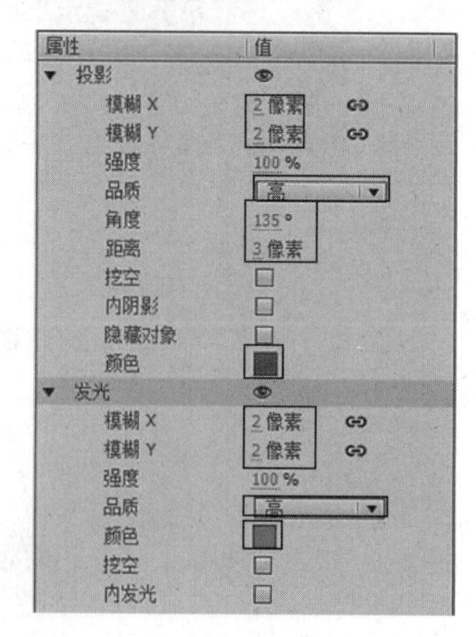

提 示

【滤镜】功能只适用于文本、影片剪辑和按钮。

6 再次单击【文本工具】按钮T，输入健美标语。然后，在【属性】检查器中设置【系列】、【大小】和【字母间距】等参数值。

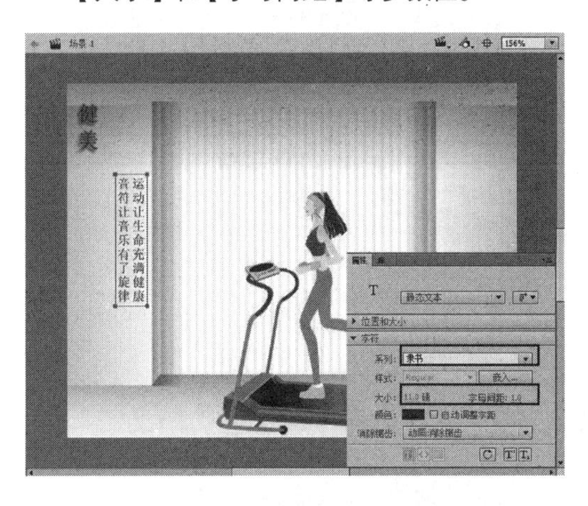

7 在【属性】检查器中设置文本的【间距】中的【行距】为 5。

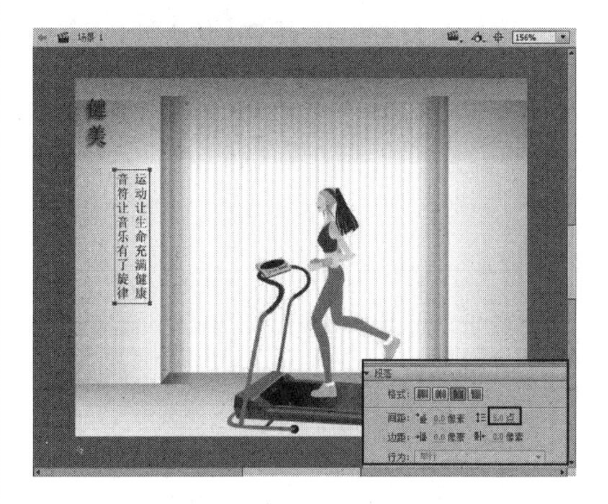

8 按 Ctrl+S 快捷键保存 Flash 文档，按 Ctrl+Enter 键测试影片。

1.6 课堂练习：制作校园 PPT

使用 Flash 预置的【演示文稿】类模板中的简单演示文稿功能，制作一个校园 PPT，在制作校园 PPT 时，需要先将文稿的图片导入到 Flash 动画文档中，然后再分别将其添加到帧内。

操作步骤：

1 在 Flash 中执行【文件】|【新建】命令，在弹出的对话框中的【模板】的列表框中选择【简单演示文稿】选项，单击【确定】按钮。

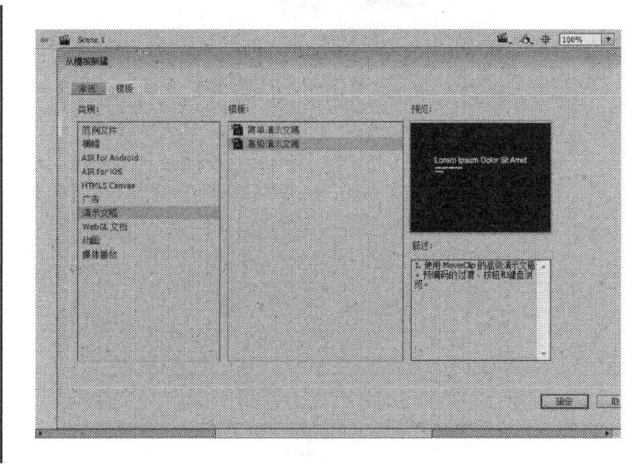

2 创建 Flash 文档后，在【时间轴】面板中取消【背景】图层的锁定状态，然后选中第 10 帧，右击鼠标，执行【插入帧】命令，插入一个普通帧。

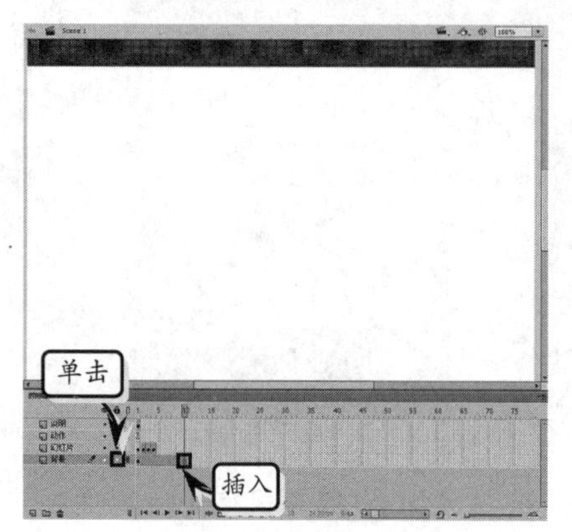

3 依次选中【幻灯片】图层中第 5 帧到第 10 帧，右击鼠标，执行【转换为空白关键帧】命令，然后分别删除第 1 帧到第 4 帧中所有的内容。

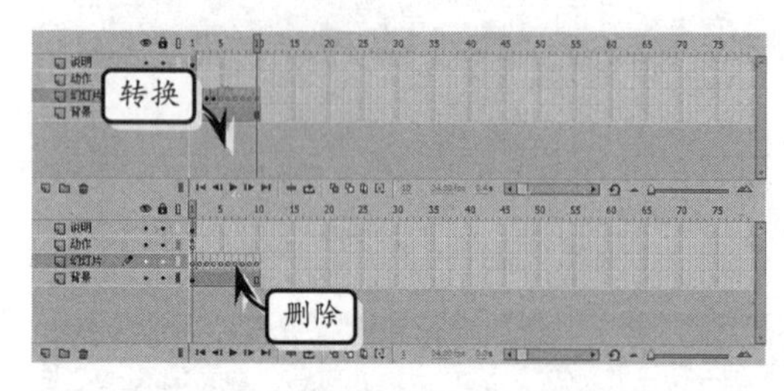

4 执行【文件】|【导入】|【导入到库】命令，导入 10 张演示文稿图片，将其导入到【库】面板中。

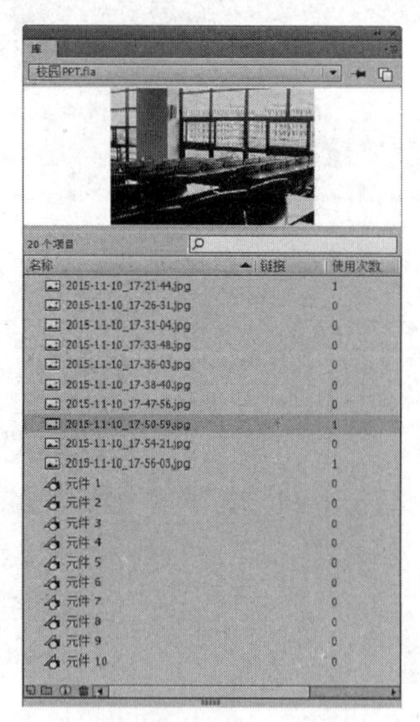

5 在【库】面板中选中【元件 1】到【元件 10】等 10 个图形元件，右击鼠标，执行【删除】命令将其删除。

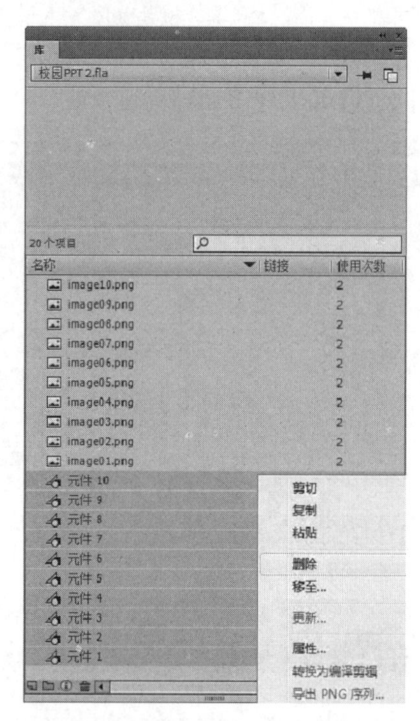

6 在【时间轴】面板中选中【幻灯片 1】图层中的第 1 帧，将【库】面板中的 image01.png 位图素材拖动至舞台中，与舞台的 4 条边对齐。

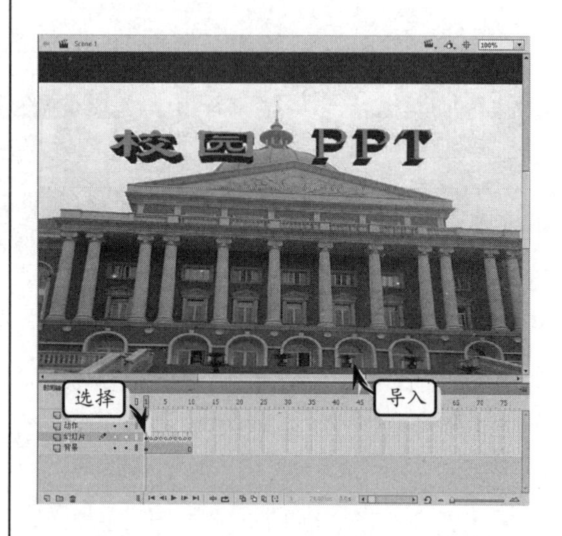

7 用同样的方式，将其他 9 张位图素材拖动至之后的 9 个帧中。

8 然后，即可将 Flash 源文件保存在指定的目录中，按 Ctrl+Enter 键快速发布 Flash 影片，完成实例制作。

思考与练习

一、填空题

1．Flash 的 4 个基本功能：__________、__________、__________和__________。

2．Flash 的应用领域主要包括__________、__________、__________和__________等。

二、选择题

1. Flash 平台的编辑工具不包括以下哪种软件？__________

A．Flash Professional

B．Flash Builder

C．Flex

D．Flash Catalyst

2. 扩展名为 AS 的 Flash 文档无法实现以下哪种功能？__________

A．存储 ActionScript 代码

B．定义 ActionScript 类

C．定义 ActionScript 接口

D．存储影片素材

三、简答题

1．什么是位图？什么是矢量图？这两种图有什么区别？

2．如何使用 Flash 的本地帮助？

四、上机练习

1．缩放场景

本练习将学习如何缩放场景，以方便进行更加细致的编辑。

2．标尺和辅助线

本练习将学习如何使用 Flash 的标尺和辅助线。

第 2 章

基本绘图工具

Flash 动画中的元素既可以是位图图像，也可以是矢量图形。而 Flash 软件最大的特点是可以制作矢量图形动画，可以说绘制图形是 Flash 本身最基本的功能。因此在丰富的 Flash 矢量图形的内容中，Flash 软件提供了大量功能强大、操作简便的使图形线条流畅、颜色真实的相应工具，以及填充矢量图形、修饰矢量图形的方法。

本章主要介绍使用 Flash 工具箱中的工具绘制矢量图形，以及对图形进行填充，并配合使用辅助工具进行操作。通过本章内容的学习，读者将更加熟练掌握 Flash 手绘的基础。

2.1 绘制图形

Flash 是基于矢量图形的一款动画软件，在 Flash 中矢量图形主要是通过工具箱中的绘图工具和填充工具创建的。在 Flash 中制作影片时，首先需要创建舞台对象，也就是说，创建舞台对象是制作影片的基础，而任何矢量图形都是通过不同的绘图元素在舞台中构成的，当然所有的动画效果也要通过对舞台对象进行变换操作而产生。因此，在学习 Flash 绘制图形前首先要掌握图形的绘制方法。

2.1.1 线条工具

线条是组成矢量图形最基本的单位，任何图形都是由线条组成的。在 Flash 中可以通过【线条工具】和【铅笔工具】来绘制线条。

在【工具】面板中选择【线条工具】后，打开【属性】面板，根据需要可以设置线条的笔触颜色、笔触高度、笔触样式等选项，然后在舞台中单击并拖动鼠标，即可绘制线条。

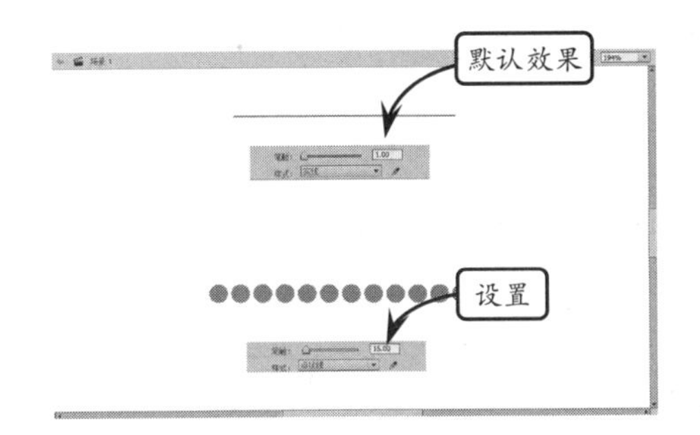

提　示

绘制线条时，结合 Shift 键能够得到水平、垂直或者 45°角的直线。并且绘制线条后，还可以继续在【属性】面板中更改线条属性。

在【属性】面板中，还可以设置直线的端点类型，以及多条直线交叉时，接合点的类型。

端点选项用于设置直线或曲线的开始点及终止点的样式，主要分为无端点、圆角端点和方型端点。

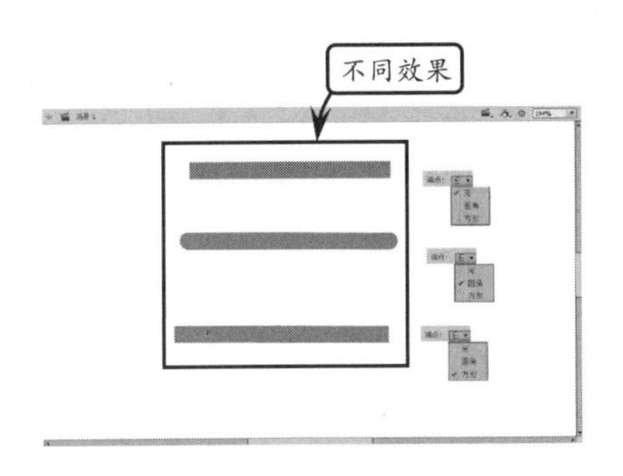

所谓的接合点，也可称为拐角点，即多条直线交叉时的接合位置，主要分为尖角、圆角、斜角。

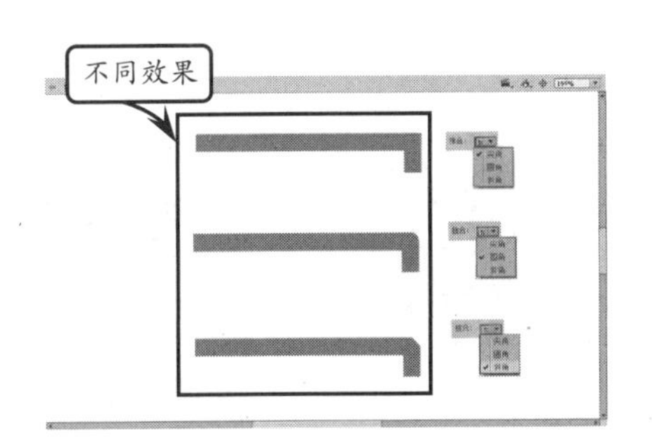

2.1.2 铅笔工具

【铅笔工具】用以绘制简单的矢量图形、运动路径等，绘画方式与使用真实铅笔大致相同，而其使用方法类似于【线条工具】。

当选择【铅笔工具】后，在【工具】的【选项】区域中，会出现【铅笔工具】的辅助选项按钮，单击该按钮，可以弹出下拉菜单。在该菜单中，系统提供了三种绘图模式。

- **伸直**　选择该模式，在绘制线条时，系统可以自动规则所绘曲线，使其贴近规则曲线，例如直线、椭圆、圆、矩形、正方形、三角形等。只要勾勒出图形的大致轮廓，Flash 会自动将图形转化成接近的规则图形。

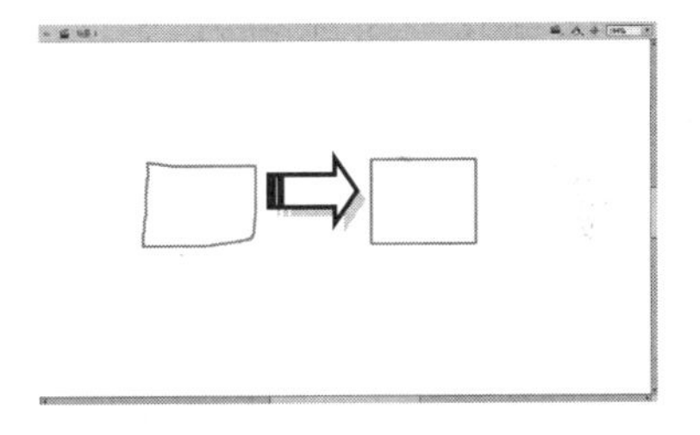

- **平滑**　选择该模式，系统可以平滑所绘曲线，达到圆弧效果，使线条更加光滑。因为它易于控制，又可以处理线条的整体效果，所以用户可以尽情地勾画。

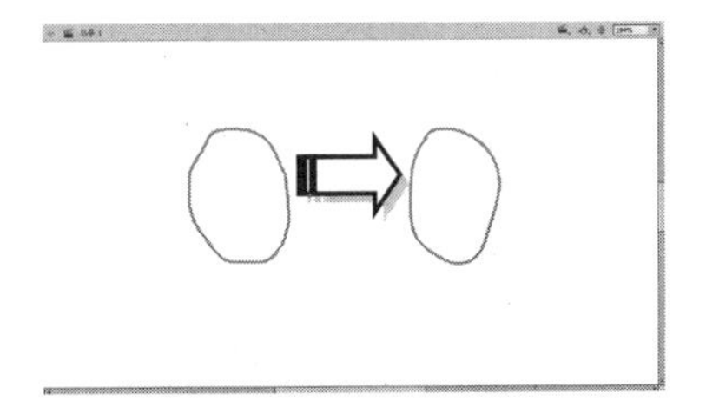

- **墨水**　选择该模式，绘制图形

时系统完全保留徒手绘制的曲线模式，不加任何更改，使绘制的线条更加接近于手写的感觉。

2.1.3 椭圆工具和基本椭圆工具

无论是绘制线条还是绘制图形，在 Flash 中均能够通过不同的方式来绘制。

1. 绘制方式

在 Flash 中绘制图形，主要有两种方式：合并绘制图形和对象绘制图形。通过这两种方式的绘图，为用户绘图提供了极大的灵活性。

1）合并绘制图形

默认情况下，在 Flash 的同一图层上，重叠进行绘图、填充颜色，所绘图的图形对象会自动合并。对图形进行编辑，会影响到同一层的其他形状。

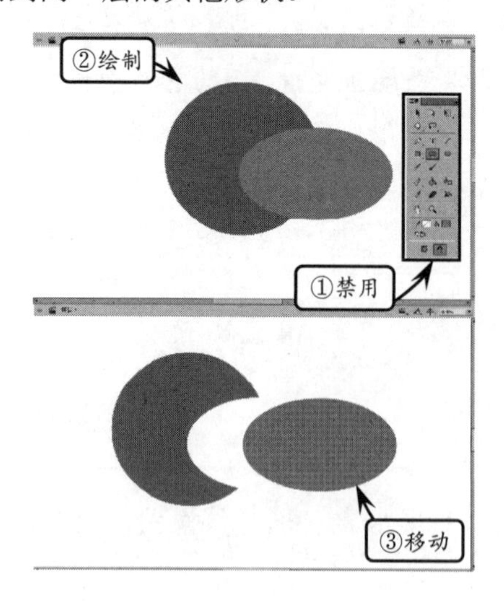

2）对象绘制图形

选择绘图工具后，启用【工具】面板底部的【对象绘制】功能，绘制图形后，Flash 会在该图形周围添加矩形边框，并且这些图形在叠加时不会自动合并。

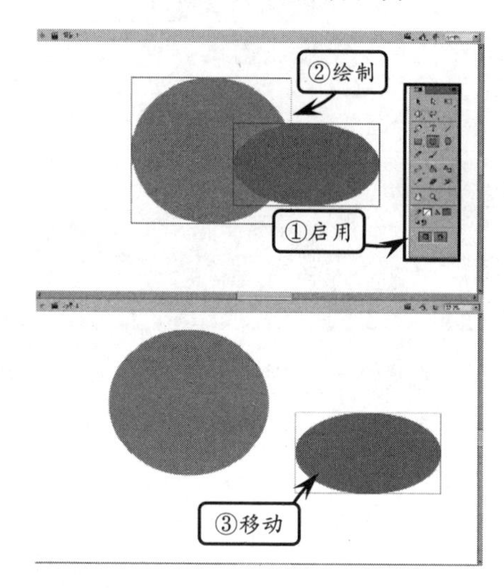

注 意

只有在使用铅笔、线条、钢笔、刷子、椭圆、矩形和多边形工具时，才能启用【对象绘制】功能，除此之外，【对象绘制】功能被禁用。

2. 椭圆工具

在 Flash 中，可以使用【椭圆工具】绘制正圆和椭圆图形。

方法是：在【工具】面板中选择【椭圆工具】。然后在【属性】面板中设置图形的填充颜色、边框颜色、宽度和样式。设置完毕后，在舞台中单击并拖动鼠标，即可绘制椭圆图形。

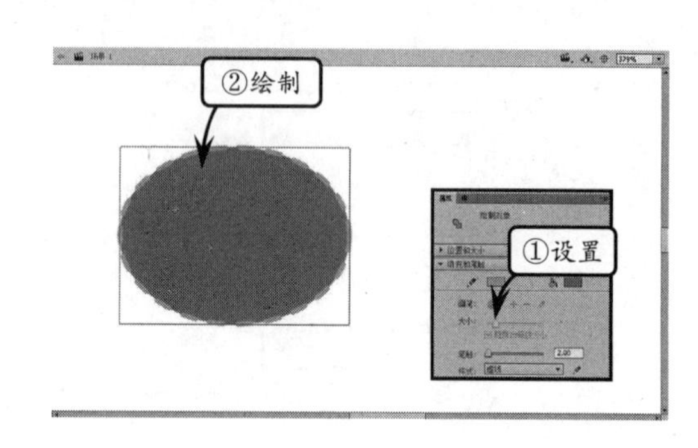

当选择该工具后，在【属性】面板中，还可以设置椭圆的起始角和终止角等选项。

- 起始角度/结束角度　椭圆的起始点角度和结束点角度。使用这两个控件可以轻松地将椭圆和圆形的形状修改为扇形、半圆形及其他有创意的形状。

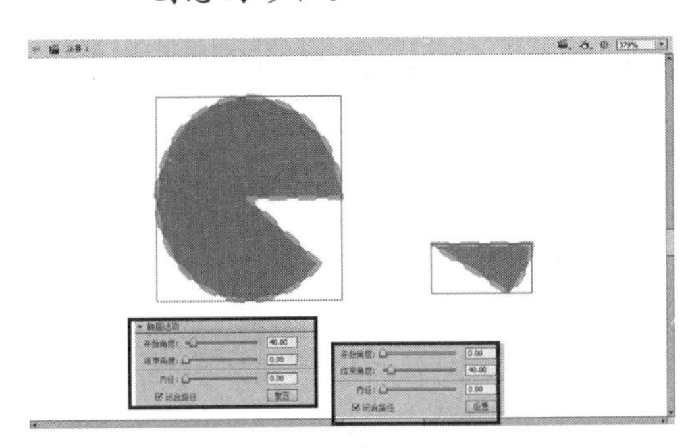

- 内径　可以在框中输入内径的数值，或单击滑块相应地调整内径的大小。或者直接可以输入介于0和99之间的值，以表示删除的填充的百分比。

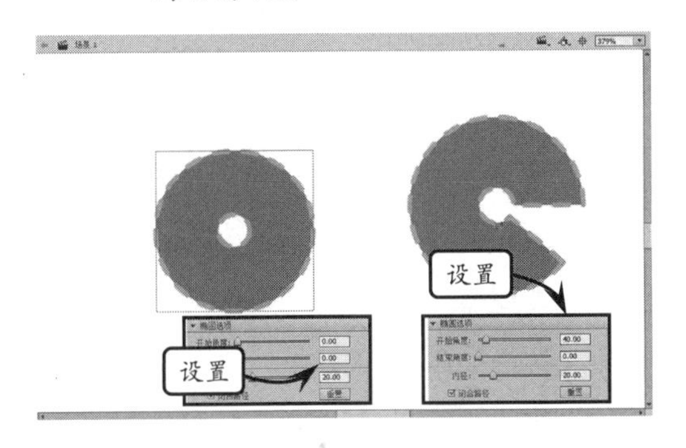

- 闭合路径　确定椭圆的路径是否闭合。如果指定了一条开放路径，但未对生成的形状应用任何填充，则仅绘制笔触。默认情况下选择闭合路径。

提　示

针对椭圆形状的选项，只能在绘制之前设置，无法在绘制之后更改参数。

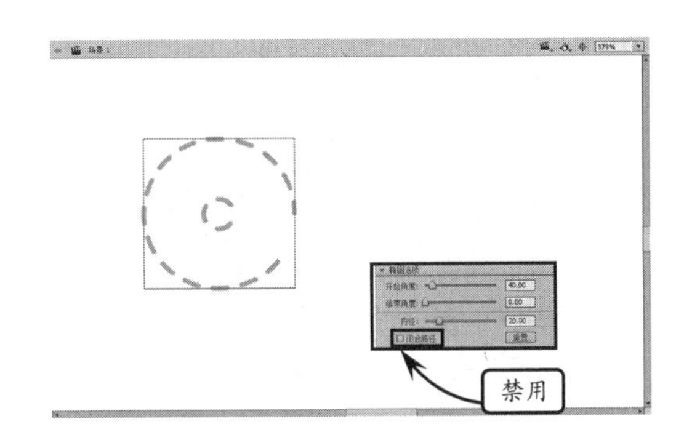

3. 基本椭圆工具

【基本椭圆工具】与【椭圆工具】基本上是相同的，只是使用该工具绘制出的图形上包含图元节点。这时既可以在【属性】面板上设置椭圆的开始角和结束角，也可以在选择【选择工具】后，直接在绘图窗口中使用鼠标指针拖动节点来调整。

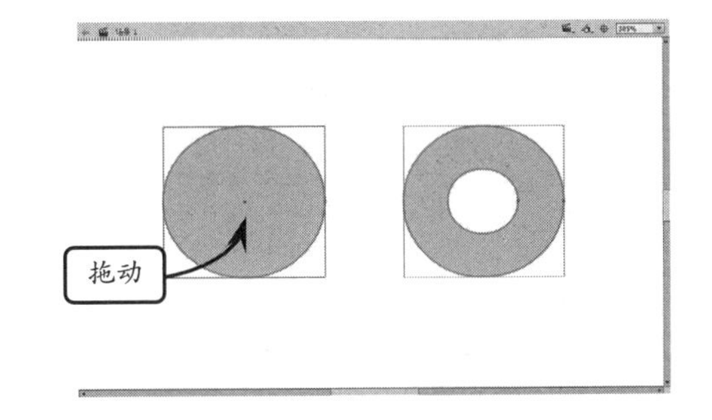

2.1.4 矩形工具和基本矩形工具

【矩形工具】和【基本矩形工具】主要用来绘制矩形和正方形，绘制矩形的方法与绘制椭圆的方法基本相同。

在【工具】面板中分别选择这两个工具，然后在其【属性】面板中选择合适的填充色、边框颜色、宽度以及样式。接着将光标移到舞台中，当光标变成十字形时，单击并拖动即可绘制出所需的矩形。

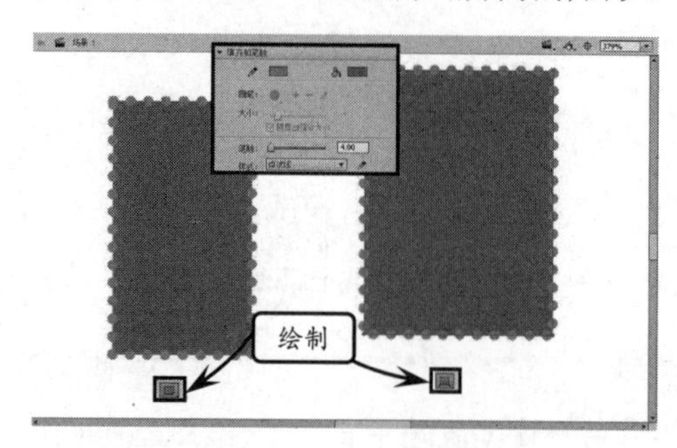

在绘制矩形之前，均可以在【属性】面板中设置拐角的度数，形成圆角矩形。而绘制之后，只有使用【基本矩形工具】绘制出来的矩形，能够任意修改圆角的度数。

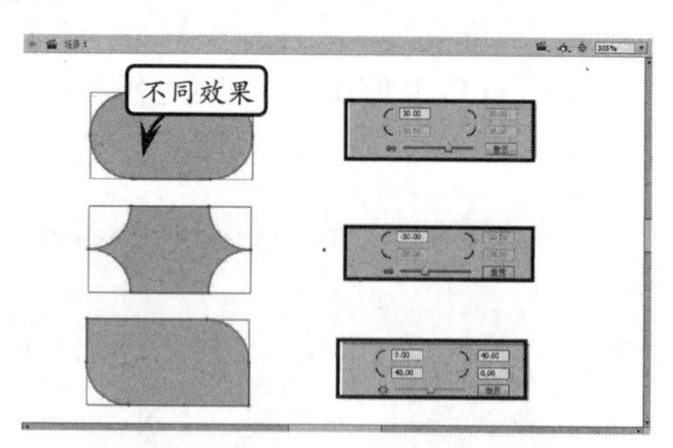

技　巧

单击【属性】面板上的【重置】按钮，可以重新设置圆角参数值。

2.1.5　多角星形工具

在【工具】面板中有一个用于绘制多边形及星形的工具，使用该工具可以方便、快捷地在舞台中绘制多边形和星形。只要选择【多角星形工具】，在舞台中单击并拖动，即可绘制多边形图形。

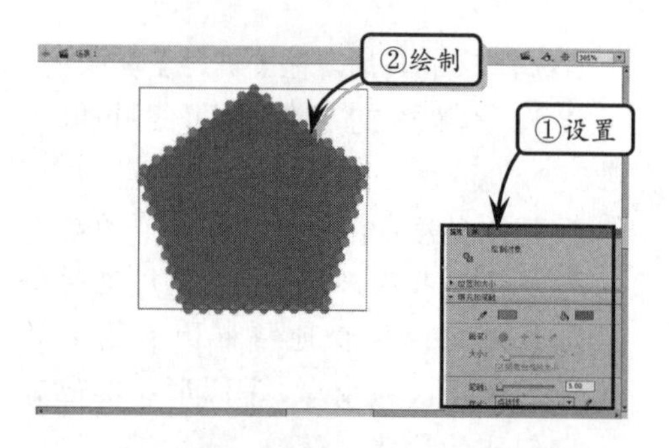

在【属性】面板中单击【选项】按钮，会弹出【工具设置】对话框。接着在该对话框中设置【多角星形工具】的具体参数，例如设置边数为 3，可以绘制三角形；选择【星形】样式，可以绘制星形对象。

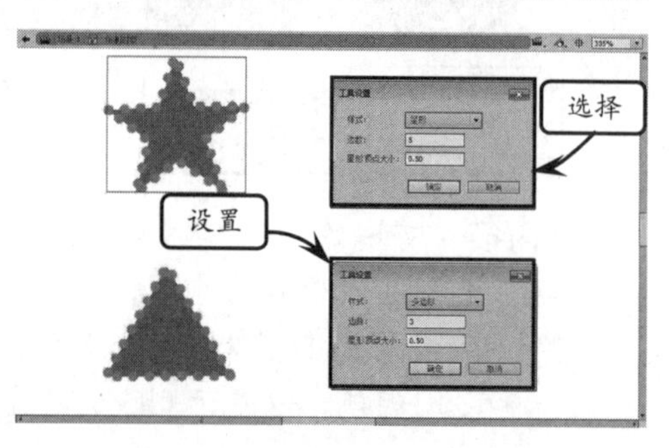

在【工具设置】对话框中的【星形顶点大小】是指星形多边形角的度数，范围为 0～1 之间的小数。在该文本框中输入的数字越大，角的度数就越大。

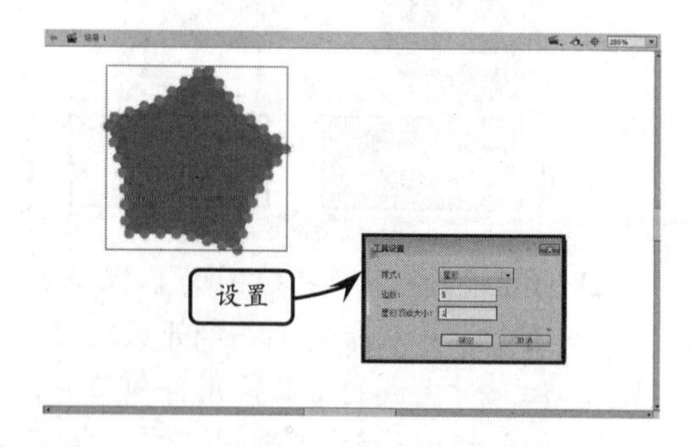

2.2　填充图形

在 Flash 中，为了使图形不只是一种单一的颜色，绘制图形之前必须设置颜色。在 Flash 中选取颜色主要可以通过以下三种方式：在【调色板】面板中选择、在【颜色】面板中选择和在【样本】面板中选择。通过这三种方式，读者可以应用、创建和修改颜色。下面将详细介绍每一种颜色选取方式的功能和用法。

2.2.1 认识调色板

每个Flash文件都包含自己的调色板，该调色板存储在 Flash 文档中，但不影响文件的大小。Flash 将文件的调色板显示为【填充颜色】控件和【笔触颜色】控件。

要打开【调色板】选择颜色，可以在【工具】面板中单击【填充颜色】控件或【笔触颜色】控件，然后从显示的颜色选择器中选择颜色。

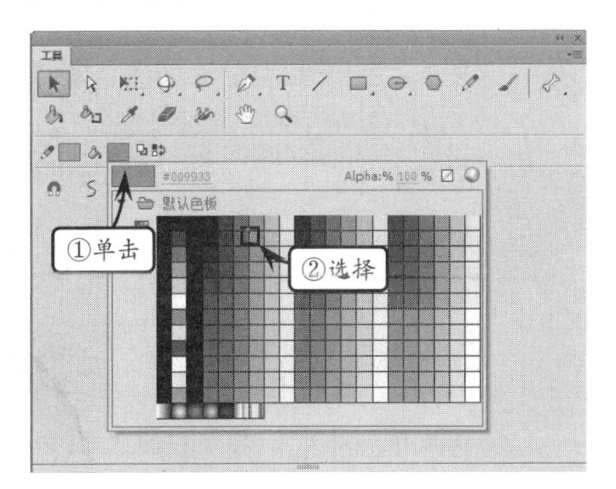

在【调色板】中单击右上角的【颜色选择器】按钮，打开【颜色】对话框，可以自定义颜色。

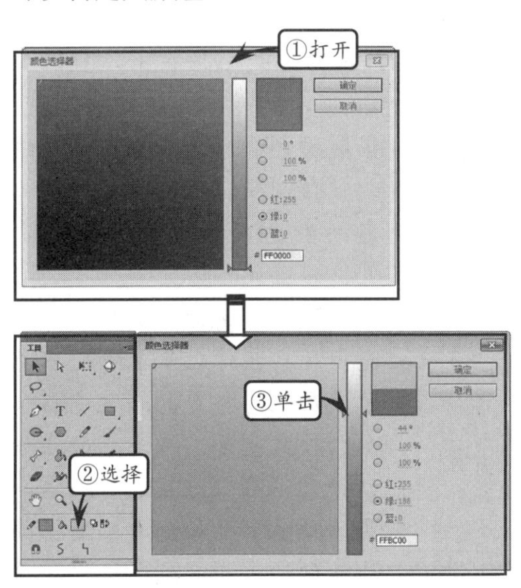

确定颜色后，通过调色板中的不透明度选项，还可以控制颜色的不透明度效果。

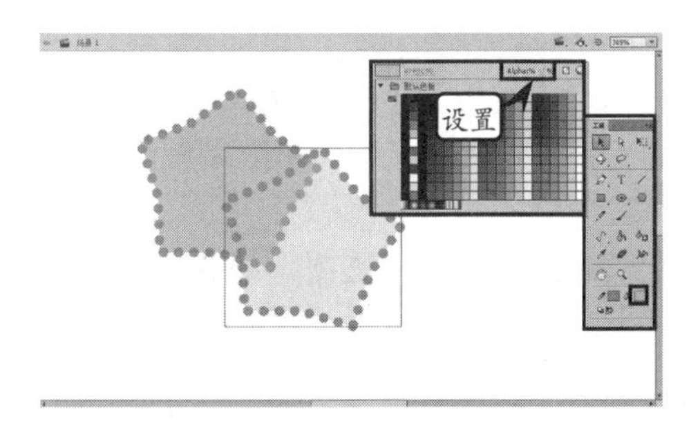

2.2.2 样本面板

在 Flash 中，【样本】面板中显示的颜色同调色板中显示的颜色相同。在前者面板中选中某个颜色后，【工具】面板中的颜色控件就会被更改。

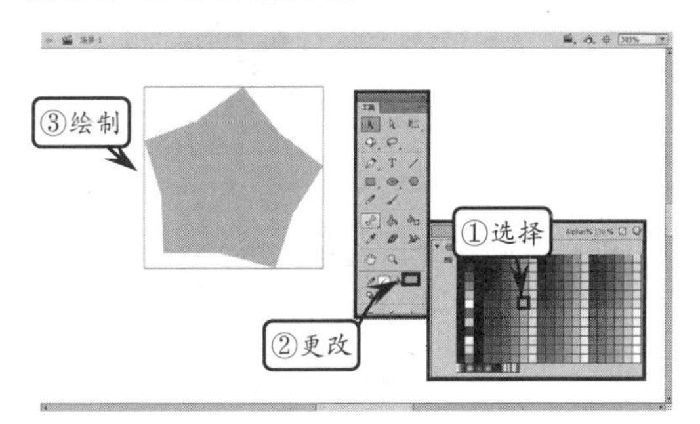

技 巧

在【样本】面板中，既可以按照【Web216 色】排列颜色，也可以按照【颜色排序】排列颜色。

2.2.3 颜色面板

无论是在【样本】面板中，还是在调色板中，均只能选取单色或者固定的渐变颜色。而在【颜色】面板中，还能够选取不同方向、不同颜色的渐变颜色，以及位图图案进行填充。该面板中，各选项的含义如下所示。

- **笔触颜色** 启用该控件，可以更改图形对象的笔触或边框的颜色。

- ❑ **填充颜色** 启用该控件，可以更改填充颜色，即填充形状的颜色区域。
- ❑ **【类型】下拉列表** 通过此列表，可以选择填充样式，主要包括 5 种填充样式。
- ❑ **无** 选择该选项，将会删除填充。
- ❑ **纯色** 选择该选项，可以指定一种单一的填充颜色。
- ❑ **线性渐变** 选择该选项，填充的颜色将产生一种沿线性轨道混合的渐变。

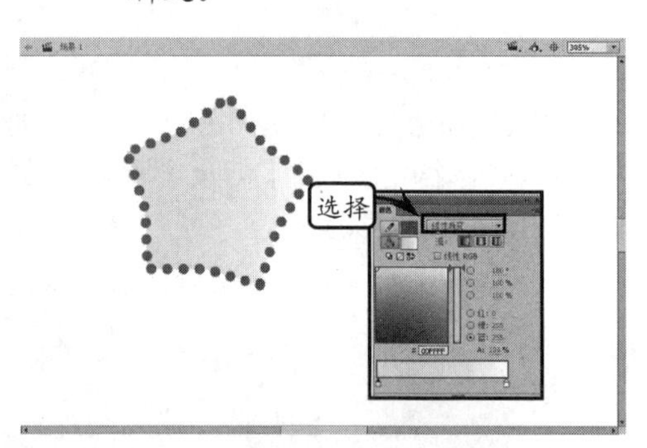

- ❑ **径向渐变** 选择该选项，填充的颜色将产生从一个中心焦点出发沿环形轨道向外混合的渐变。

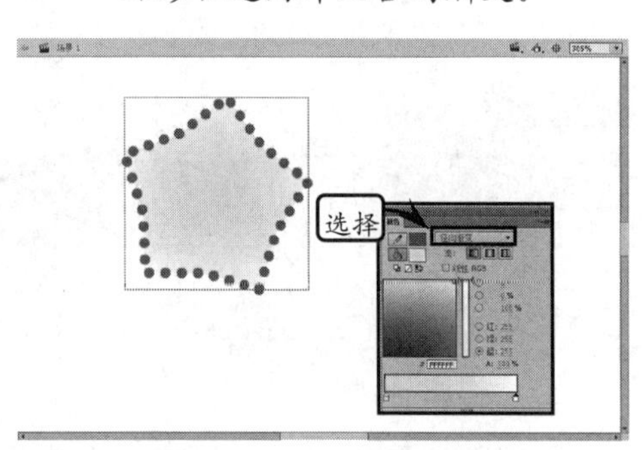

- ❑ **位图填充** 选择该选项，可以利用所选的位图图像平铺所选的填充区域。选择位图时，系统会显示一个对话框，通过该对话框选择本地计算机上的位图图像，并将其添加到库中。用户可以将此位图用作填充，其外观类似于形状内填充了重复图像的马赛克图案。

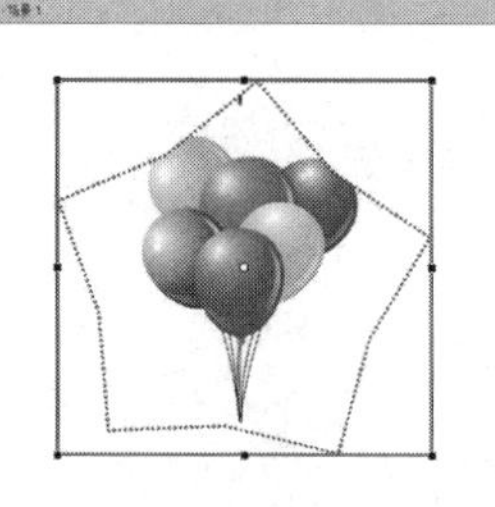

- ❑ **Alpha 值** 通过该参数值，可设置实心填充的不透明度，或者设置渐变填充的当前所选滑块的不透明度。如果 Alpha 值为 0%，则创建的填充不可见（即透明）；如果 Alpha 值为 100%，则创建的填充不透明。
- ❑ **【十六进制值】文本框** 显示当前颜色的十六进制值。若要使用十六进制值更改颜色，可以直接输入一个新值。十六进制颜色值（也叫作 HEX 值）是 6 位的字母数字组合，代表一种颜色。
- ❑ **【流】按钮选项** 通过该按钮选项，能够控制超出线性或放射状渐变限制进行应用的颜色，在该下拉列表框中主要包括以下三种溢出样式。
  - ➢ **扩展颜色** 默认情况下，系统选择该选项。该选项可以将指定的颜色应用于渐变末端之外。
  - ➢ **反射颜色** 选择该选项，可以利用反射镜像效果使渐变颜色填充形状。指定的渐变色以下面的模式重复：从渐变的开始到结束，再以相反的顺序从渐变的结束到开始，再从渐变的开始到结束，直到所选形状填充完毕。

- ➢ **重复颜色** 该选项可以是填充从渐变的开始到结束重复渐变，直到所选形状填充完毕。

提 示

笔触颜色与填充颜色的设置方法相同，均能够在【颜色】面板中设置无、纯色以及渐变颜色。

2.2.4 墨水瓶工具

【墨水瓶工具】可以给选定的矢量图形增加边线，还可以修改线条或形状轮廓的笔触颜色、宽度和样式，该工具没有辅助选项。

方法是，当图形中笔触颜色与【颜色】面板中的不同时，选择【墨水瓶工具】，在图形边缘处单击，即可改变其颜色。

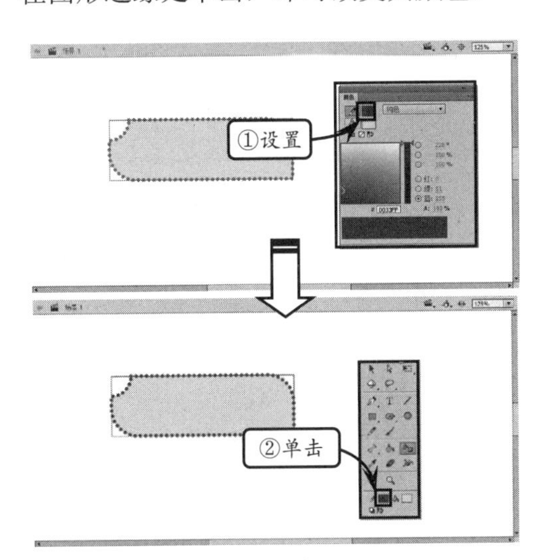

2.2.5 颜料桶工具

【颜料桶工具】用于填充或者改变现有色块的颜色，并且选择该工具后，【工具】面板选项显示【空隙大小】选项。

当图形中有缺口，没有形成闭合时，可以使用【空隙大小】选项，针对缺口的大小进行选择填充。在【工具】面板的选项区域中，单击【空隙大小】按钮，然后在下拉菜单中选择合适的选项进行填充即可。

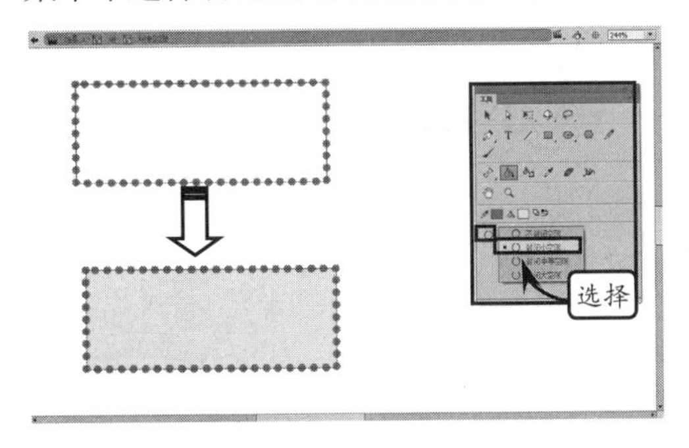

- ❑ **不封闭空隙** 只有区域完全闭合时才能填充。
- ❑ **封闭小空隙** 系统忽略一些小的缺口进行填充。
- ❑ **封闭中等空隙** 系统将忽略一些中等空隙，然后进行填充。
- ❑ **封闭大空隙** 系统可以忽略一些较大的空隙，并对其进行填充。

2.2.6 渐变变形工具

渐变颜色不仅能够应用到内容填充，还可以应用于笔触填充。使用相应工具填充渐变颜色后，均是默认的方向。

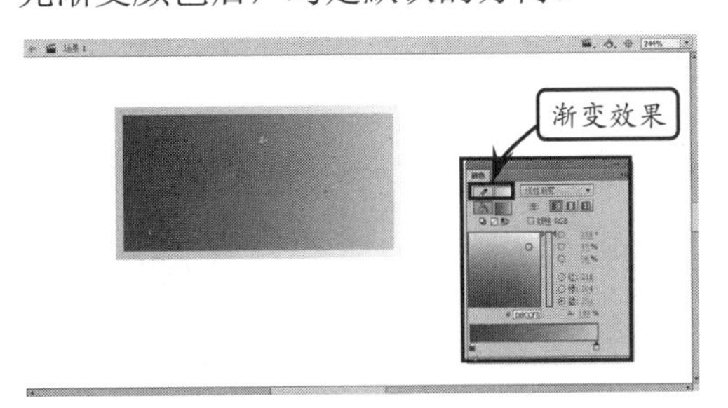

而【渐变变形工具】是用来调整填充的大小、方向、中心以及变形渐变填充和位图填充。

选择【渐变变形工具】，并且单击填充区域，这时图形上会出现两条水平线。如果使用放射状渐变填充色对图形进行填充，在填充区域会出现一个渐变圆圈以及4个圆形或方形手柄。

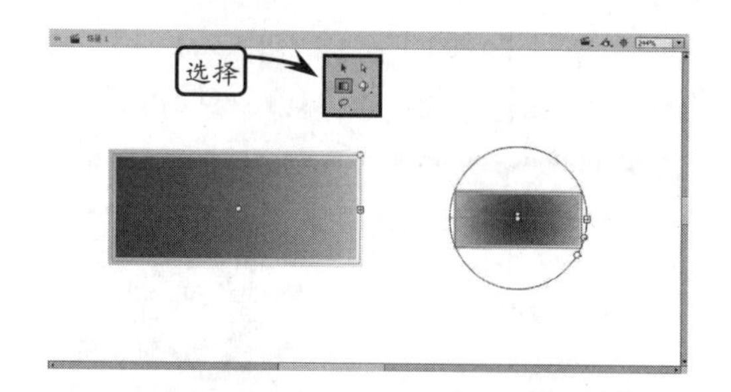

使用渐变线的方向手柄、距离手柄和中心手柄，可以移动渐变线的中心、调整渐变线的距离以及改变渐变线的倾斜方向。

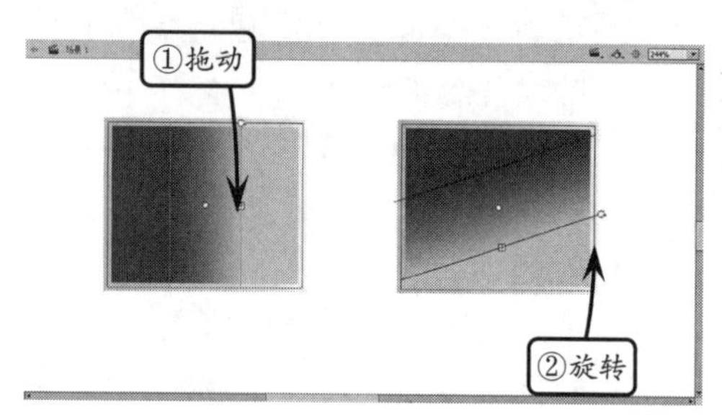

2.2.7 滴管工具

【滴管工具】的作用是拾取工作区中已经存在的颜色及样式属性并将其应用于别的对象中。该工具没有辅助选项，使用也非常简单，只要将滴管移动到需要取色的线条或图形中单击提取颜色，然后在其他图形上单击即可填充相同的颜色。

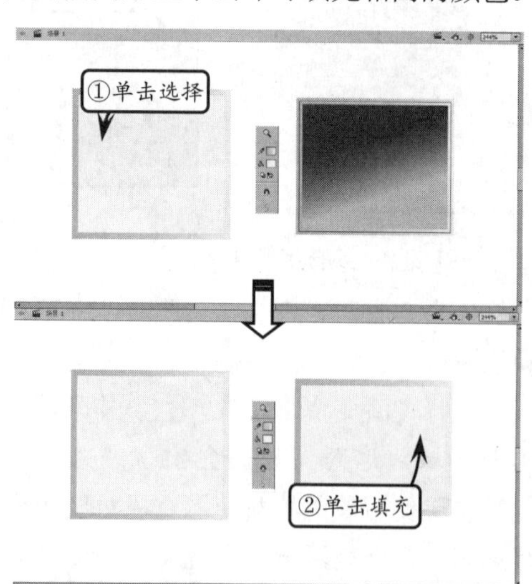

2.2.8 刷子工具

【刷子工具】用于绘制矢量色块或者创建一些特殊效果。在 Flash 中，使用该工具创建的图形实际上是一个填充图形。单击【工具】面板中的【刷子工具】，在选项区域中会出现辅助按钮，其中【刷子模式】选项包含 5 种模式。

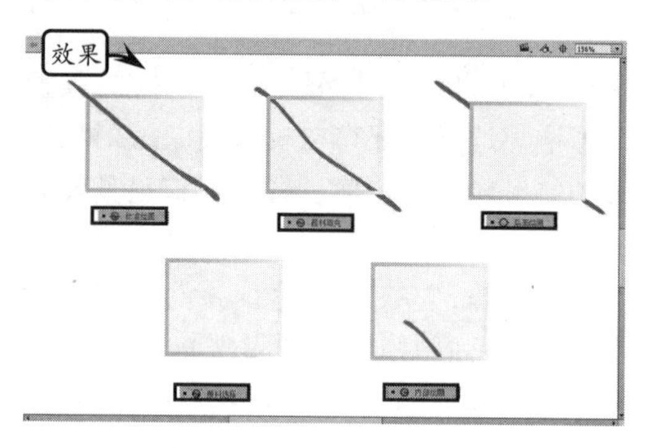

- **标准绘画**　可以在舞台中的任何区域进行刷写。
- **颜料填充**　只能在填充区域进行刷写，但不影响线条。
- **后面绘画**　使用这种模式在舞台中刷写并不影响线条和填充。
- **颜料选择**　只能在选定的填充区域内进行填充。
- **内部绘画**　从笔触开始的地方进行填充，并不影响线条。如果开始刷写的地方没有填充，刷写将不影响前面填充的区域。

以上 5 种模式中，左上方为原始矢量图像，其余 4 个是应用了不同的刷子模式后的效果图。如果要调整线条的粗细、形状，则可以在选项区域中的【刷子大小】和【刷子形状】中选择合适的参数。

2.3 路径工具

路径主要用于创建矢量形状和线条，并可以使用路径工具的编辑功能创建精确的形状，从而提高 Flash 在图像编辑领域的综合实力。在 Flash 中，要绘制精确的路径将比较复杂的图像与背景分离可以使用钢笔工具。

2.3.1 关于路径

在 Flash 中，绘制线条或形状时，将创建一个名为路径的线条。路径由一个或多个直线段或曲线段组成。线段的起始点和结束点由锚点标记，就像用于固定线的针。路径可以是闭合的，例如圆，也可以是开放的，有明显的终点，例如波浪线。可以通过拖动路径的锚点、显示在锚点方向线末端的方向点或路径本身，改变路径的形状。

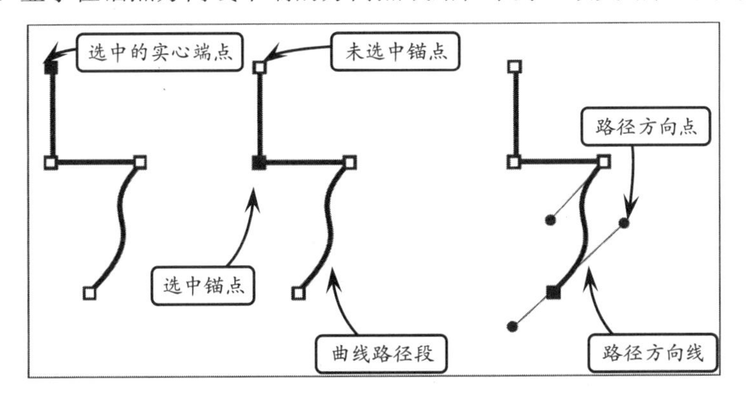

路径具有两种锚点：角点和平滑点。在角点处，路径可以突然改变方向；在平滑点，路径段连接为连续的曲线。用户可以通过角点和平滑点的任意组合绘制路径。另外，如果绘制的点类型有误，可以随时更改。

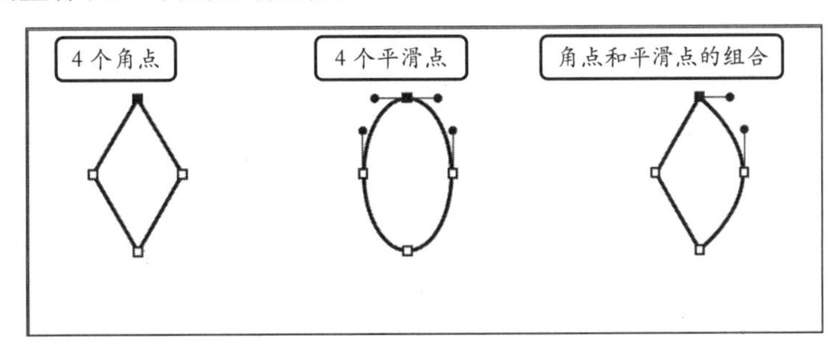

在绘制路径时，角点可以连接任何两条直线段或曲线段，而平滑点始终连接两条曲线段。所以，不能将角点和平滑点与直线段和曲线段相混淆。

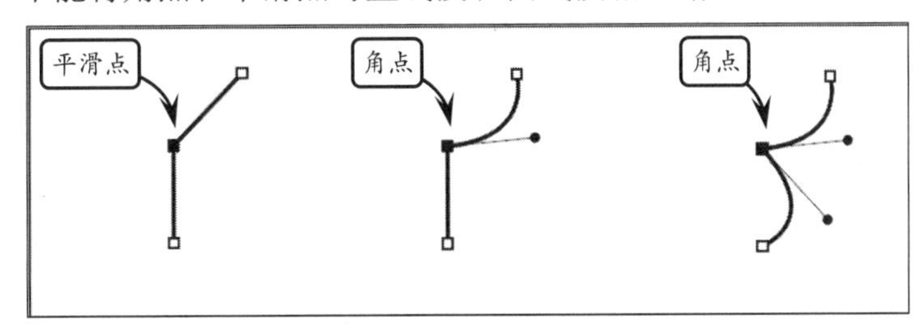

在 Flash 中，路径轮廓称为笔触，而应用到开放或闭合路径内部区域的颜色或渐变色称为填充。笔触具有粗细、颜色和虚线图案，创建路径或形状后，可以更改其笔触和填充的属性。

2.3.2 路径的方向点和方向线

在绘制或修改路径时，选择连接曲线段的锚点或选择线段本身，连接线段的锚点会显示方向手柄，方向手柄由方向线组成，方向线在方向点处结束。方向线的角度和长度决定曲线段的形状和大小，移动方向点将改变曲线的形状。

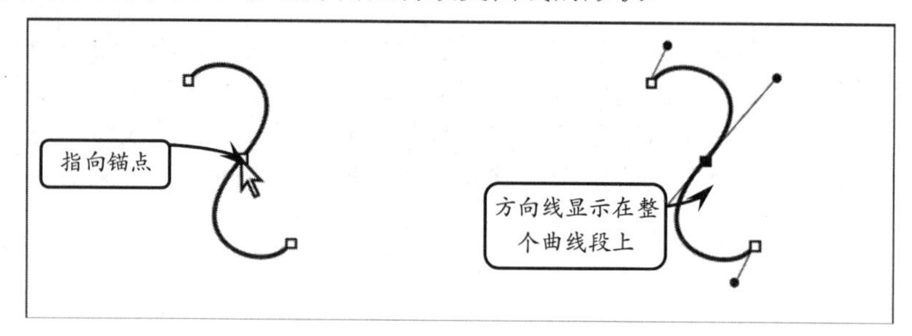

在曲线段上，平滑点始终具有两条方向线，它们一起作为单个直线单元移动。在平滑点上移动方向线时，方向点两侧的曲线段同步调整，保持该锚点处的连续曲线。相比之下，角点可以有两条、一条或没有方向线，具体取决于它分别连接两条、一条还是没有连接曲线段。角点方向线通过使用不同角度来保持拐角，当在角点上移动方向线时，只调整与方向线同侧的曲线段。

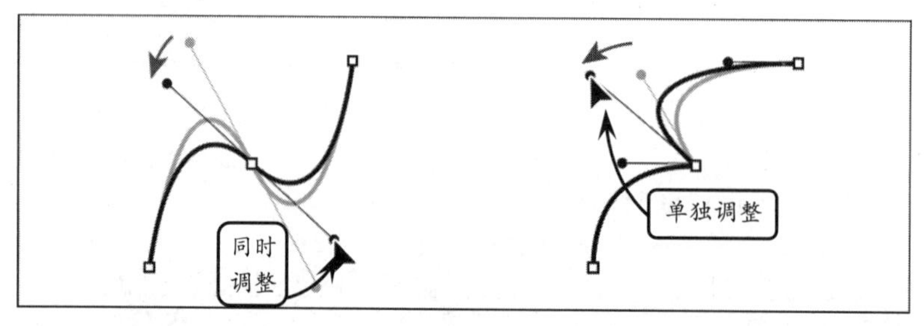

另外，在具体操作中，方向线始终与锚点处的曲线相切（与半径垂直），每条方向线的角度决定曲线的斜率，而每条方向线的长度决定曲线的高度或深度。

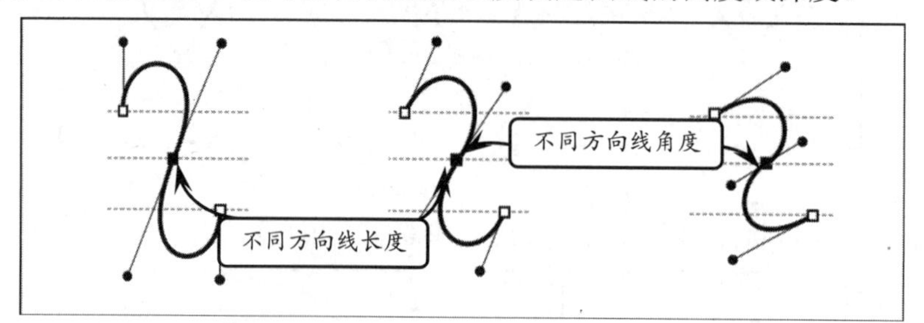

2.3.3 使用钢笔工具绘图

要绘制精确的路径，可以使用 Flash 中的【钢笔工具】。通过该工具，可以建立直线或者平滑流畅的曲线，而其属性与【线条工具】相同。

在【工具】面板中，选择【钢笔工具】后没有辅助选项，但是在绘图过程中，【钢笔工具】会显示不同指针，它们反映其当前绘制状态。其中，各种状态下指针的含义如下。

- **添加锚点指针** 该指针指示下一次单击鼠标时将向现有路径添加一个锚点。如果要添加锚点，必须选择路径，并且钢笔工具不能位于现有锚点的上方。根据其他锚点，重绘现有路径，一次只能添加一个锚点。
- **删除锚点指针** 该指针指示下一次在现有路径上单击鼠标时删除一个锚点。如果要删除锚点，必须用选取工具选择路径，并且指针必须位于现有锚点的上方。根据删除的锚点，重绘现有路径，一次只能删除一个锚点。
- **转换锚点指针** 该指针可以将不带方向线的转角点转换为带有独立方向线的转角点。如果要启用【转换锚点工具】，可以按下C键。

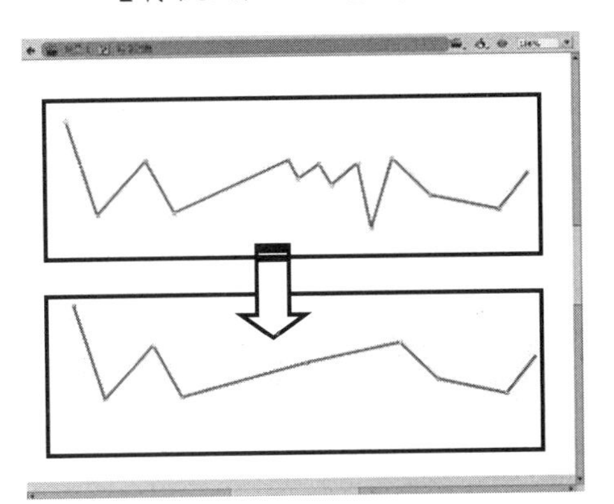

使用【钢笔工具】绘制直线路径，其方法与【线条工具】相似。如果是绘制曲线，那么在使用【钢笔工具】单击建立第一个锚点后，将光标指向其他位置，单击并拖动鼠标，建立第二个锚点，并且建立曲线段。

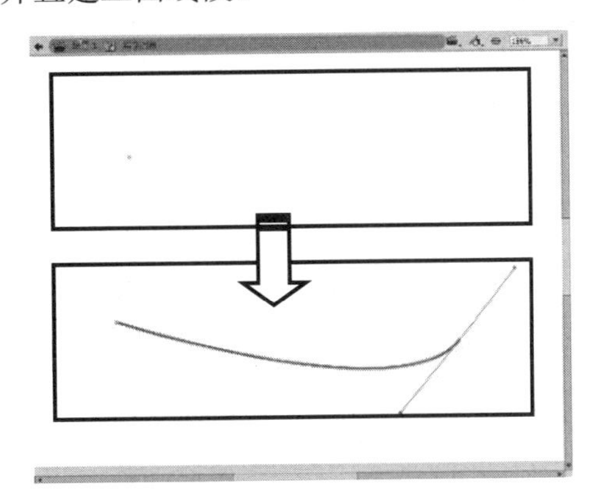

2.3.4 添加锚点工具

添加锚点能够更好地控制路径，也可以扩展开放路径。方法是，选择【工具】面板中的【添加锚点工具】，指向路径线段区域，单击即可添加锚点。

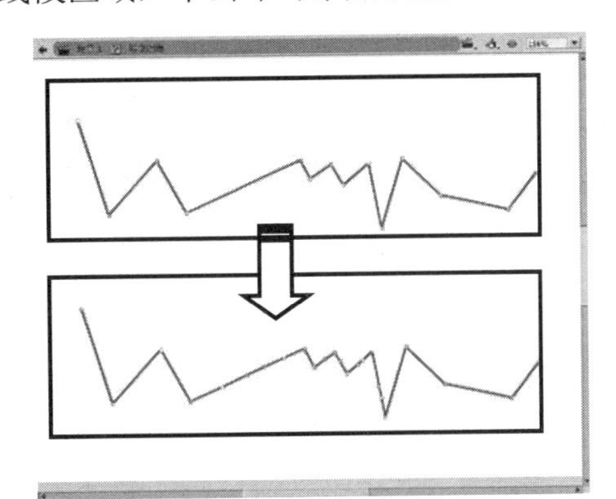

提 示

一条路径上最好不要添加不必要的锚点。锚点越少的路径越容易编辑、显示和打印。

2.3.5 删除锚点工具

路径中的锚点，要删除时可以使用【删除锚点工具】。只要选择该工具后，指向路径中的某个锚点，单击即可删除该锚点。

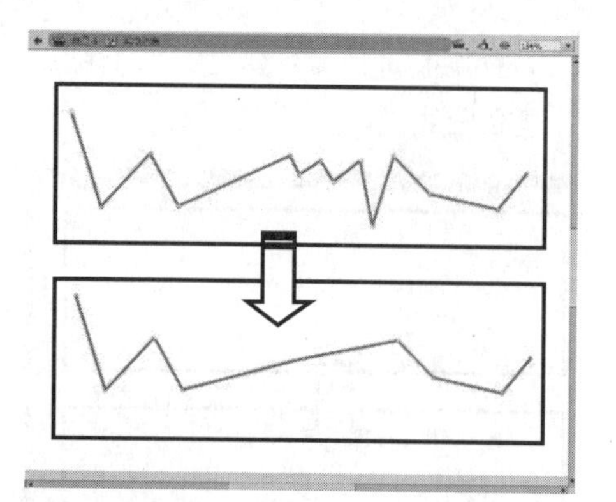

注 意

不要使用 Delete 键和 BackSpace 键，或者执行【编辑】|【剪切】或【编辑】|【清除】命令来删除锚点；这些键和命令会删除点以及与之相连的线段。

2.3.6 转换加锚点工具

虽然使用【钢笔工具】也可以建立曲线路径，但是并不能一次性建立精确的路径。这时就可以在建立路径完成后，选择【转换锚点工具】，

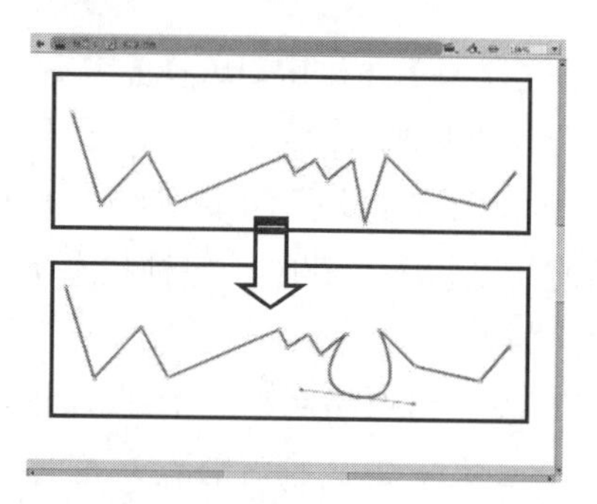

使用该工具将直线段转换为曲线段后，还可以单独调整单个方向的方向线，从而得到相应曲线的调整。

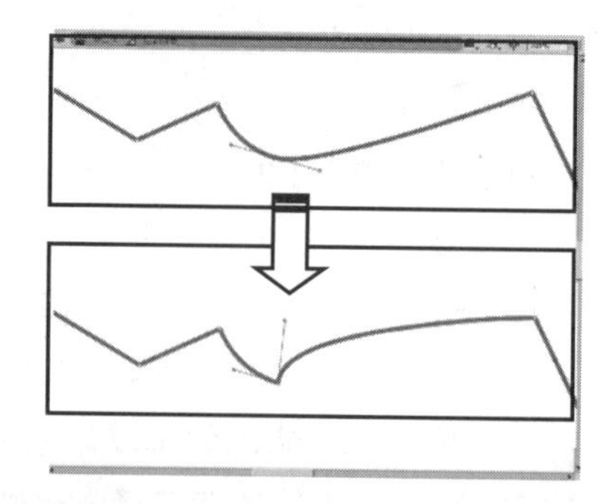

技 巧

默认情况下，将【钢笔工具】定位在选定路径上时，它会变为【添加锚点工具】，或者将【钢笔工具】定位在锚点上时，它会变为【删除锚点工具】。

2.4 课堂练习：绘制圆形水晶按钮

按钮的水晶效果是通过渐变颜色的错位，以及半透明颜色的组合形成的。所以在绘制过程中，渐变颜色的建立以及渐变颜色填充后的方向与范围调整尤为重要。

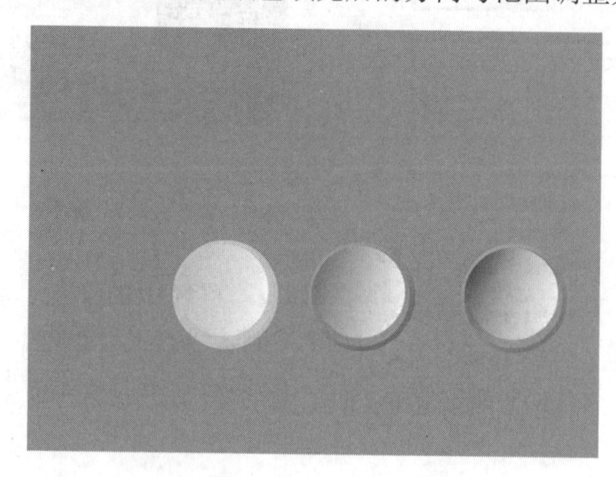

操作步骤：

1 按 Ctrl+N 快捷键打开【新建文档】对话框，创建空白文档后，按 Ctrl+S 快捷键打开【另存为】对话框，保存该文档为“圆形水晶按钮.fla”，发现【属性】面板中的文档名称随之发生变化。

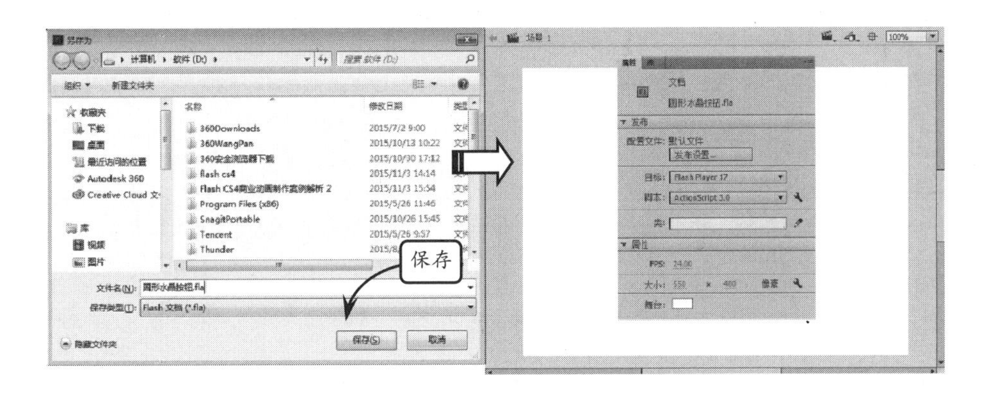

2 选择【椭圆工具】，按住左键，在舞台中绘制无笔触的单色正圆图形。然后在【属性】面板中，成比例设置正圆图形的尺寸为 260×260。

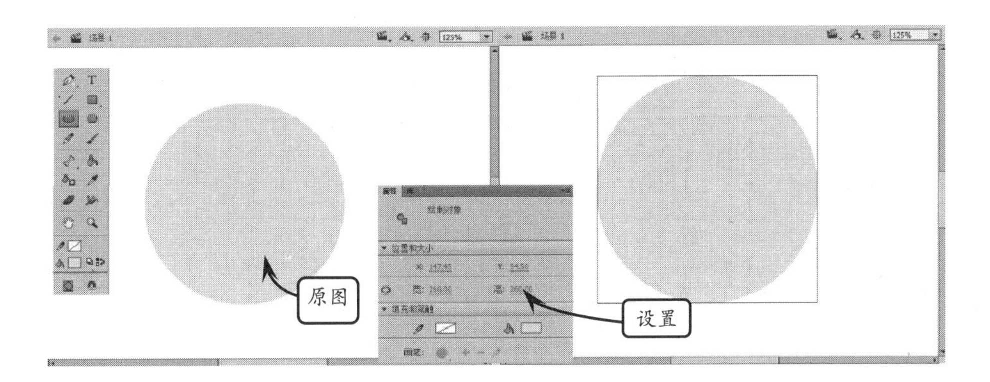

3 执行【窗口】|【颜色】命令，打开【颜色】对话框。当选中【填充颜色】选项后，选择【类型】下拉列表中的【线性渐变】。选中左侧色标后，在颜色值文本框中输入#09DEFF，设置右侧色标颜色值为#0BD8BB。然后在渐变条下方单击添加两个色标，分别设置颜色值为#09DDE0 和 #FF9900。

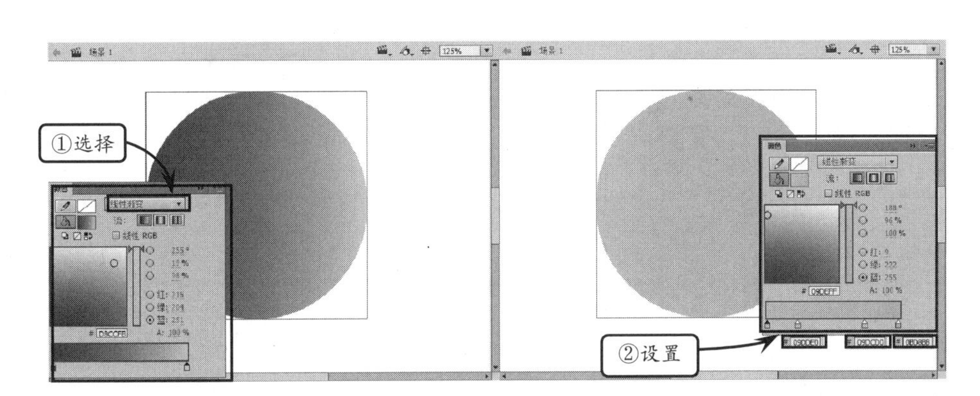

4 选择【工具】面板中的【渐变变形工具】，渐变正圆图形显示编辑手柄的边框。将光标指向旋转手柄，顺时针单击并拖动鼠标后，改变渐变颜色的显示方向。

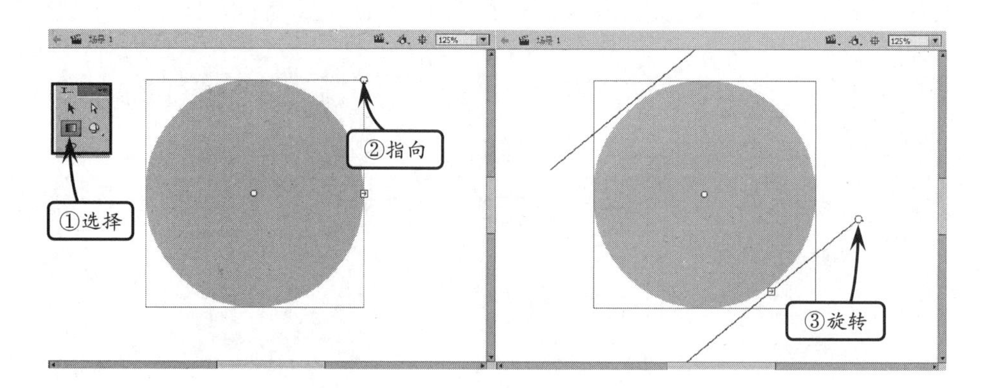

5 选择【椭圆工具】，按住左键在舞台中绘制正圆渐变图形。然后使用【选择工具】移动该图形至第一个正圆图形中心位置。选择【渐变变形工具】，逆时针旋转渐变边框，改变渐变显示方向。

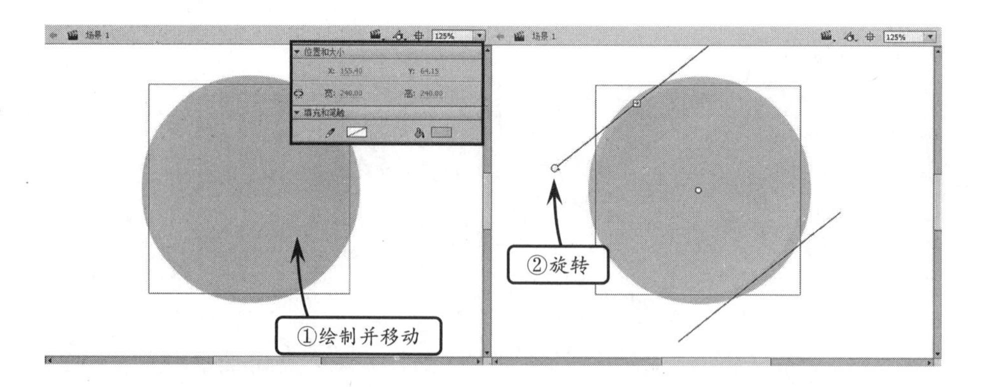

6 选择【椭圆工具】，设置【填充颜色】为白色到黑色的默认渐变，绘制圆形后，设置该图形的尺寸为 220×220。然后使用【选择工具】移动该图形，至第二个渐变圆形的顶部区域。

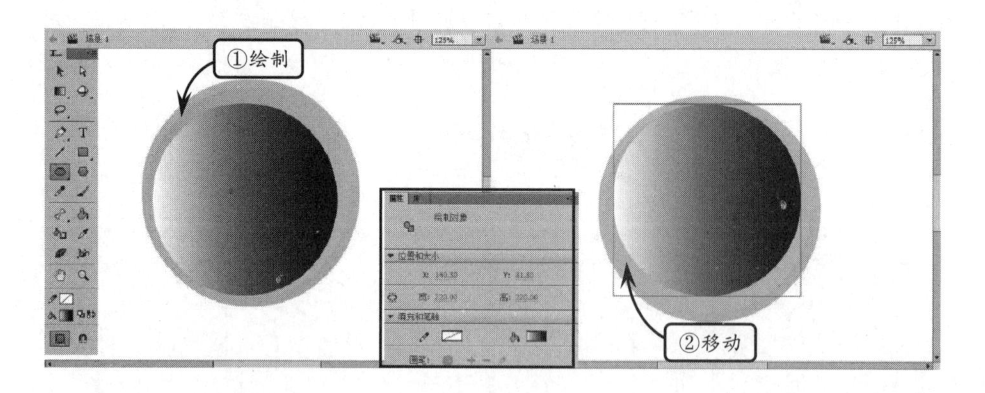

7 在【颜色】面板中设置黑色色标为白色，并且设置该色标的 Alpha 值为 0%。使用【颜料桶工具】单击黑白渐变圆形后，使用【渐变变形工具】顺时针旋转改变渐变颜色显示方向。

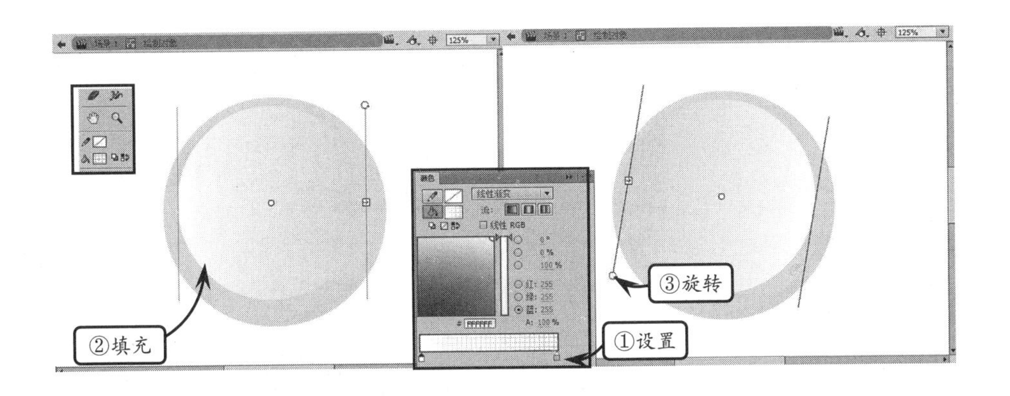

2.5 课堂练习：制作小兔子

通常卡通角色都是由大量规则的图形或整齐的线条组成的。因此，在设计小兔子角色时，其轮廓主要是使用【椭圆工具】和【直线工具】绘制，并使用【颜料桶工具】来填充颜色。在绘制过程中，需要掌握的是【椭圆工具】、【直线工具】等工具的使用方法。

操作步骤：

1．绘制轮廓

1 在 Flash 中，首先使用【基本椭圆工具】绘制两个椭圆，作为角色的头部轮廓。

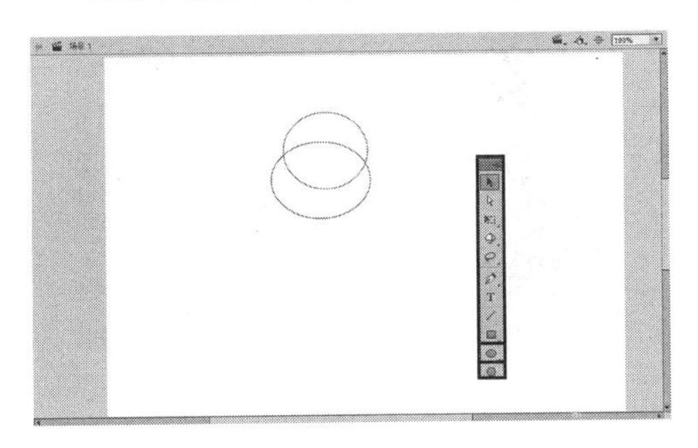

2 用同样的方法再绘制基本椭圆，作为小兔子角色的躯干和四肢。

3 再新建【面部轮廓】图层，用线条工具绘制小兔子角色的面部轮廓以及其五官，在绘制其轮廓时可按住 Ctrl+鼠标左键进行调节。

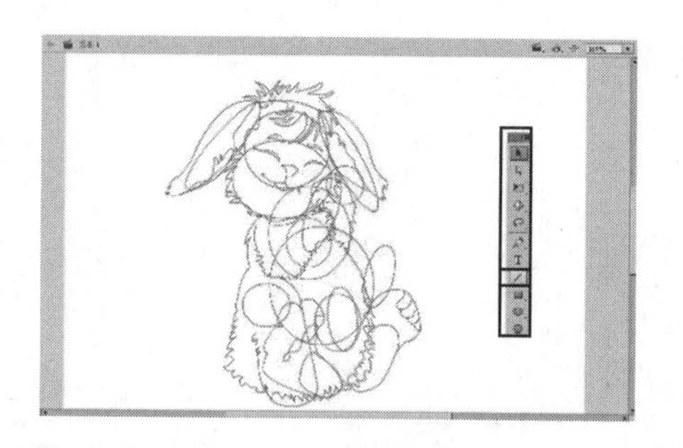

4 分别新建【躯体轮廓】、【手臂轮廓】和【腿部轮廓】等图层，根据手臂部分的基本椭圆，绘制身体部分和四肢的轮廓。

5 新建【尾巴轮廓】图层，绘制尾巴的轮廓。

2. 填充颜色

1 使用【颜料桶工具】为绘制的各种轮廓填充颜色前，必须先删除轮廓线。

2 使用【颜料桶工具】，为绘制的小兔子填充颜色。

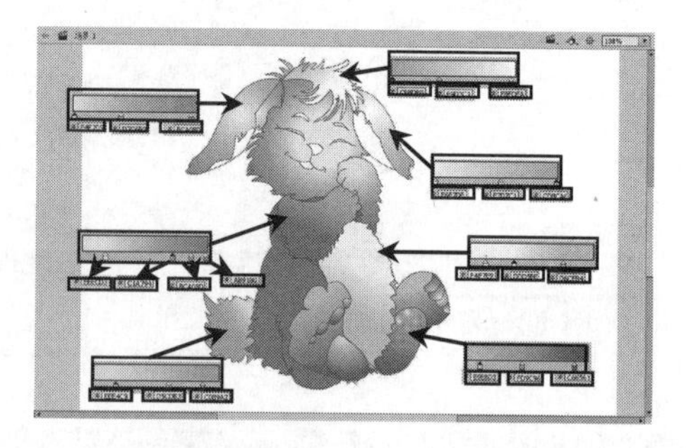

3 为小兔子角色的耳朵、鼻子以及嘴巴填充颜色。

4 使用【颜料桶工具】为绘制的小兔子角色的眉毛、眼睛填充颜色。

5 最后删除边线，将舞台背景设置为黑色，即完成图片。

思考与练习

一、填空题

1．__________是组成矢量图形最基本的单位，任何图形都是由线条组成的。

2．在 Flash 中选取颜色主要可以通过__________、__________、__________3 种方式。

二、选择题

1．在 Flash 中，__________是所有图形对象的最基本元素。

A．线条　　B．椭圆

C．矩形　　D．直线

2．下面不能同时绘制填充和笔触的工具是__________。

A．椭圆工具

B．矩形工具

C．刷子工具

D．钢笔工具

三、简答题

1．为什么绘制多个图形后，只要移动图形，就会删除其他图形？

2．如何在使用【钢笔工具】绘制图形的过程中调整锚点？

四、操作练习

1．绘制大树

本练习将运用工具箱中的【直线工具】、【选择工具】来绘制大树的轮廓，然后再使用【颜料桶工具】按钮填充颜色。

2．绘制蘑菇

本练习将运用【直线工具】、【选择工具】、【椭圆工具】等工具绘制图形轮廓，然后再使用【颜料桶工具】、【颜色】面板填充线性渐变色。

第3章

图形与文本的编辑

在 Flash 课件设计制作过程中，要创建生动形象，且具有活力和个性的作品，设计者仅使用绘图工具创建图形，是无法满足动画的需求的，这时就需要对图形进行简单的编辑。Flash 的编辑功能是图形创作方面最强大的功能。利用编辑工具，可以对创作的图形对象进行变形、缩放、旋转、对齐等操作，而任何一部优秀的作品，要想充分表达出创意思想，最终都离不开文字内容的表达。

本章主要介绍利用选择工具、编辑工具、操作工具和文本的编辑来编辑对象的方法，以及使用过程中所需要注意的事项。读者通过本章的学习，能够制作出简单的组合图形，来满足一定的动画需求。

3.1 选择对象

在操作对象之前，必须首先选择该对象。在 Flash 中，可以使用多种不同的工具来选择对象。主要包括以下三种类型：选择工具、部分选择工具和套索工具。

3.1.1 选择工具

【选择工具】主要用来选取或者调整场景中的图形对象，并能够对各种动画对象进行选择、拖动、改变尺寸等操作。利用该工具选择对象，主要包括以下几种操作方法。

- 单击可以选取某个色块或者某条曲线。
- 双击可以选取整个色块以及与其相连的其他色块和曲线等。
- 如果在选取过程中按下 Shift 键，则可以同时选中多个动画对象，也就是选中多个不同的色块和曲线。
- 在舞台上单击鼠标并拖动区域，可以选取区域中的所有对象。

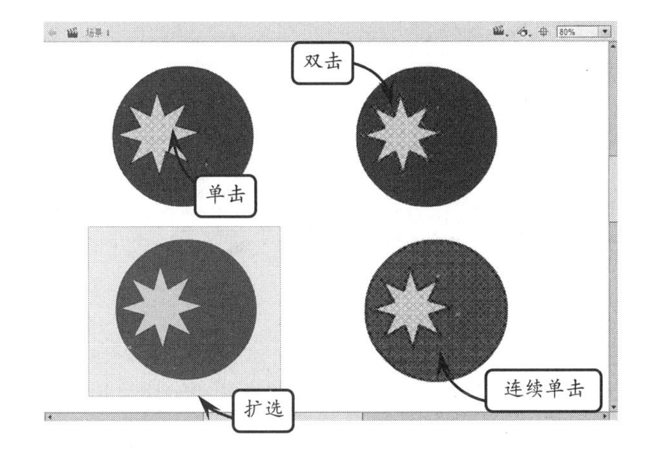

提 示

当选中图形后，在【属性】面板中会显示与其相关的信息，并且能够进行相应的参数修改。

【选择工具】不仅能够进行图形的选择，还能够改变图形的边缘显示效果。方法是，选择该工具后将鼠标指向图形的边缘，当指针下方出现弧线时，单击并拖动鼠标，即可改变鼠标所指的图形边缘弧度效果。

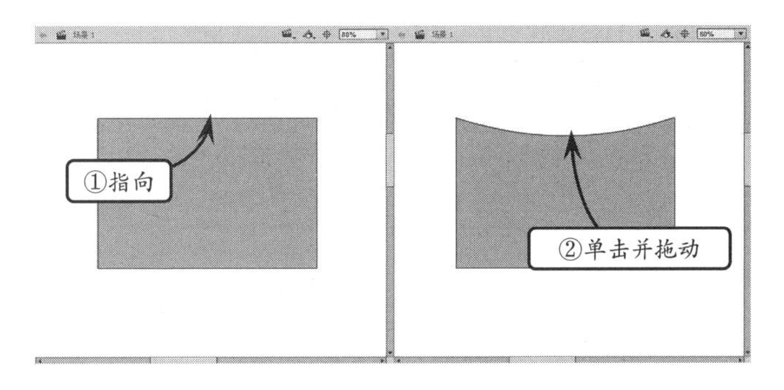

技 巧

当某个对象被选中后，在工具箱的选项区域中，会列出【选择工具】的辅助选项按钮。其中，【紧贴至对象】按钮用于在绘制和移动对象时，自动和最近的网格交叉点或者对象的中心重合，在绘制图形时非常有用。

3.1.2 套索工具

对于合并绘制图形，使用【选择工具】进行局部选择时，其边缘均是直线。要想任意选择图形的局部，可以使用【套索工具】。

1. 不规则选择区域

使用【套索工具】在舞台上单击后拖动鼠标，会沿鼠标轨迹形成一条任意曲线。释放鼠标后，系统会自动连接起始点，在起始点之间的区域将被选中，该方法适合绘制不规则的平滑区域。

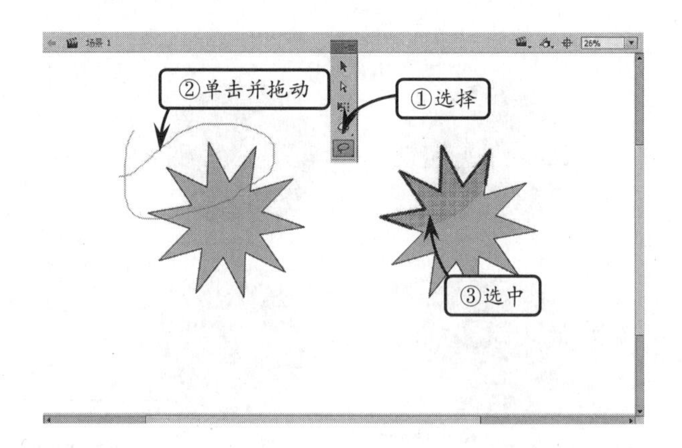

2. 直边选择区域

如果在选择【套索工具】之后，单击【工具】面板底部的【多边形模式】按钮，然后在舞台中连续单击，即可创建直边区域。

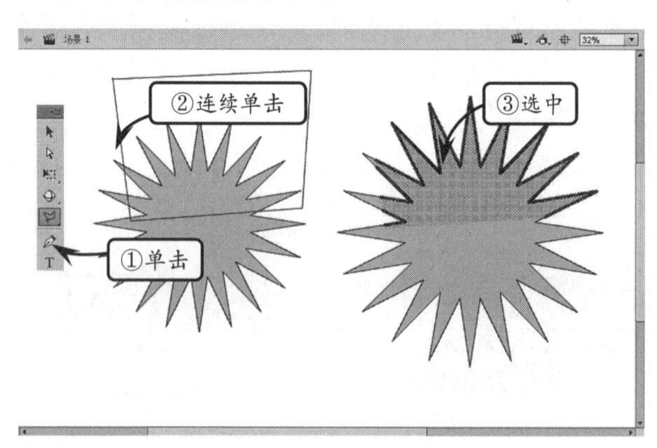

3.1.3 部分选取工具

【部分选取工具】是一个与【选择工具】完全不同的选取工具，它没有辅助选项，但是具有智能化的矢量特性。在选择矢量图形时，单击对象的轮廓线，即可将其选中，并且会在该对象的四周出现许多锚点。

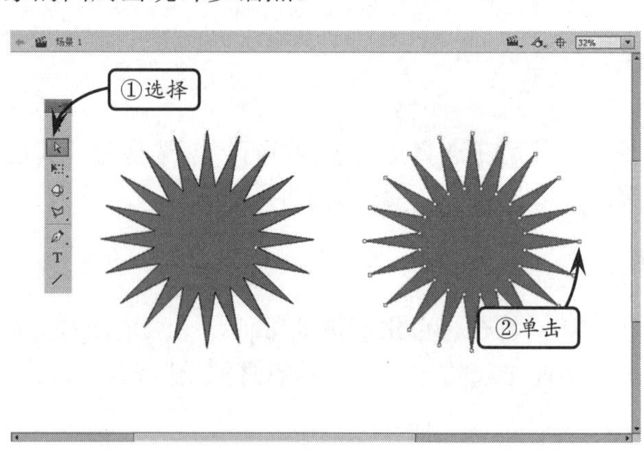

如果要改变某条线条的形状，可以将光标移到该锚点上，当指针下方出现空白矩形点时，进行拖动即可改变该锚点的位置。

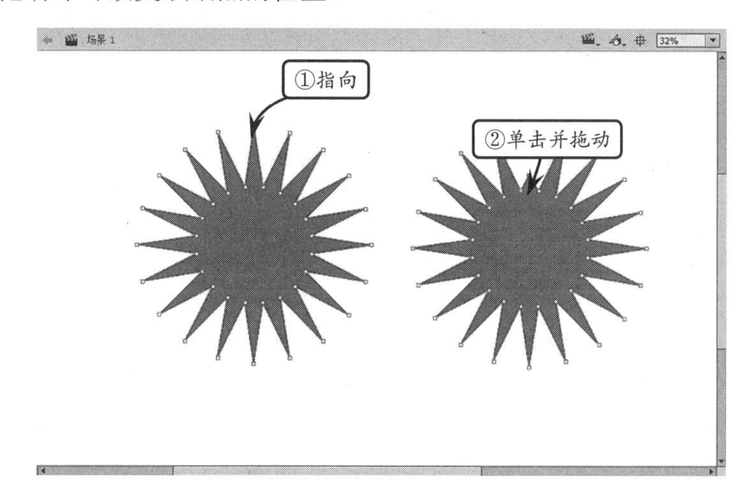

如果按住 Alt 键，在锚点位置单击并拖动鼠标，那么可以改变该锚点两侧的路径弧度。

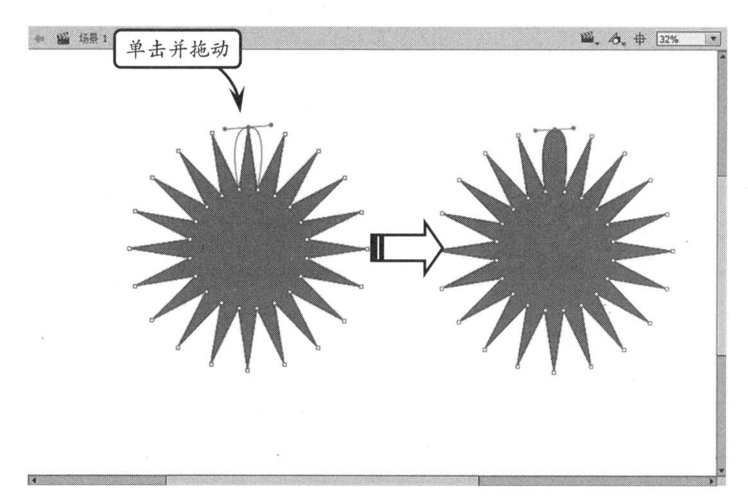

3.2 变形对象

将对象进行任意变形，可以通过【任意变形工具】方式来编辑。任意变形是通过手动方式来对图形对象的变形，比如缩放、旋转、倾斜、扭曲等。而使用【任意变形工具】可以方便快捷地操作对象，但是却不能控制其精确度。这时就需要利用【变形】面板设置各项参数，精确地对其进行缩放、旋转、倾斜、翻转的操作。

3.2.1 任意变形工具

【工具】面板中的【任意变形工具】，与【修改】|【变形】命令功能相同，并且两者相通，均是用于对图形对象的变形，比如缩放、旋转、倾斜、扭曲等。

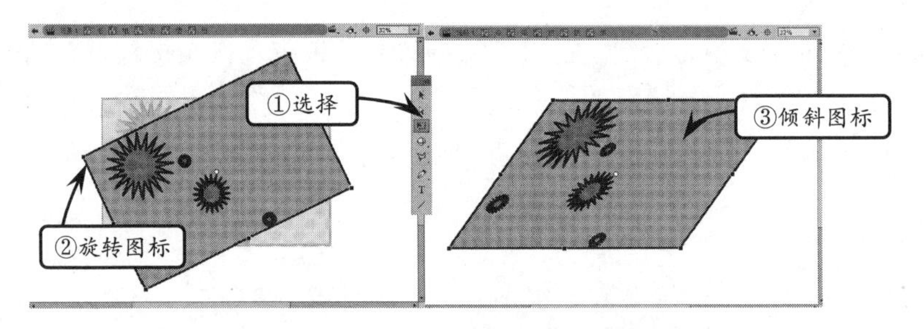

选中图形对象后，选择【任意变形工具】，这时图形四周显示变形框。在所选内容的周围移动光标，光标会发生变化，指明哪种变形功能可用。

比如，将光标指向变形框四角的某个控制点时，可以缩小或者放大图形对象；如果将光标指向变形框四角的某个控制点，并且与该控制点具有一定距离，即可对图形对象进行旋转。

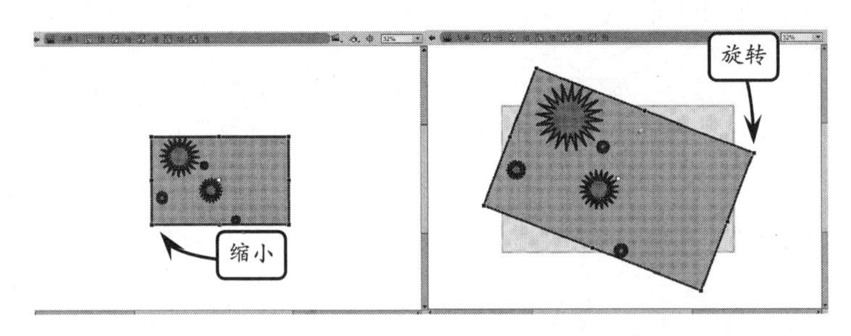

当选择【任意变形工具】后，如果单击该面板底部的某个功能按钮，即可针对相应的变形功能进行变形操作。例如，单击面板底部的【旋转与倾斜】按钮，就只能对图形对象进行旋转和倾斜的变形。

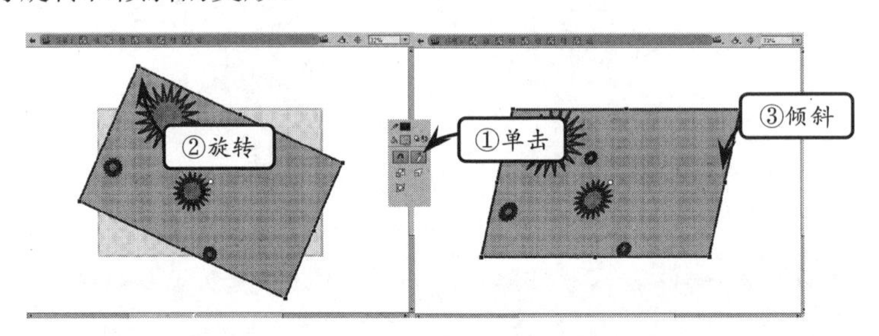

单击面板底部的【扭曲】按钮，只能针对图形对象进行各种角度的扭曲变形。

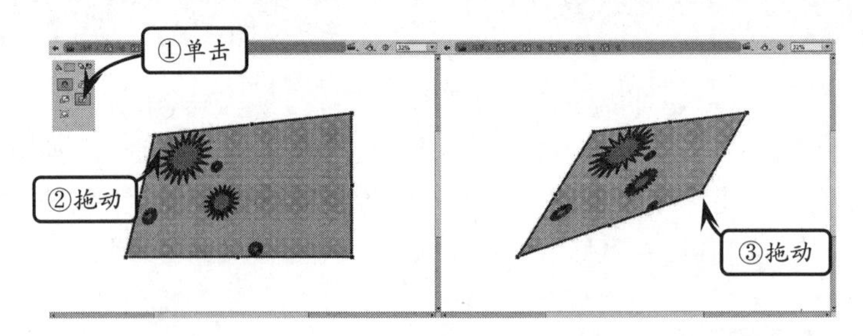

【任意变形工具】中的【封套】功能，修改形状允许弯曲或扭曲对象。封套是一个边框，其中包含一个或多个对象，当通过调整封套的点和切线手柄来编辑封套形状时，该封套内对象的形状也将受到影响。

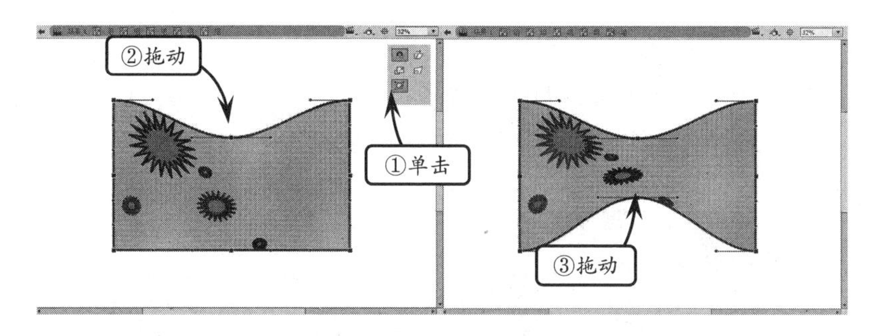

在【扭曲】和【封套】功能以外的变形功能中，变形框中会出现一个变形中心点。变形中心点最初与对象的中心点对齐，但是可以任意移动变形中心点。该变形中心点是用来控制图形对象变形的根据点，变形效果的变化是根据其位置的改变而改变的。

使用【任意变形工具】选中图形对象后，单击并拖动变形中心点，将其移至右上角位置。对图形进行旋转时发现，图形是以右上角的变形中心点为中心进行旋转的。

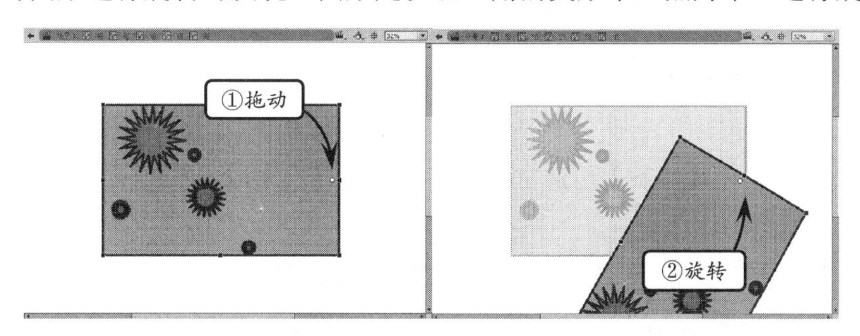

3.2.2 精确变形对象

使用【任意变形工具】可以方便快捷地操作对象，但是却不能控制其精确度，而利用【变形】面板可以通过设置各项参数，精确地对其进行缩放、旋转、倾斜、翻转的操作。

1. 精确缩放对象

选中舞台中的图形对象后，执行【窗口】|【变形】命令（快捷键 Ctrl+T），打开【变形】面板。

在该面板中，可以沿水平方向、垂直方向缩放图形对象。比如单击水平方向的文本框，在其中输入 50，即可以使图形原宽度尺寸缩小 50%。

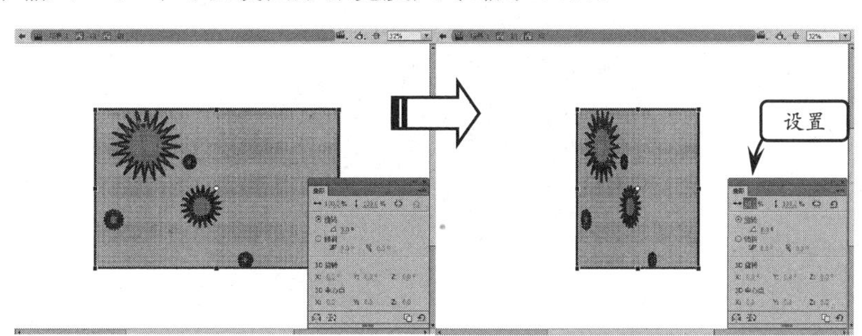

要想成比例缩放图形对象，可以在设置之前单击【约束】按钮。然后在任一个文本框中输入数值，即可得到成比例的缩放效果。

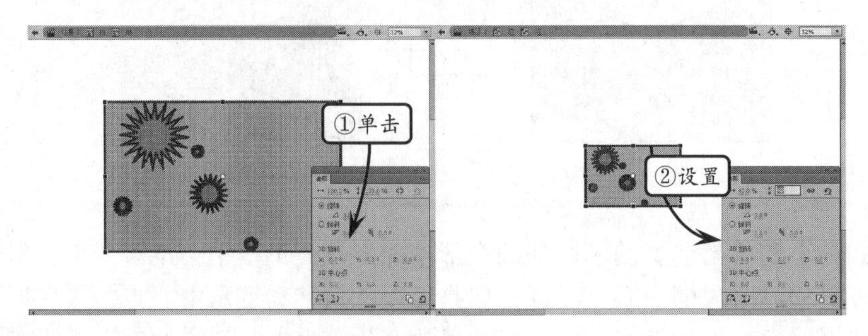

提 示

当设置图形的缩放比例后，要想返回原尺寸，只要单击【重置】按钮即可。

2．精确旋转与倾斜对象

在【变形】面板中，当启用【旋转】单选框时，可以在文本框中输入数值，进行360° 的旋转；当启用【倾斜】单选框时，则可以进行水平或者垂直方向的360° 的倾斜变形。

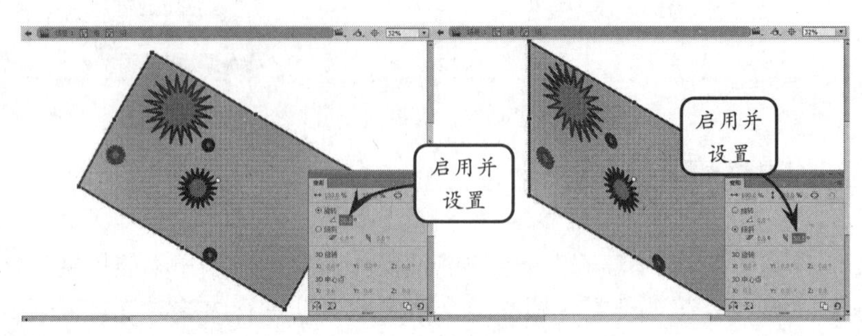

3．重制选区和变形

当启用【旋转】单选框进行图形旋转时，设置旋转角度后，还可以通过连续单击【重制选区和变形】按钮，得到复制的旋转图形。

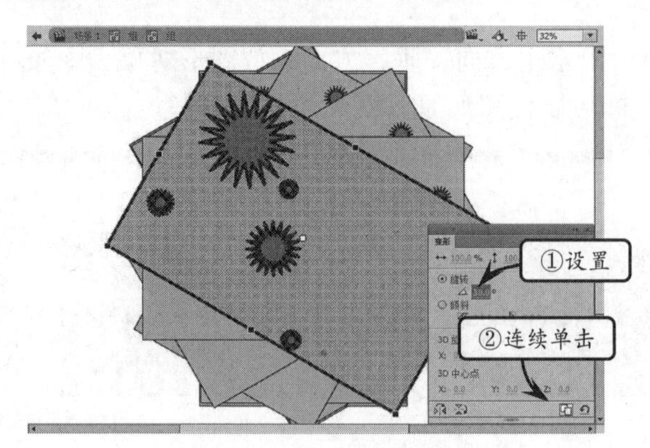

3.3 编辑对象

在 Flash 中创建复杂的图形，需要学会使用【组合】、【分离】、【移动】、【锁定对象】命令编辑每个图形，将其放置在合适的位置以及保护已绘制好的图形。而通过【排列】与【对齐】对象功能，可以让舞台中的对象按照指定的层叠顺序或布局样式排列。当然在 Flash 动画过程中，经常会使用到图形对象的复制与删除，以完善动画内容、提高制作效率。

本节将介绍使用编组和分离、移动与锁定、排列与对齐、复制与删除命令来编辑对象的方法，以及使用过程中所需要注意的事项。

3.3.1 编组和分离对象

无论是合并绘制图形，还是对象绘制图形，均属于单个图形对象。只是后者包括前者，而前者无法转换成后者。比如，绘制对象绘制图形后，双击该图形对象，即可进入【绘制对象】编辑模式。要想返回【场景 1】编辑模式，只要单击【场景 1】或者【返回】按钮即可。

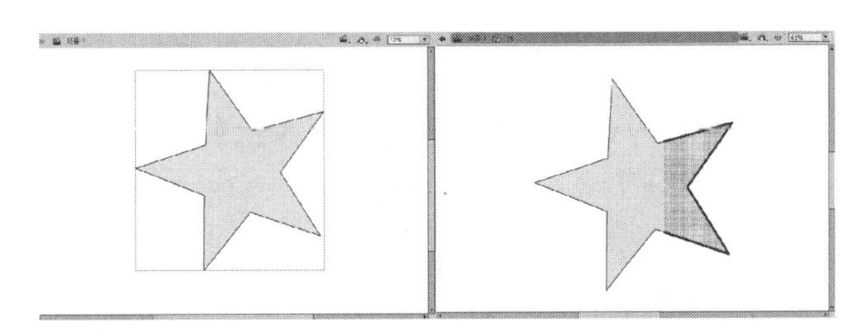

如果绘制的是合并绘制图形，要想将其组合成一个整体，则需要进行编组。方法是选中基本图形后，执行【修改】|【组合】命令（快捷键 Ctrl+G），即可将形状转换成组。

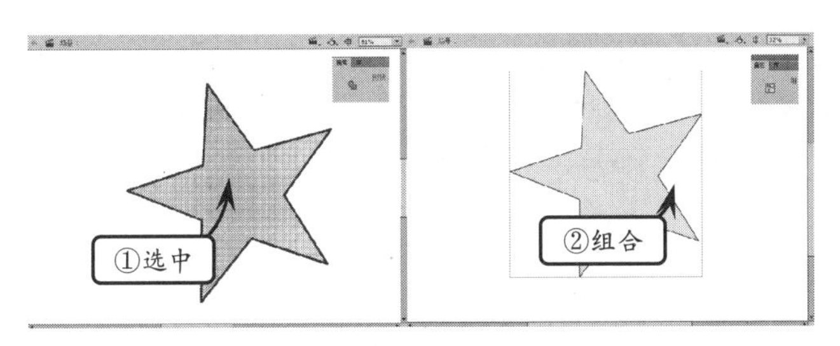

这时双击组对象，即可进入【组】编辑模式。而要想返回【场景】编辑模式，在舞台空白区域双击即可。

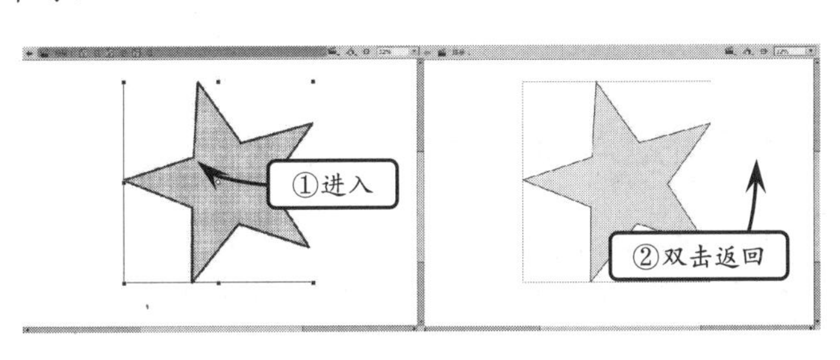

对象的编组也可以针对多个对象绘制图形，方法是选中多个对象绘制图形后，按 Ctrl+G 快捷键即可组合成一个组。

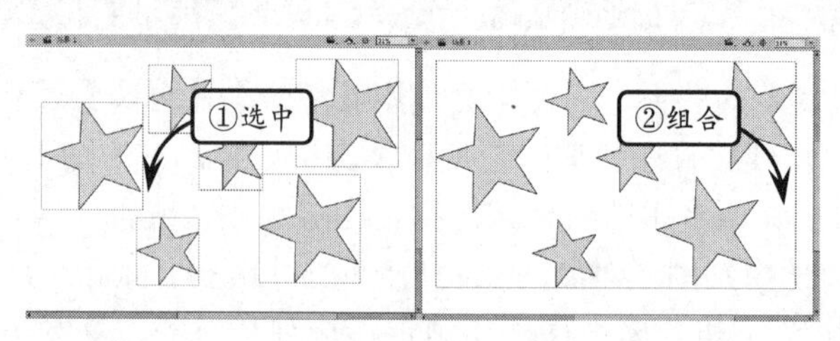

此时，双击组对象进入【组】编辑模式，显示对象绘制图形同时选中的状态。继续双击某个对象绘制图形，可以进入【绘制对象】编辑模式，显示形状对象。

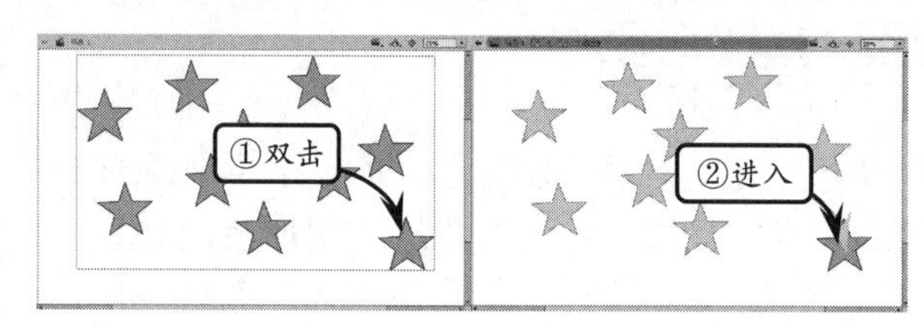

对于编组而成的组对象来说，执行【修改】|【分离】命令（快捷键 Ctrl+B），与执行【修改】|【取消编组】命令（快捷键 Ctrl+Shift+G）得到的效果相同，均能够将组对象分解成形状对象。方法是，选中组对象后，按 Ctrl+Shift+G 快捷键即可将其分解成对象绘制图形。继续按 Ctrl+Shift+G 快捷键，即可将对象绘制图形分解成形状对象。

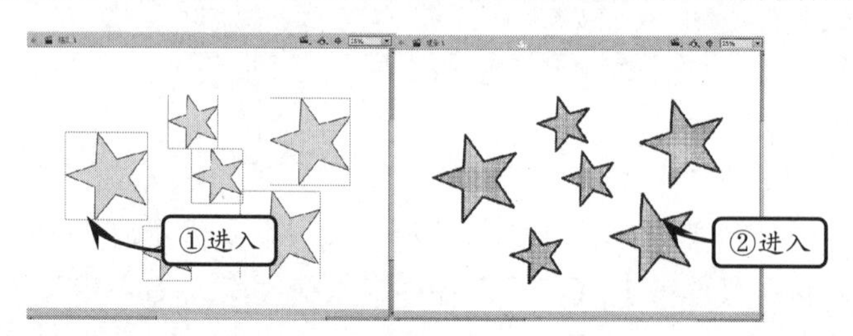

如果想要将文字转换为图形，那么需要选中文字后，按 Ctrl+B 快捷键进行分离。如果是一个词组，那么需要按 Ctrl+B 快捷键两次，才能够将文字转换为图形。

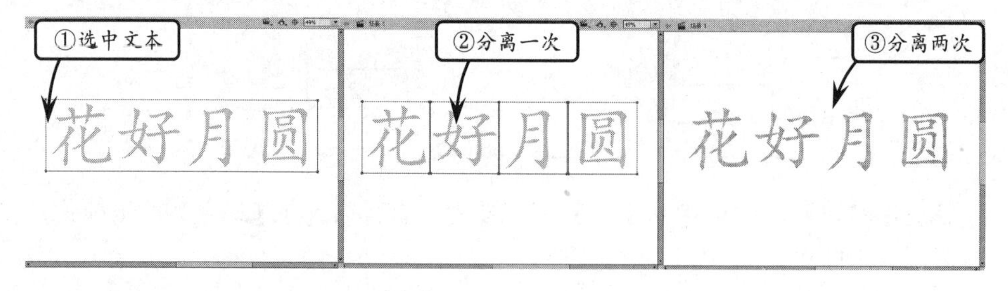

3.3.2 移动与锁定对象

移动功能可以将每个图形放到合适的位置；而锁定功能则可以保护好已绘制的图像。

1. 移动对象

移动对象可以调整图形的位置，能够在绘制图形过程中，使其不相互影响。移动对象包括多种情况，不同的方式得到的效果也不尽相同。

❑ 使用【选择工具】选中对象，通过拖动将对象移动到新位置。

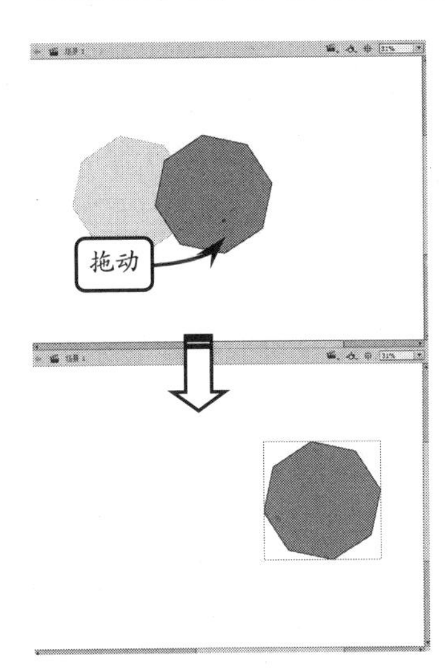

❑ 在移动对象的同时按住 Alt 键，则可以复制对象并拖动其副本。

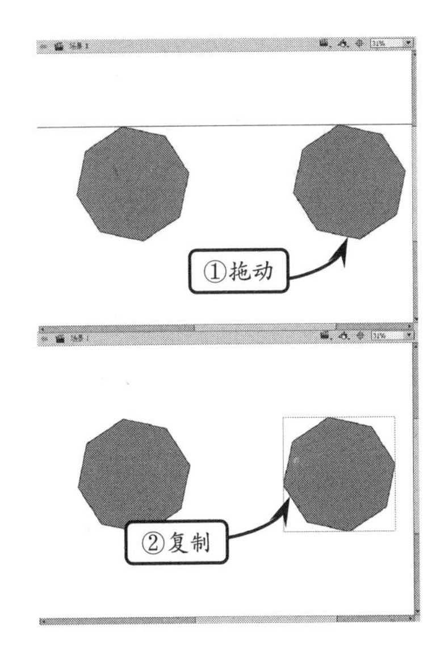

❑ 在移动对象时住 Shift 键拖动，可以将对象的移动方向限制为 45°的倍数。

提 示

按住 Shift 键拖动图形对象，还可以进行水平或者垂直方向的移动。

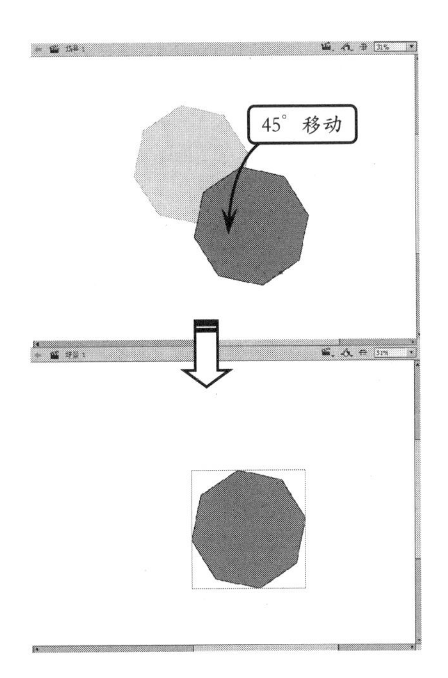

❑ 在选择所需移动对象之后，通过按下一次方向键则可以将所选对象移动 1 个像素，若按下 Shift 键和方向键，则使所选对象一次移动 10 个像素。

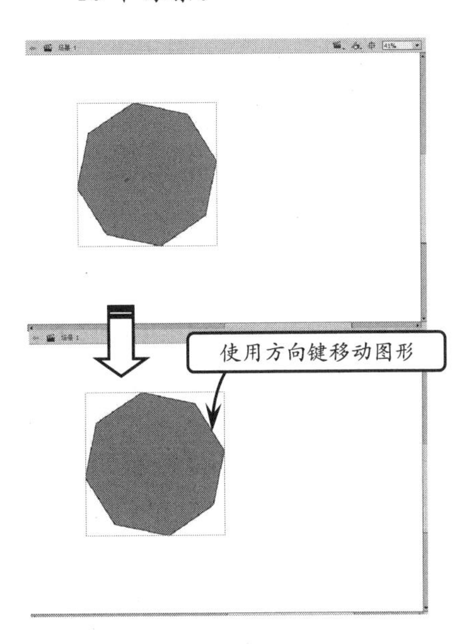

❑ 在【属性】面板的 X 和 Y 文本框中输入所需移动数值，按下 Enter 键即可移动对象。

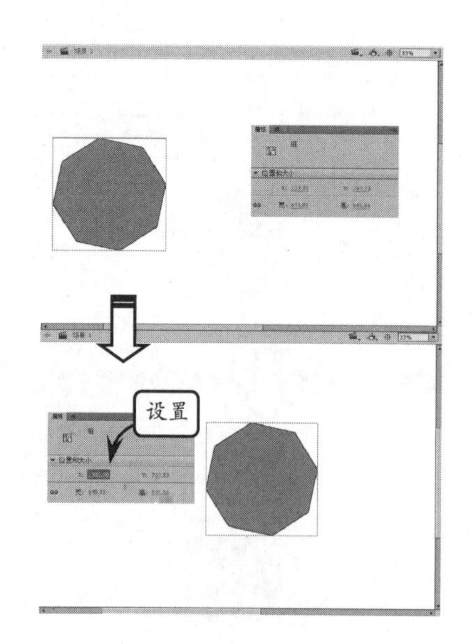

- ❑ 选择所需移动对象之后，执行【窗口】|【信息】命令，通过在右上角 X 和 Y 文本框中输入所需数值，按下 Enter 键即可移动对象。

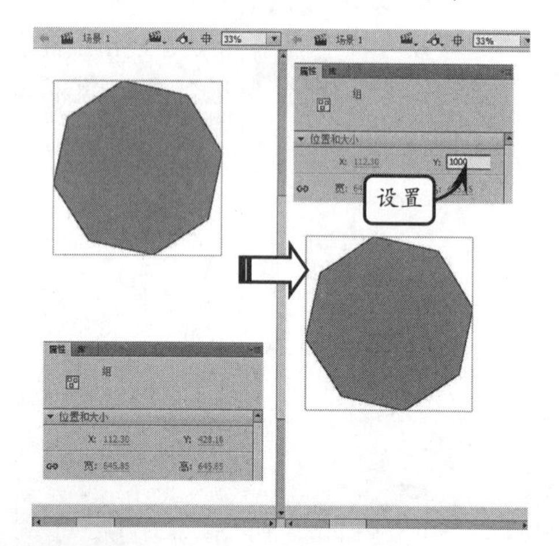

技　巧

【信息】面板和【属性】面板中的位置参数设置的效果是相同的。

2. 锁定对象

在编辑动画对象时，为了避免当前编辑的对象影响到其他对象内容，可以先将不需要编辑的对象暂时锁定，锁定后的对象将不参与编辑操作，但它在场景中还是可见的。而当需要对其编辑时，可以对其进行解锁。

锁定对象时，需要选择要锁定的对象，执行【修改】|【排列】|【锁定】命令（快捷键 Ctrl+Alt+L）；如果要取消锁定的对象，执行【修改】|【排列】|【解除锁定】命令（快捷键 Ctrl+Shift+Alt+L）即可。

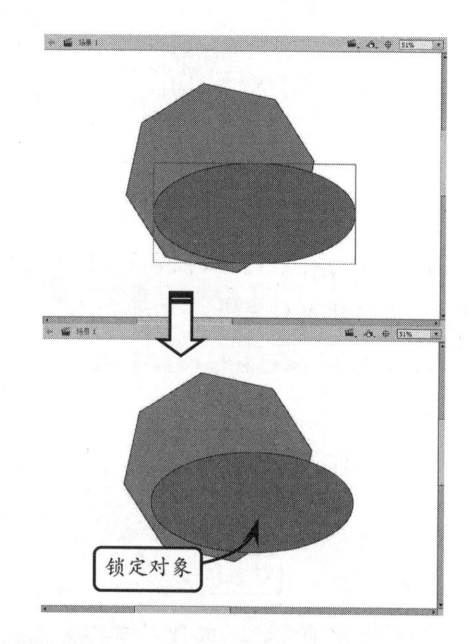

提　示

区分图像是否锁定，可以使用鼠标拖动该对象。如果单击该对象发现被选中，而且可以移动，则说明图像未被锁定；反之，如果该图像不能够被选择，则说明该图像处于被锁定状态。

3.3.3 排列与对齐对象

在同一层内，Flash 会根据对象的创建顺序层叠对象。例如，将最新创建的对象放在最上面，但是绘制的线条和形状总是在组和元件的下面。而在排列中，除了能够上下纵向排列外，还可以横向排列，也就是水平或者垂直平均分布多个对象。并且在分布对象的同时，进行不同方式的对象对齐操作。

1. 上下排列对象

当在舞台中绘制多个图形对象时，Flash 会以堆叠的方式显示各个图形对象。这时，想要将下方的图形对象放置在最上方，只要选中该图形对象，执行【修改】|【排列】|【移至顶层】命令（快捷键 Ctrl+Shift+↑）即可。

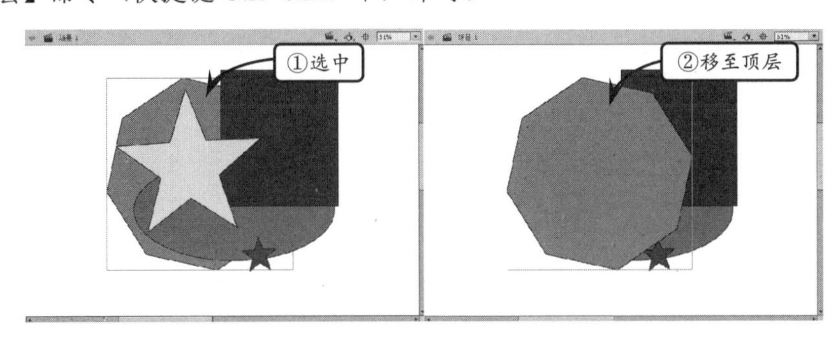

如果想要将图形对象向上移动一层，那么选中该图形对象后，执行【修改】|【排列】|【上移一层】命令（快捷键 Ctrl+↑）即可。

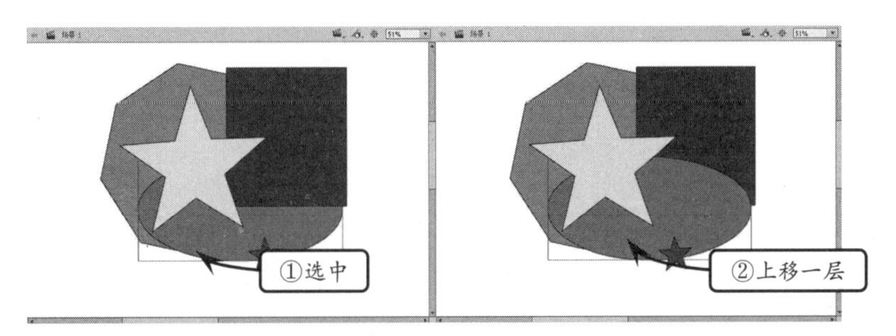

提 示

在上下排列操作中，图形对象的下移操作与上移相同。只是【下移一层】命令的快捷键为 Ctrl+↓；【移至底层】命令的快捷键为 Ctrl+Shift+↓。

2. 平均分布对象

在横向排列图形对象过程中，可以根据图形对象排列的不同方向，来进行相应的平均分布。比如图形对象以水平方向放置时，选中所要进行分布的对象后，在【对齐】面板中单击【水平居中分布】按钮，即可将图形对象平均分布在同一个水平面上。

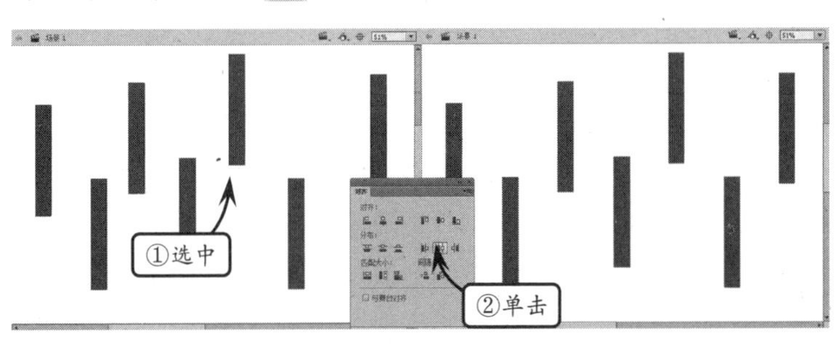

3．对齐对象

在【对齐】面板中，除了能够进行平均分布外，还能够对两个或者两个以上的图形对象进行各种方式的对齐。比如选中多个图形对象后，单击【对齐】面板中的【顶对齐】按钮，即可以所选对象中的最高点为基点，进行顶部对齐操作。

如果分别单击面板中的【垂直居中】按钮和【底对齐】按钮，即可得到不同的对齐效果。

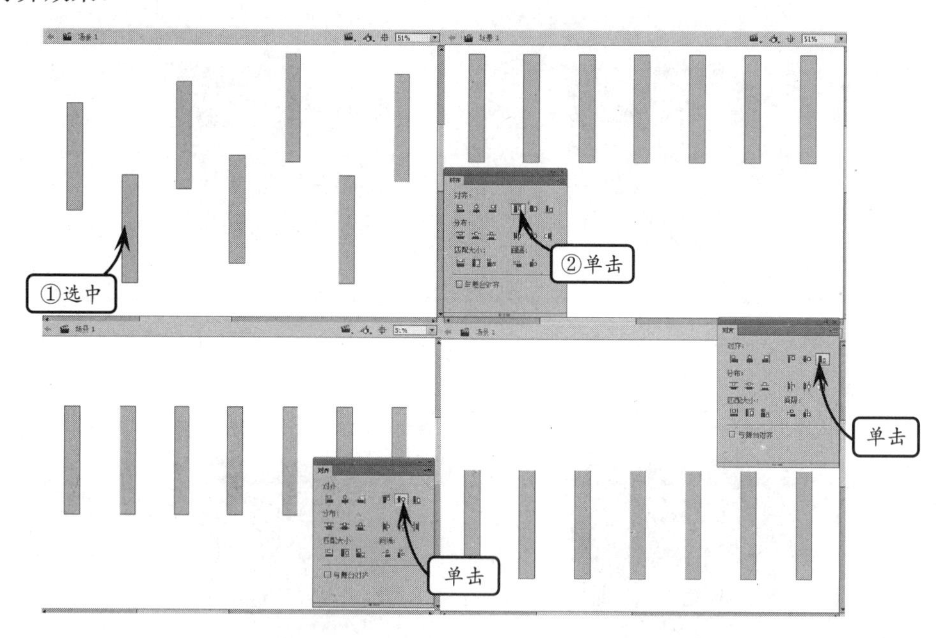

如果舞台中只有一个图形对象，那么也可以进行对齐操作。方法是，选中图形对象后，在【对齐】面板中勾选【与舞台对齐】。然后分别单击【底对齐】按钮和【右对齐】按钮后，该图形对象即可相对于舞台底对齐与右对齐。

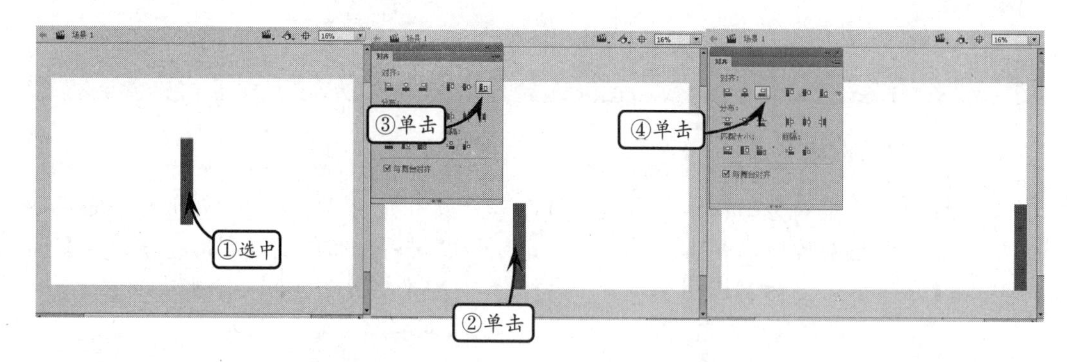

3.3.4 复制与删除对象

在 Flash 中，图形对象的复制包括多种方式，而图形对象的删除也分为不同区域的删除。

1．复制对象

只要选中某个图形对象后，执行【编辑】|【复制】（快捷键 Ctrl+C）与【剪切】命令（快捷键 Ctrl+X）即可。

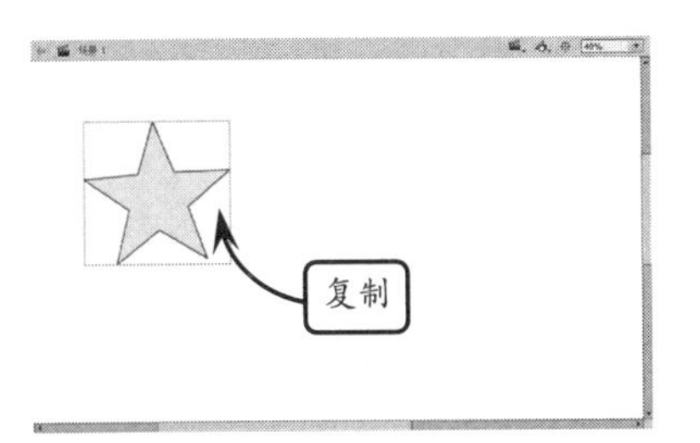

按 Ctrl+C 快捷键复制图形对象后，执行【编辑】|【粘贴至中心位置】命令（快捷键 Ctrl+V），即可将图形粘贴至舞台的中心位置。

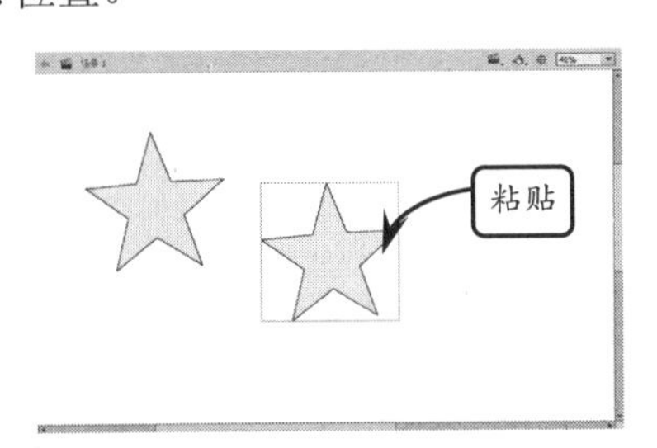

如果执行【编辑】|【粘贴至当前位置】命令（快捷键 Ctrl+Shift+V），粘贴后的图形对象与原对象重合。

提　示

在当前位置复制图形对象后，可以通过移动对象来查看粘贴后的图形对象。

在复制图形对象中，还可以通过【直接复制】命令（快捷键 Ctrl+D），对图形对象进行有规律的复制。方法是选中图形对象后，连续按 Ctrl+D 快捷键，进行图形对象的重复复制。

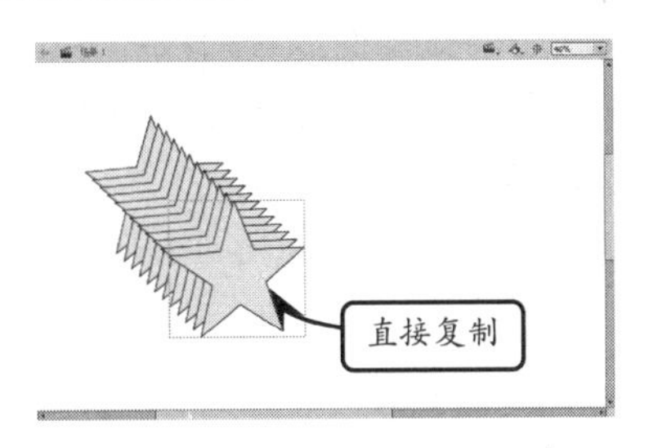

2. 删除对象

当不需要舞台中的某个图形时，使用【选择工具】选中该图形对象后，按 Delete 键即可删除该对象。

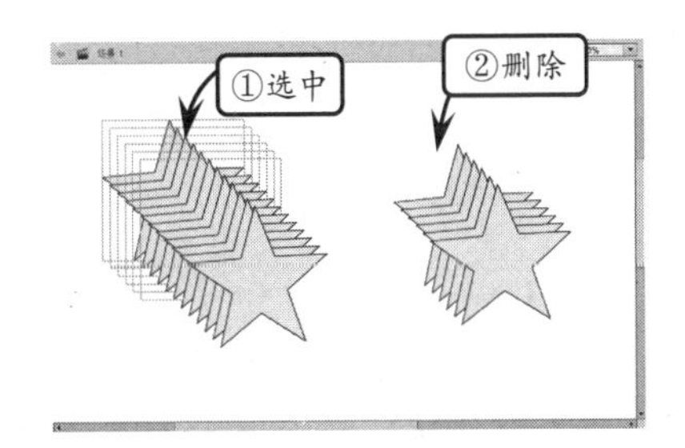

技　巧

当选中图形对象后，执行【编辑】|【清除】命令（快捷键 Backspace），同样能够删除对象。

3.4 优化对象

对于绘制的矢量图形，如果想要让各个元素彼此自动对齐，可以使用贴紧功能。除了上述进行简单的编辑外，还可以分别从线条的平滑程度、多个图形的合并的复杂组合操作，从而得到更加复杂的图形对象。

在本节中，主要介绍线条的变化与优化功能、图形的擦除功能、紧贴功能，读者通过学习本节，能够绘制更加细腻的矢量图形。

3.4.1 编辑线条

图形线条在绘制过程中，虽然能够事先进行设置，但是还是会有不尽人意的地方，这时可以通过线条的平滑、伸直与优化等操作，来编辑图形线条。

1. 平滑线条

【平滑】操作可以使曲线在变柔和的基础上，减少曲线整体方向上的突起或其他变化，同时还会减少曲线中的线段数。

使用【选择工具】选择绘制后的线条，连续单击【工具】面板底部的【平滑】按钮，即可使线条更加柔和。

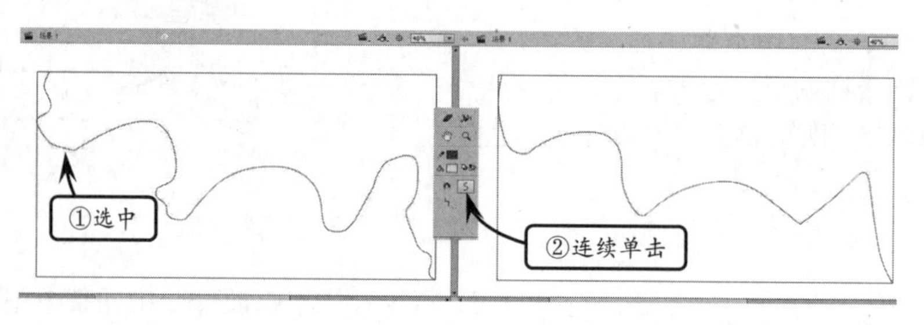

提 示

执行【修改】|【形状】|【高级平滑】命令，同样能够平滑线条曲线。但是平滑只是相对的，它并不影响直线段。

2. 伸直线条

【伸直】命令能够调整所绘制的任意图形的线条，该命令在不影响已有的直线段情况下，将已经绘制的线条和曲线调整得更为直些，使形状的外观更完美，而且它不会影响到正触及并因而连接到其他元素的形状。

使用【选择工具】选择绘制后的线条，连续单击【工具】面板底部的【伸直】按钮，即可将小弧度的曲线转换为直线。

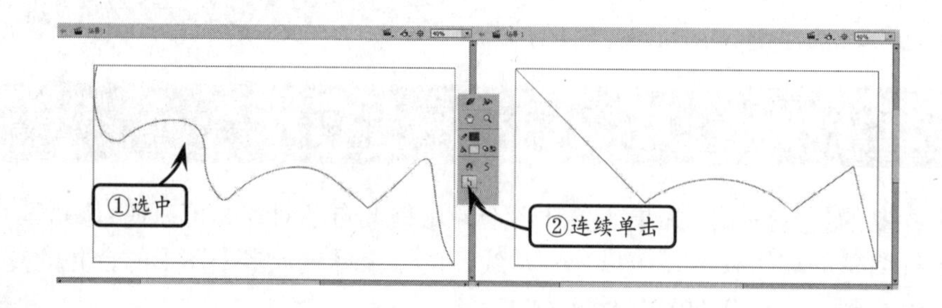

技 巧

执行【修改】|【形状】|【高级伸直】命令，同样能够伸直小弧度的线条。

3. 优化线条

【优化】功能通过减少用于定义这些元素的曲线数量来改进曲线和填充轮廓，并且能够减小 Flash 文档和导出 Flash 影片的大小，并且该功能可以对相同元素进行多次优化。

选择需要优化的对象，执行【修改】|【形状】|【优化】命令，通过拖动【最优化曲线】对话框中的【平滑】滑块，可以指定平滑程度。精确的结果取决于所选定的曲线。

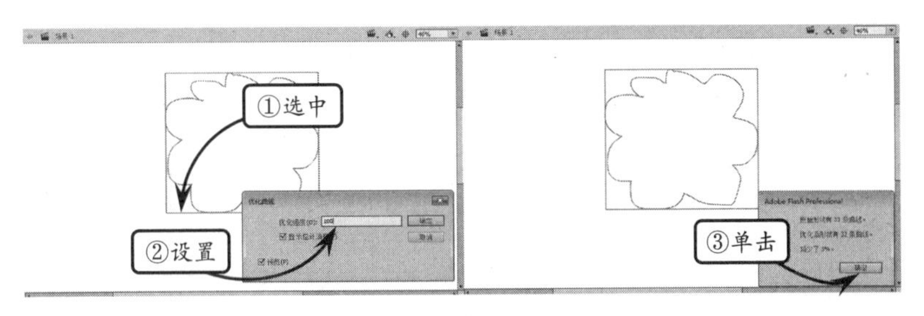

提　示

启用【优化曲线】对话框中的【显示总计消息】选项，可以在平滑操作完时显示一个指示优化程度的警告对话框。

3.4.2　使用贴紧功能

若要使各个元素彼此自动对齐，可以使用贴紧功能。Flash 在舞台上为贴紧对齐对象提供了三种方法，即使用对象贴紧功能、像素贴紧功能、贴紧对齐功能。

1. 使用对象贴紧功能

对象贴紧功能可以将对象沿着其他对象的边缘，直接与它们对齐的对象贴紧。要使用该功能，需要执行【视图】|【贴紧】|【贴紧至对象】命令，或者选择【选择工具】后，单击【工具】面板底部的【贴紧至对象】按钮。

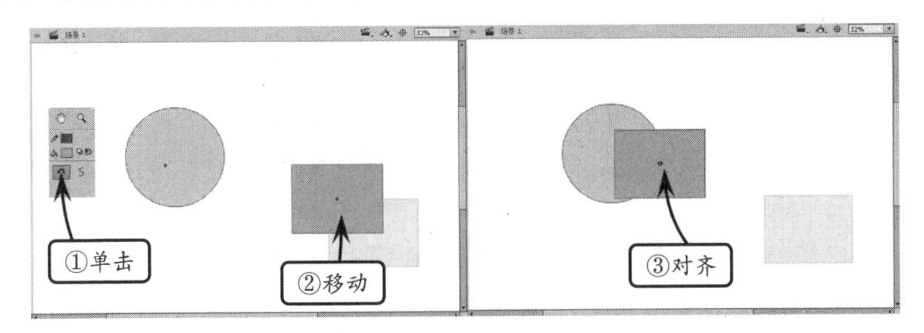

这时，当拖动图形对象时，指针下面会出现一个黑色的小环，当对象处于另一个对象的贴紧距离内时，该小环会变大。

技　巧

要在贴紧时更好地控制对象位置，可以从对象的转角或中心点开始拖动。

在移动对象或改变其形状时使用该功能，则对象上选取工具的位置为贴紧环提供了参考点，这对于要将形状与运动路径贴紧，从而制作动画的情况是特别有用的。

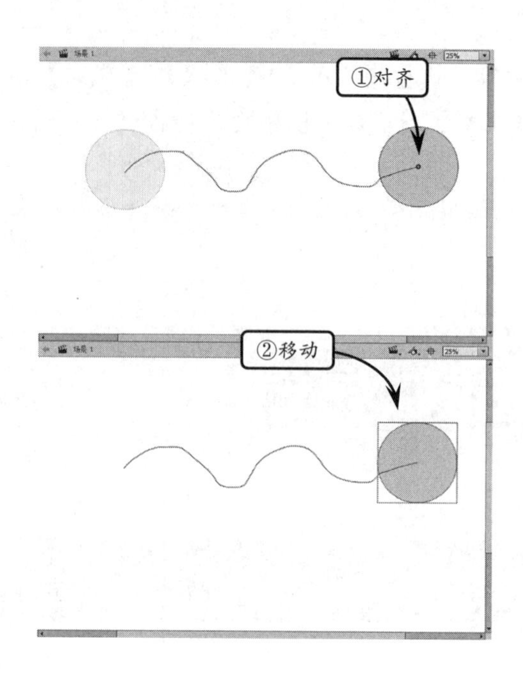

2. 使用像素贴紧功能

像素贴紧功能可以在舞台上，将对象直接与单独的像素或像素的线条贴紧。

首先执行【视图】|【网格】|【显示网格】命令，使舞台显示网格。然后执行【视图】|【网格】|【编辑网格】命令，在【网格】对话框中设置网格的尺寸为1×1像素。

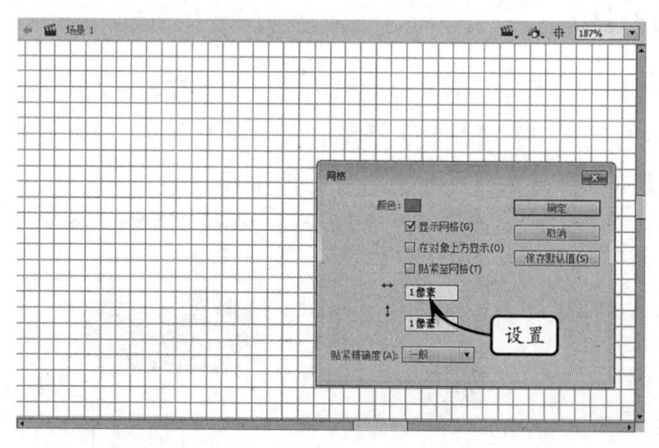

这时再执行【视图】|【贴紧】|【贴紧至像素】命令，选择【矩形工具】，在舞台中随意绘制矩形图形时，发现矩形边缘紧贴至网格线。

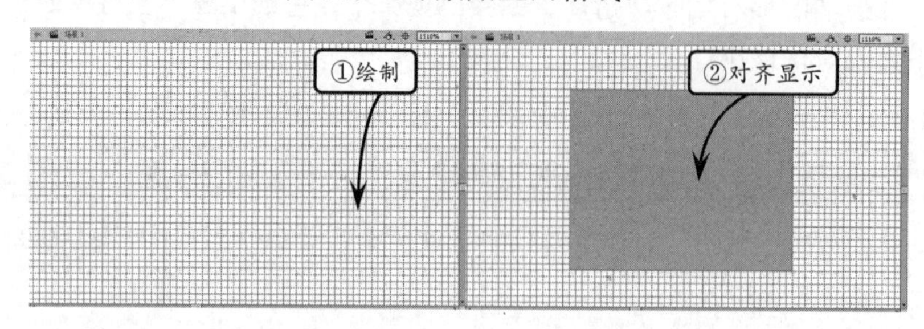

如果创建的形状边缘处于像素边界内，例如，使用的【笔触宽度】是小数形式（1.5像素），则贴紧至像素是贴紧至像素边界，而不是贴紧至形状边缘。

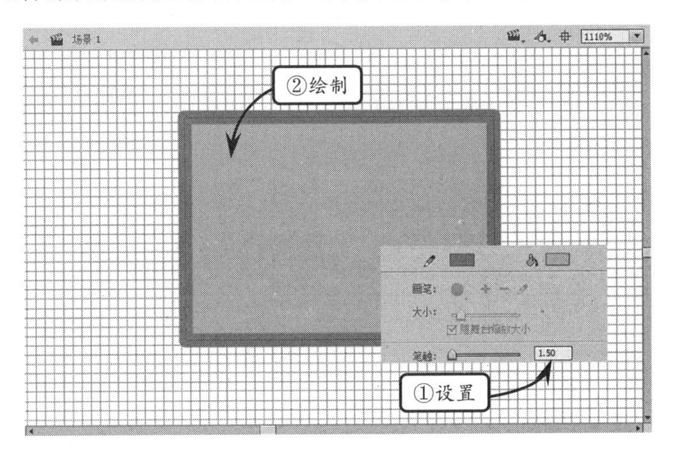

提　示

如果使网格以默认的尺寸显示，那么可以执行【视图】|【贴紧】|【贴紧至网格】命令，同样能够使图形对象边缘与网格边缘对齐。

3. 使用贴紧对齐功能

贴紧对齐功能可以按照指定的贴紧对齐容差，即对象与其他对象之间或对象与舞台边缘之间的预设边界对齐对象。

方法是，执行【视图】|【贴紧】|【贴紧对齐】命令，这时，当拖动一个图形对象至另外一个图形对象边缘时，会暂时显示对齐线。

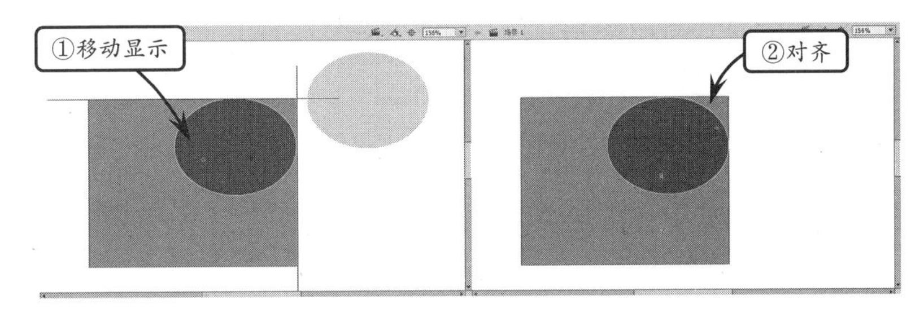

提　示

要想设置对齐容差参数值，或者增加对齐方式，可以执行【视图】|【贴紧】|【编辑贴紧方式】命令。

3.4.3 擦除图形

使用【橡皮擦工具】可以快速擦除舞台上的内容，也可以擦除个别笔触或填充区域。

选择【工具】面板中的【橡皮擦工具】后，使用默认的参数，在舞台中单击并拖动鼠标，即可擦除光标所经过区域内的图形。

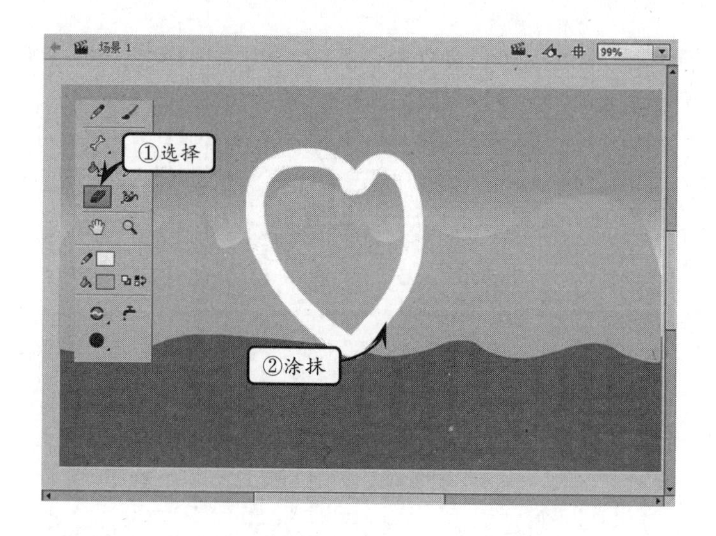

1. 橡皮擦形状

选择【橡皮擦工具】后，【工具】面板底部的【橡皮擦形状】选项用于设置橡皮擦的大小和形状。通过调整橡皮擦的大小和形状，从而可以提高擦除对象的精确度和控制擦除效果。

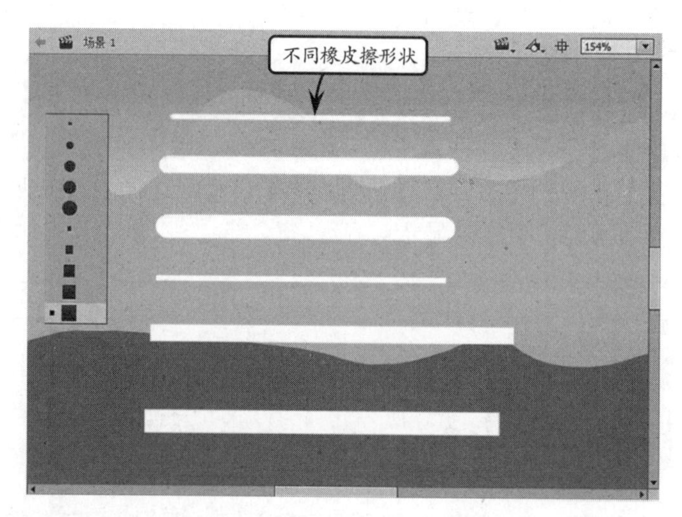

2. 擦除模式

在【橡皮擦工具】的【擦除模式】选项中，提供了 5 种类型。不同的类型模式，其擦除范围会有所不同。

- **标准擦除** 擦除同一层上的笔触和填充。
- **擦除填色** 只擦除填充，不影响笔触。
- **擦除线条** 只擦除笔触，不影响填充。
- **擦除所选填充** 只擦除当前选定的填充，不影响笔触（不论笔触是否被选中）。（以这种模式使用橡皮擦工具之前，请选择要擦除的填充。）
- **内部擦除** 只擦除橡皮擦笔触开始处的填充。如果从空白点开始擦除，则不会擦除任何内容。以这种模式使用橡皮擦并不影响笔触。

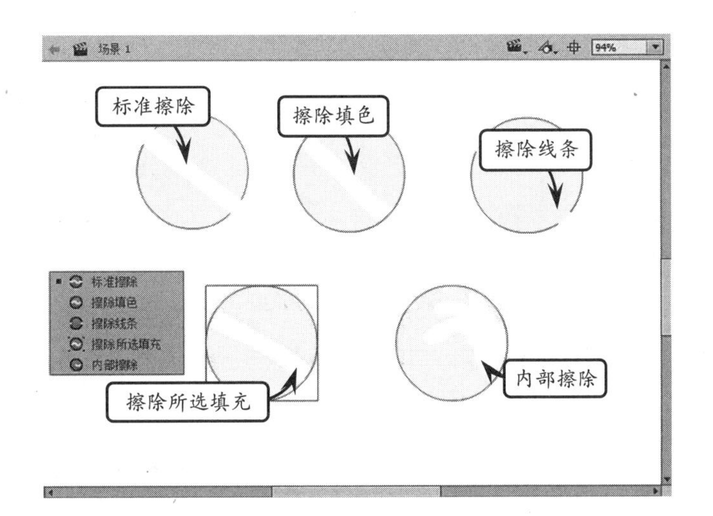

技　巧

在【工具】面板中，双击【橡皮擦工具】，可以擦除舞台中所有的图形对象。

3. 水龙头工具

【水龙头】按钮用来擦除图形中的线条，或者填充颜色。其方法是，选择【橡皮擦工具】后，单击【水龙头】按钮。然后在图形对象中单击填充区域，即可擦除该区域。

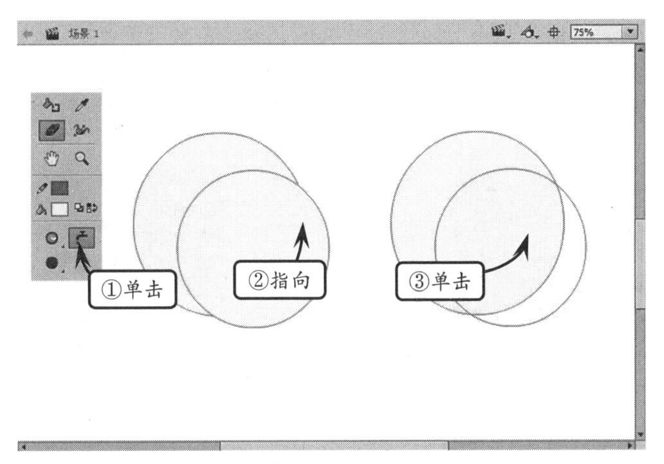

提　示

如果使用【水龙头】单击舞台中的线条，那么就只会删除线条图形。

3.4.4 修改对象

图形形状的改变包括多种形式，比如线条与填充形状的转换，以及填充形状的扩展与柔化等。通过这些形状的改变，可以加快一些动画的绘制。

1. 将线条转换为填充

在 Flash 中，虽然线条颜色不仅能够以单色显示，还能够以渐变颜色显示，但是将线条转换为填充形状后，能够进行更加复杂的编辑。

方法是，选中绘制好的线条，执行【修改】|【形状】|【将线条转换为填充】命令，这时线条转换为填充形状，即可进行边缘形状的编辑。

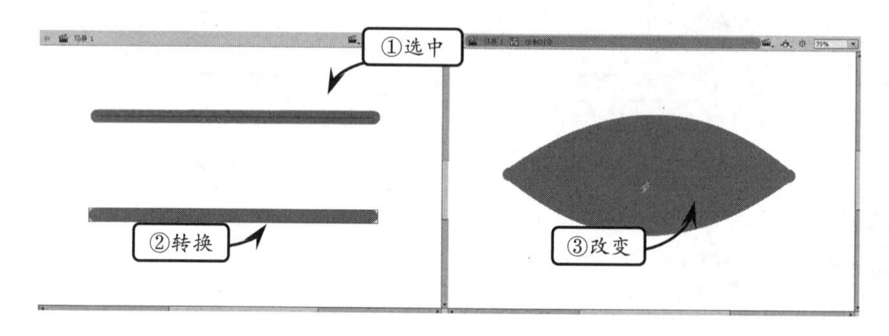

2. 扩展填充

【扩展填充】命令是用来扩展填充对象的形状。方法是，选择一个填充形状，执行【修改】|【形状】|【扩展填充】命令，弹出【扩展填充】对话框。在该对话框中，设置【距离】参数值为 20 像素，单击【确定】按钮，改变其形状。

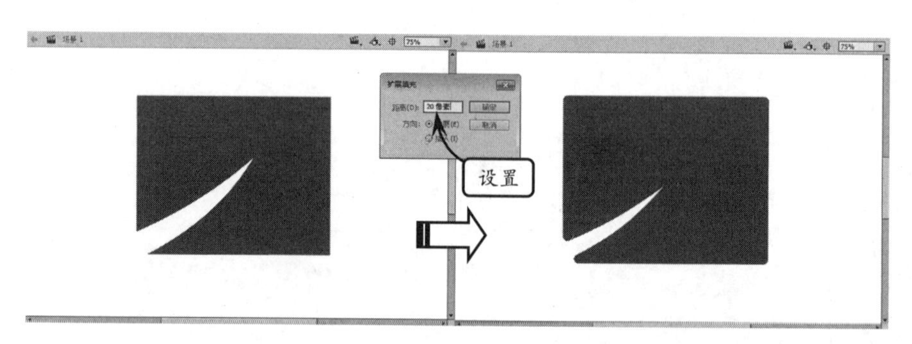

该对话框中，【方向】选项组中【扩展】选项可以放大形状，而【插入】选项则会缩小形状。如果启用后者选项，那么会得到不同的效果。

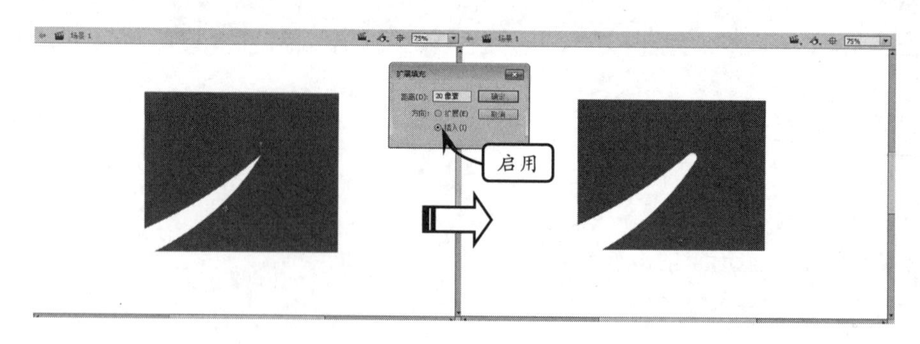

3. 柔化填充边缘

【柔化填充边缘】命令是用来改变图形边缘的显示效果。选中图形后执行【修改】|【形状】|【柔化填充边缘】命令，打开相应的对话框，其中的选项以及作用如下。

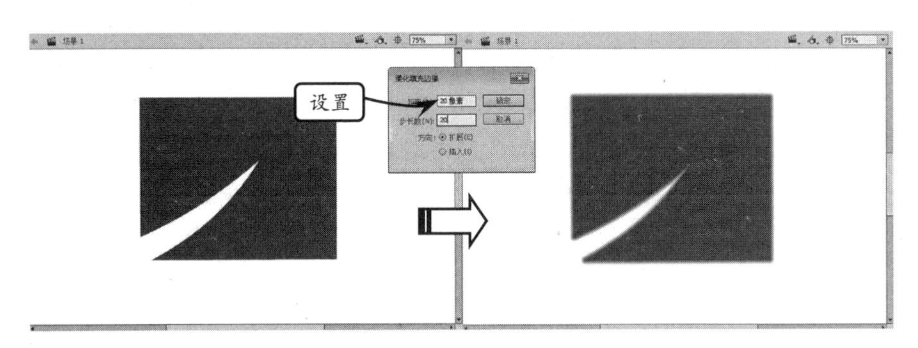

- **距离** 柔边的宽度（用像素表示）。
- **步骤数** 控制用于柔边效果的曲线数。使用的步骤数越多，效果就越平滑。增加步骤数还会使文件变大并降低绘画速度。
- **扩展或插入** 控制柔化边缘时是放大还是缩小形状。

> **提 示**
>
> 使用的步骤数越多，效果就越平滑。增加步骤数还会使文件变大并降低绘画速度。【柔化填充边缘】功能在没有笔触的单一填充形状上使用效果最好，可能增加 Flash 文档和生成的 SWF 文件的文件大小。

3.4.5 合并对象

动画中的图形除了通过绘制得到外，还可以通过不同图形之间的合并或改变现有对象来创建新形状。而在操作过程中，所选对象的堆叠顺序决定了操作的工作方式。

1. 联合

【联合】命令可以将两个或多个形状合成单个形状，并生成一个“对象绘制”的模型形状，它由联合前形状上所有可见的部分组成，能够删除形状上不可见的重叠部分。方法是，选中多个图形对象后，执行【修改】|【合并对象】|【联合】命令，即可生产一个图形对象。

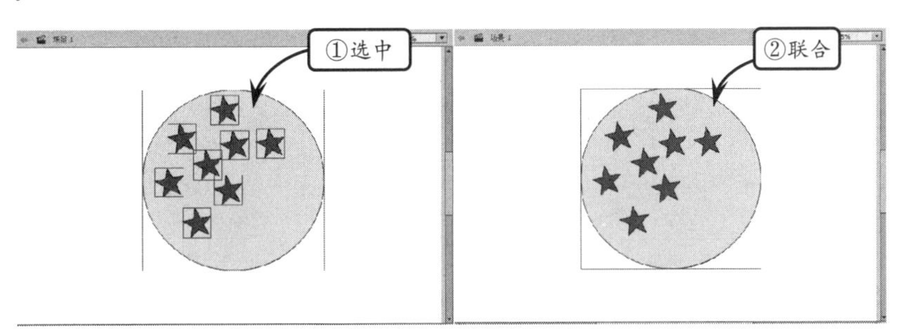

注　意

与使用【修改】|【组】不同，无法分离使用【联合】命令合成的形状。

2. 交集

【交集】命令能够创建两个或多个对象的交集对象。生成的“对象绘制”形状由合并的形状的重叠部分组成。将删除形状上任何不重叠的部分，而生成的形状使用堆叠中最上面的形状的填充和笔触。方法是选中两个图形对象后，执行【修改】|【合并对象】|【交集】命令，即可生产一个交集图形对象。

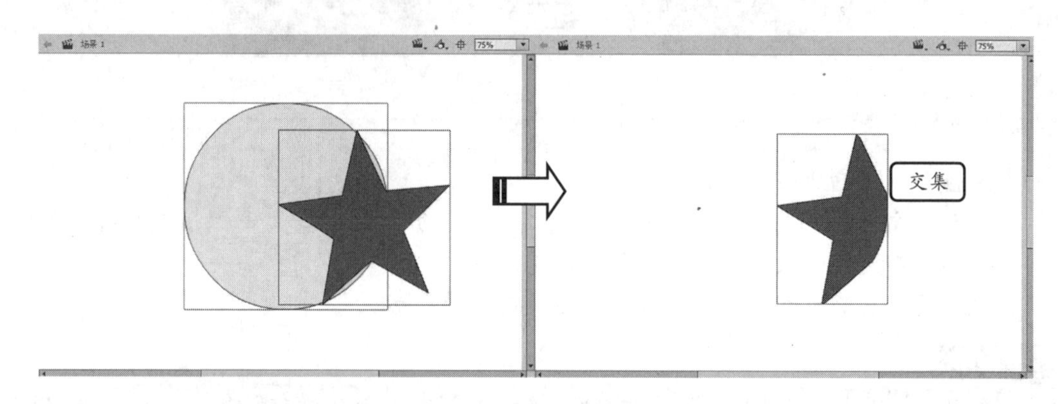

3. 打孔与裁切

【打孔】命令将删除所选对象的某些部分，这些部分由所选对象与排在所选对象前面的另一个所选对象的重叠部分定义。而且将删除由最上面形状覆盖的形状的任何部分，并完全删除最上面的形状。而【裁切】命令可以使用一个对象的形状裁切另一个对象。前面或最上面的对象定义裁切区域的形状，并且将保留与最上面的形状重叠的任何下层形状部分，而删除下层形状的所有其他部分，并完全删除最上面的形状。

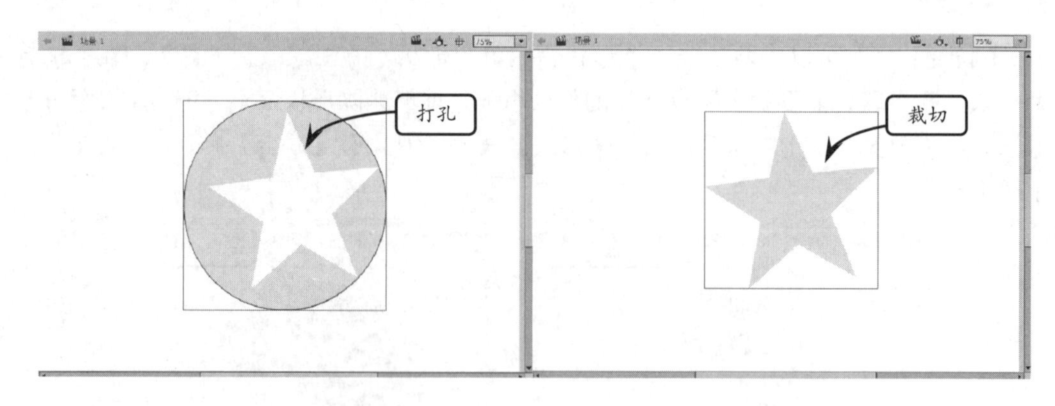

3.5 文本编辑

文本是动画中不可缺少的组成部分，由于播放动画的载体不同，所以文本分为不同的类型来适应相应的播放载体。不同类型的文本，其属性选项以及编辑方法也会有所不同。

3.5.1 创建文本

在一些成功的网页上，经常会看到利用文字制作的特效动画。使用 Flash 的【文本工具】T，可以创建三种类型的文本。

- **静态文本字段** 显示不会动态更改字符的文本。
- **动态文本字段** 显示动态更新的文本，例如体育得分、股票报价或者是天气报告。
- **输入文本字段** 用户可以将文本输入到表单或者调查表中。

创建文本的方法非常简单，只要选择【工具】面板中的【文本工具】T，然后在舞台中单击，即可输入文本。

1. 创建静态文本

静态文本包括可扩展文本块和固定文本块。固定文本块是指当输入的文字达到文本框的宽度后，将自动进行换行。可扩展文本块是指文本框的宽度无限，在输入的文字达到文本框的宽度后，不会自动进行换行，而是延伸文本框的宽度。

在默认状态下，当选择【文本工具】T后，在舞台中单击后，输入的文本为静态文本的可扩展文本块。

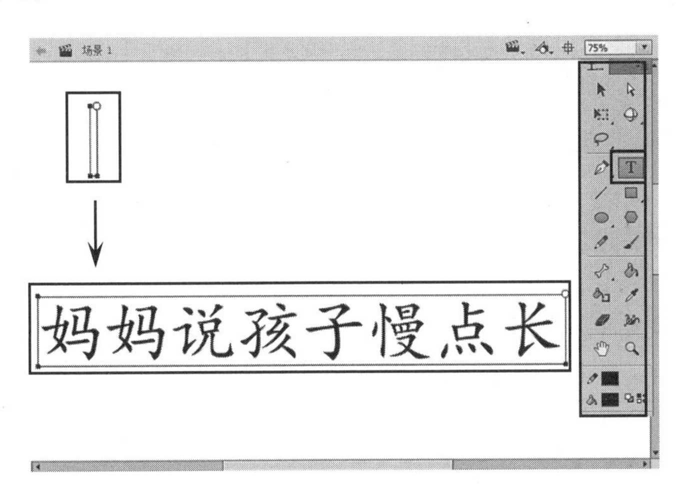

要想输入固定文本块的静态文本，可以在选择该工具后，在舞台中单击并拖动鼠标建立文本框。然后在其中输入文字时，发现文字到达文本框的边缘后会自动换行。

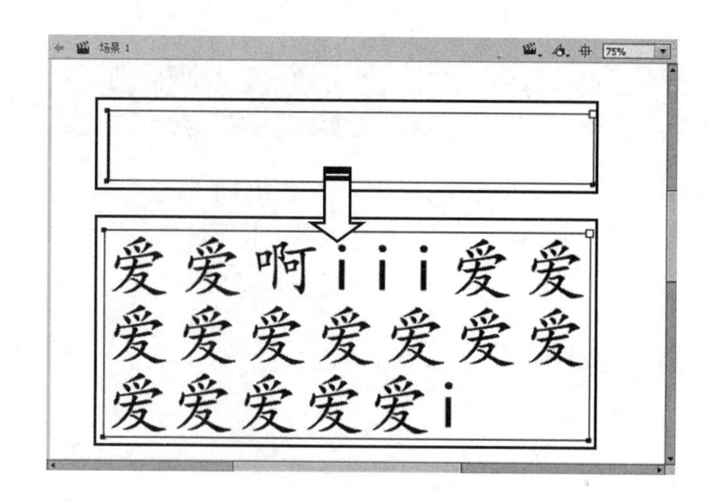

2．创建动态文本

动态文本可以显示动态更新的文本，例如体育得分、股票报价或者是天气预报。

创建方法是，选择【文本工具】T后，在【属性】面板的下拉列表中，选择【动态文本】子选项。然后在舞台中单击创建文本框，输入文本后，文本框显示为虚线框。

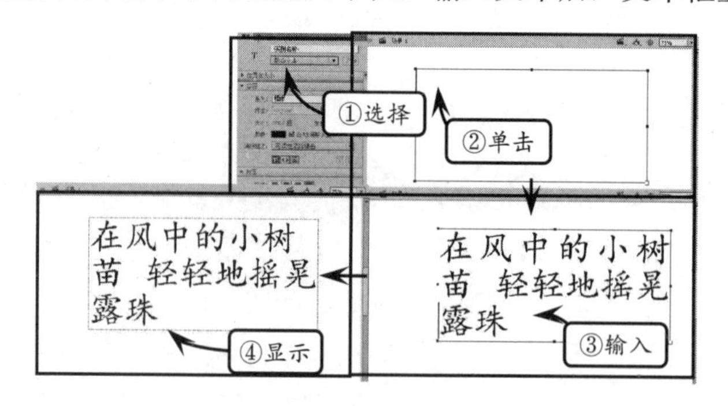

提 示

在 Flash 中除了可以创建以上两种文本外，还可以创建输入文本。使用输入文本是一种对应用程序进行修改的入口。在创建文本时，将为输入文本设置一个相应的变量，它的功能与动态文本的功能大致相似。

3.5.2 编辑文本

在创建完一段文本后，有时并不满足动画的需求，还要对其进行编辑修改，才能达到预期的效果。对文本的编辑包括多种方式，一种是针对文本整体；一种是针对部分文字；一种是将文字转换为图形进行重新编辑。

1．选中文本

选择【工具】面板中的【选择工具】，单击舞台中的文本，在该文本外出现一个边框，说明文本已被选中。

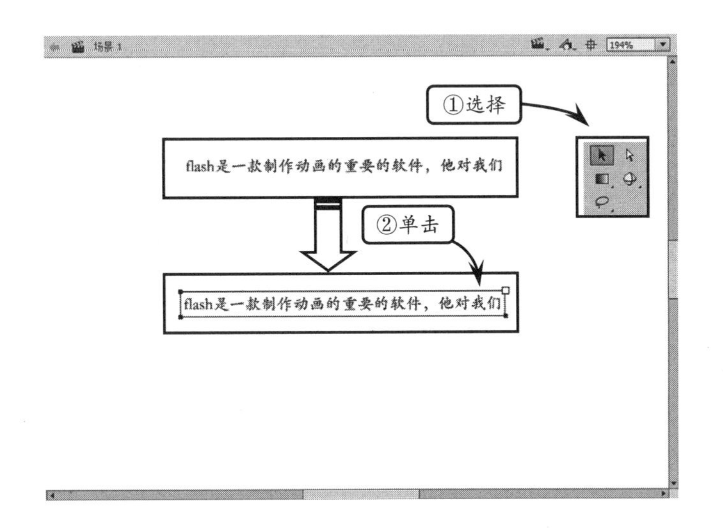

2. 选择部分文字

如果要对一段文字中的部分文字进行编辑，那么需要使用【文本工具】T进行单击，这时可以看到文本被文本框包围，在文本框中出现闪动的光标，表示可以对单个文字进行编辑。

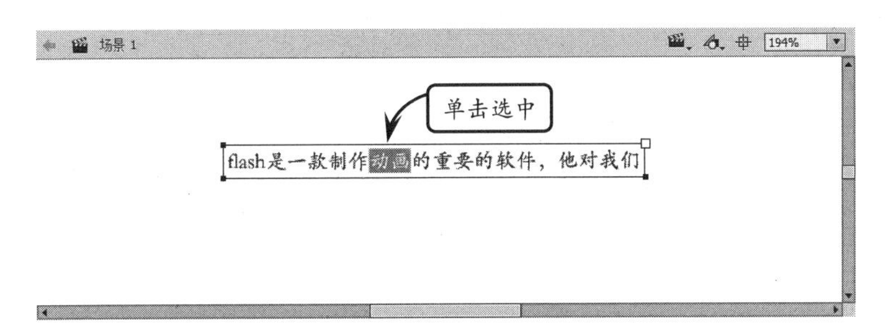

3. 控制文本显示范围

当输入文本后，要想重新设置文本显示的范围，可以使用【选择工具】选中文本后，并且将光标指向文本框右侧，进行左右拖动。这时文本框会根据其宽度来决定高度，使其中的文本完整显示。

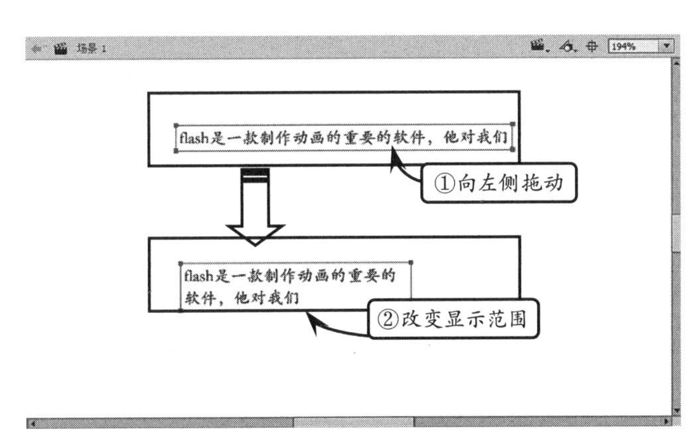

4．将文本转换为图形

在 Flash 中，文本虽然能够通过其属性来改变文字的外观，但是还是无法脱离文字的限制。如果将文字转换为图形，就可以对其进行修改，比如边缘的变形与渐变颜色的填充等。

如果是单个文字，那么选中该文字，执行【修改】|【分离】命令，即可将文字转换为图形。

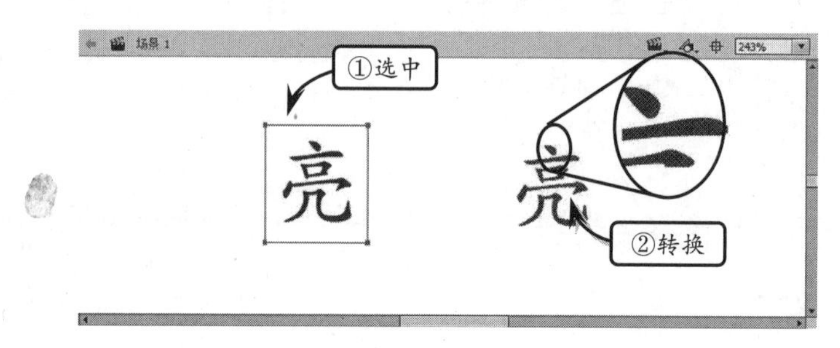

如果是两个或者两个以上文字，则按 Ctrl+B 快捷键两次，执行两次该命令。将段落文本分离为单个文字，然后再转换为图形。

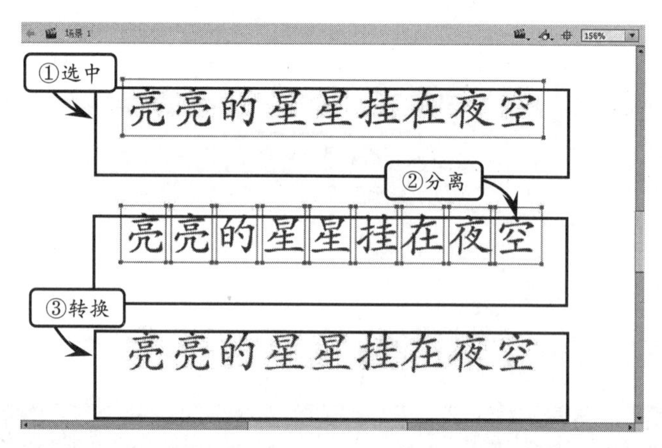

这时，把光标放在字母轮廓的边缘上，就可以看到在鼠标指针的右下角出现一个直角线，单击并拖动鼠标后，字母的形状就发生了变化，说明文本已转换为图形。

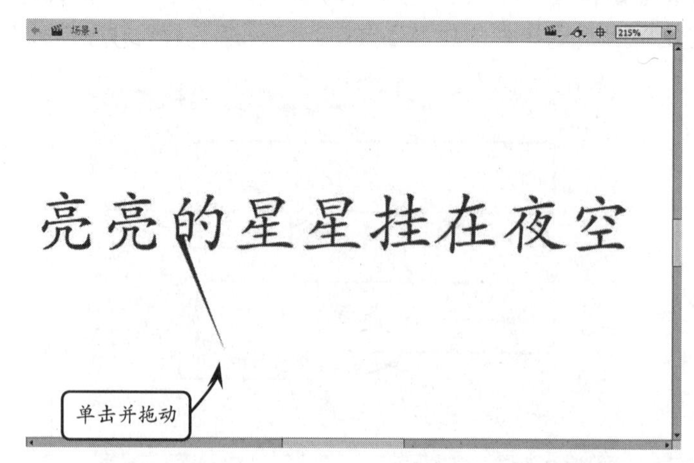

3.5.3 设置文本属性

当选择【文本工具】T后，【属性】面板中显示该工具的设置选项——【字符】和【段落】选项组。当输入文本后选中该文本，那么【属性】面板中除了显示上述设置选项外，还显示【位置和大小】、【选项】和【滤镜】选项组。这说明文本的属性既可以在输入之前设置，也可以在输入之后设置。

1. 设置文本基本选项

选中文本后，在【属性】面板中可以直观地查看该文本的所在位置、大小、字体、颜色等基本选项，从而改变文本的外观。

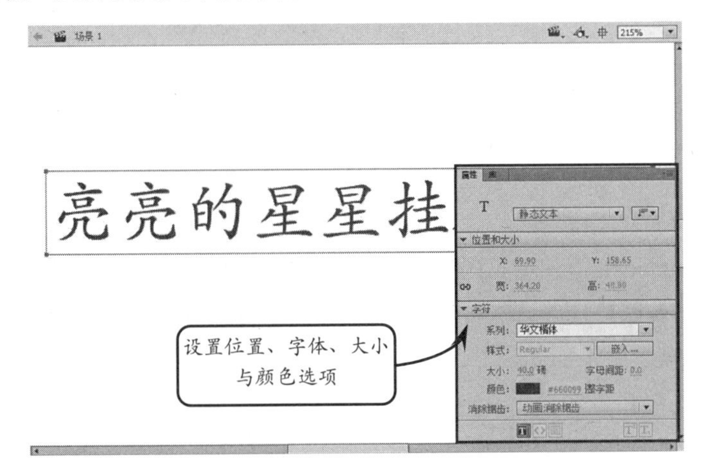

2. 设置段落格式

【属性】面板中的【段落】选项组主要是用来控制段落文本的对齐方式，以及行距等选项，从而改变段落文字的显示外观。

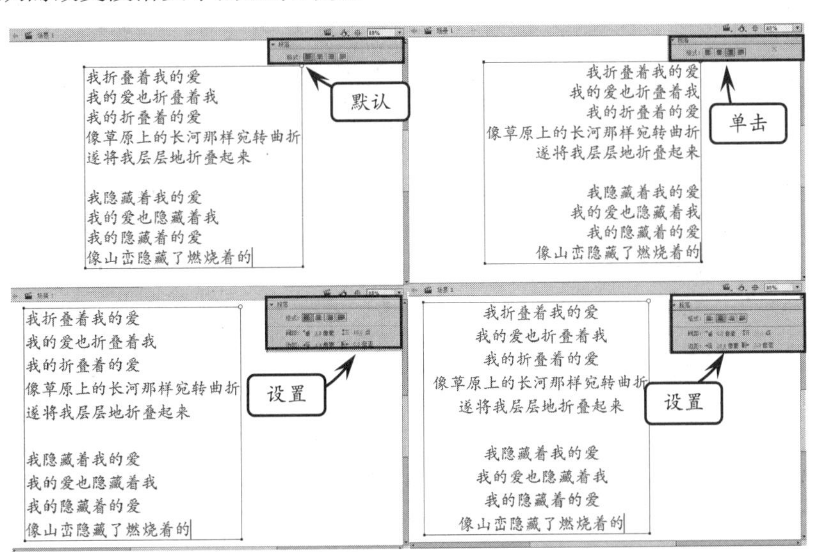

提 示

要想改变文字的显示方向，可以在选中文字后，单击【改变文本方向】按钮，选择子选项即可。

3.6 课堂练习：长叶子的字

在 Flash 中，合并对象命令和变形命令的功能是强大的，利用这两个命令可以制作出富于变化、形状各异的图形。本实例制作的是一幅长叶子效果的文字，主要通过封套命令和联合命令，以及橡皮擦工具等操作技巧来实现。

操作步骤：

1 打开文件“长叶子的字”，使用【工具】面板中的【椭圆工具】，并启用【对象绘制】功能，分别设置【填充颜色】和【笔触颜色】控件参数。在舞台中绘制椭圆，并使用【任意变形工具】，将其旋转一定角度。

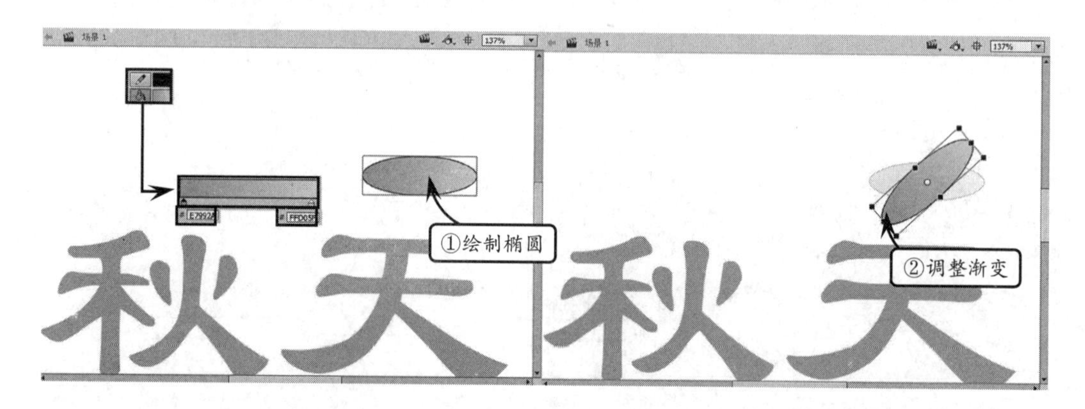

2 执行【修改】|【变形】|【封套】命令，将其形状调整为叶子状。然后使用【钢笔工具】，任选一种【填充颜色】，在舞台中绘制叶脉。接着同时选中叶子和叶脉图形，执行【修改】|【合并对象】|【打孔】命令，使叶子的叶脉处镂空。

3 使用【钢笔工具】，分别设置【填充颜色】和【笔触颜色】控件参数，绘制叶柄。然后同时选中叶子和叶柄图形，执行【修改】|【合并对象】|【联合】命令，使两个图形合二为一。接着复制出一个并调整它们的大小和位置。

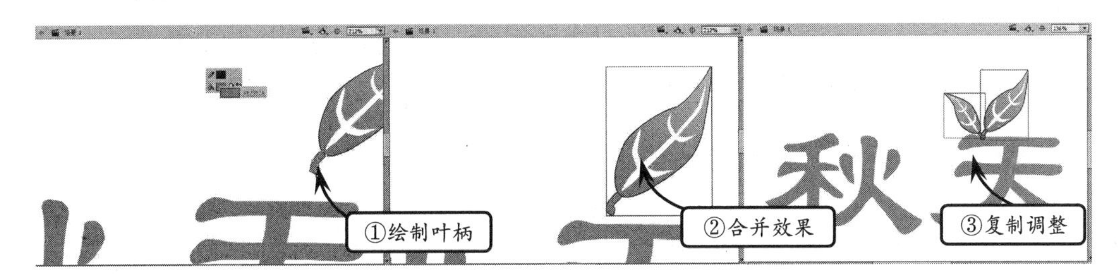

4 使用【椭圆工具】，设置【填充颜色】参数与前面叶子颜色相同，绘制一个竖形的椭圆，执行【修改】|【变形】|【封套】命令，调整其大致形状。然后按住 Ctrl+左键将其调节成叶子图形，调节出异型叶子的形状。

5 运用上述同样方法，为该叶子添加叶柄，并调整其大小和位置。然后使用【椭圆工具】，设置【填充颜色】参数与前面相同，按住 Shift 键绘制一个正圆。

6 执行【修改】|【变形】|【封套】命令，调整其形状。然后按住 Ctrl+左键将其调节成叶子图形。接着将【橡皮擦工具】的笔触调整为最小，在图形内部擦出叶脉的走向。

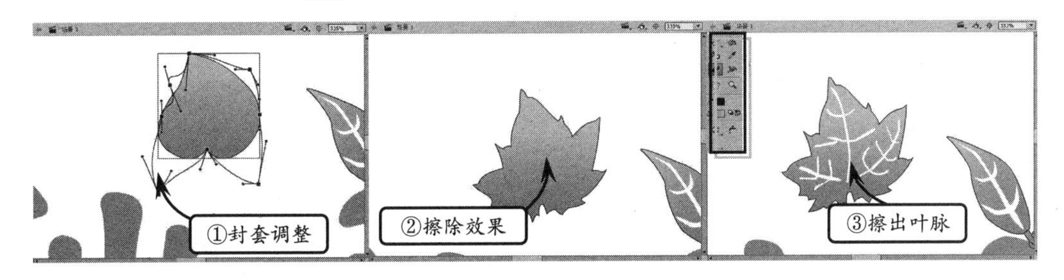

7 运用上述同样方法，为该叶子添加叶柄，调整大小和位置并删除边线，使画面生动、富于变化。

3.7 课堂练习：绘制小太阳标志

标志主要是通过文字变形或者图像变形设计而成的，在网站动画中，标志动画尤为常见。在 Flash 中，运用不同的几何绘制工具，并且搭配工具属性，即可绘制简单的标志图像，为后期动画做准备。

操作步骤：

1 在 Flash 中执行【文件】|【新建】命令，打开【新建文档】对话框。在【常规】选项卡中，选择 ActionScript 3.0 选项，单击【确定】按钮，创建固定尺寸的空白文档。

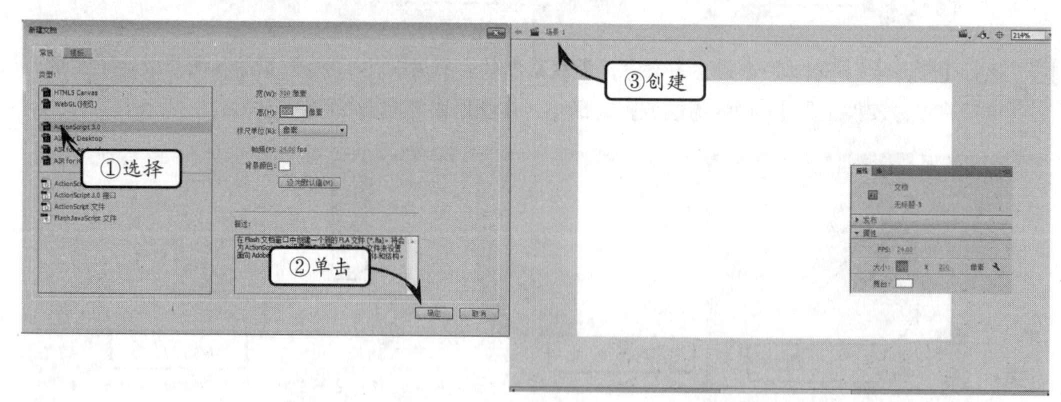

2 在【工具】面板中单击【椭圆工具】，在该面板中，分别设置【填充颜色】控件和【笔触颜色】控件参数。按住左键在舞台中单击并拖动鼠标，绘制正圆图形。

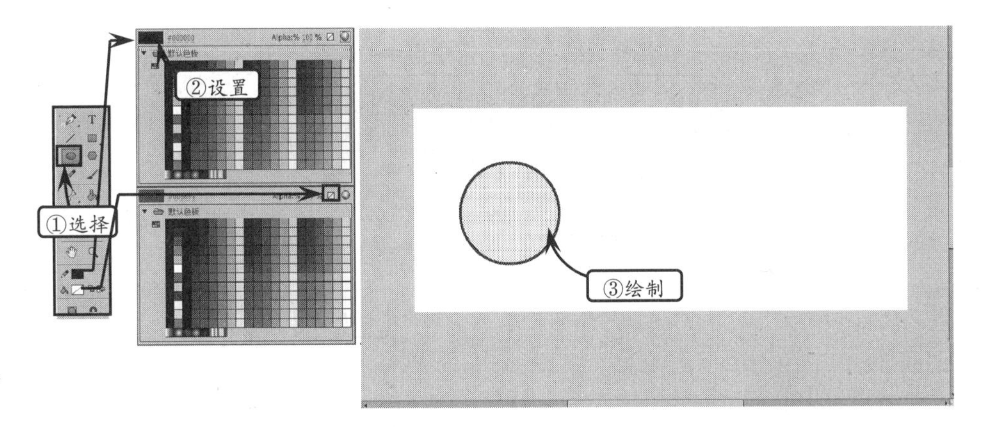

3　选择【工具】面板中的【选择工具】，单击舞台中的圆形图形，打开【属性】面板。在【位置和大小】选项组中单击【将宽度值和高度值锁定在一起】按钮。

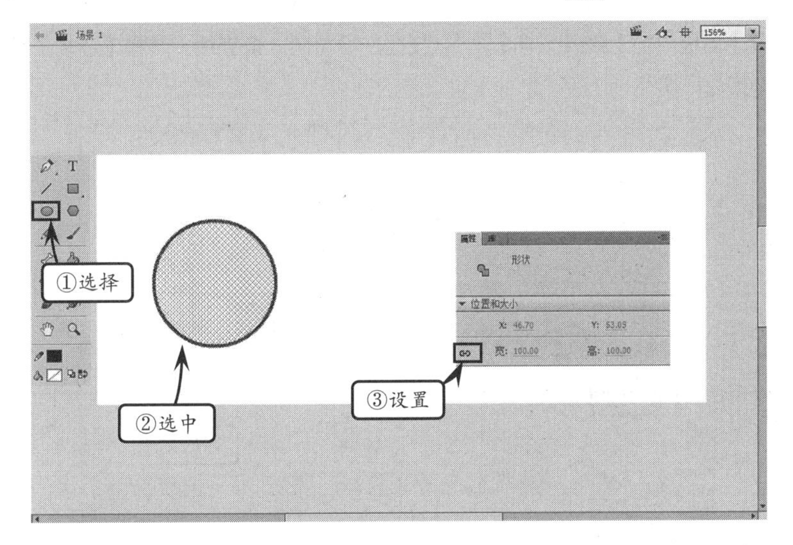

4　选择【基本椭圆工具】，按住左键在舞台中拖动鼠标，再绘制一个无填充的正圆图形。在【属性】面板中设置其尺寸为 100×100。

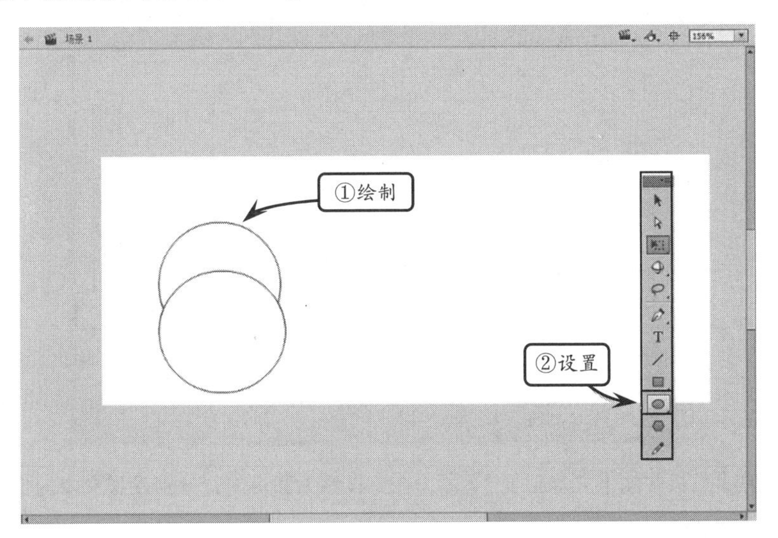

5 继续选择【工具】面板中的【选择工具】，选中舞台中的圆形图形，将其删除。

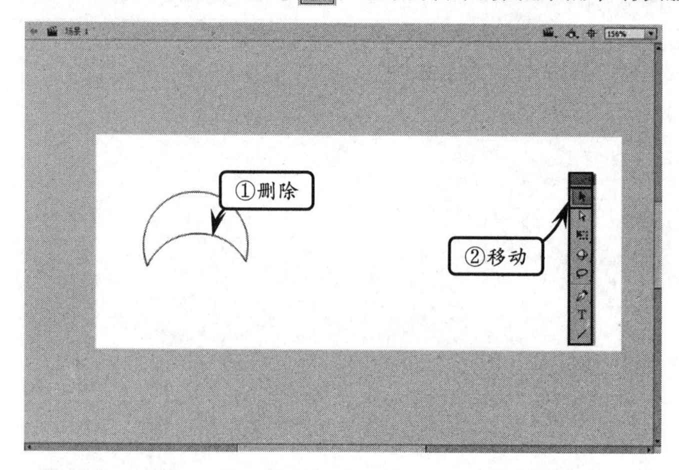

6 选择【工具】面板中的【线条工具】，按住左键绘制4条直线，选择【选择工具】，按住Alt+左键对其进行调整。

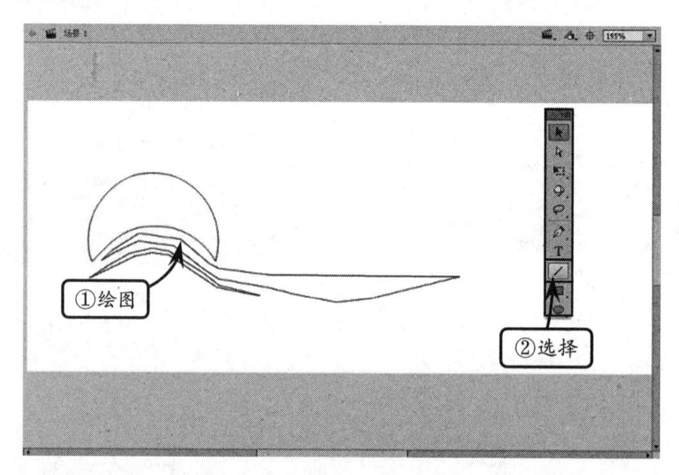

7 选择【工具】面板中的【钢笔工具】，按住Alt+左键对绘制好的图形再次对其进行调整。

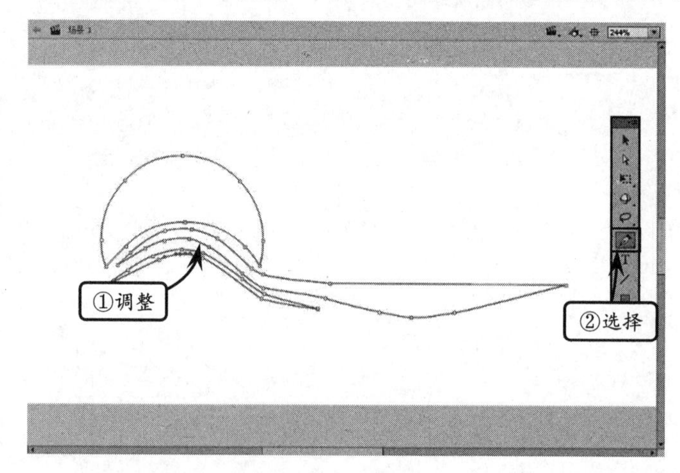

8 选择【工具】面板中的【文本工具】，在【属性】面板中，分别设置文本的【系列】和【大小】选项。

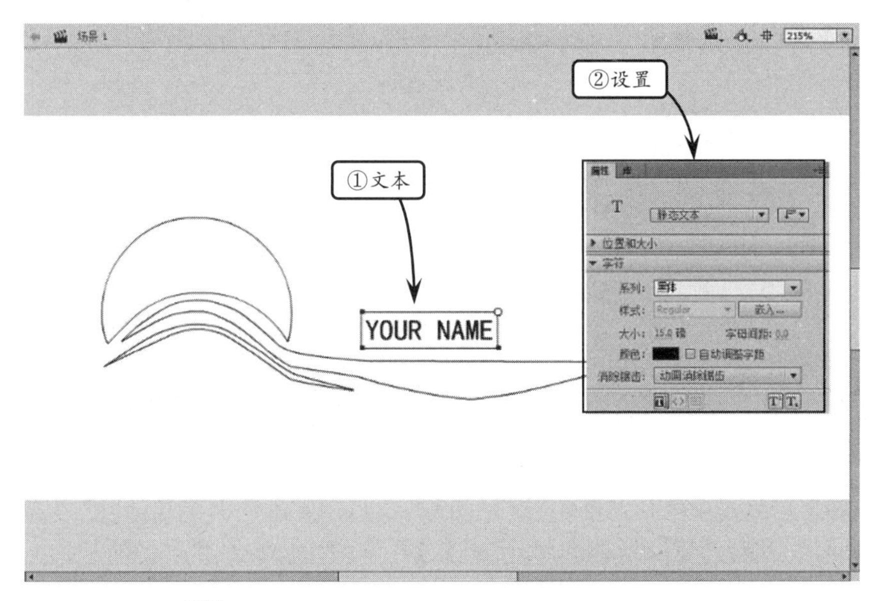

9 选择【颜料桶工具】，对圆形图形进行填充，将填充色设置为径向渐变。

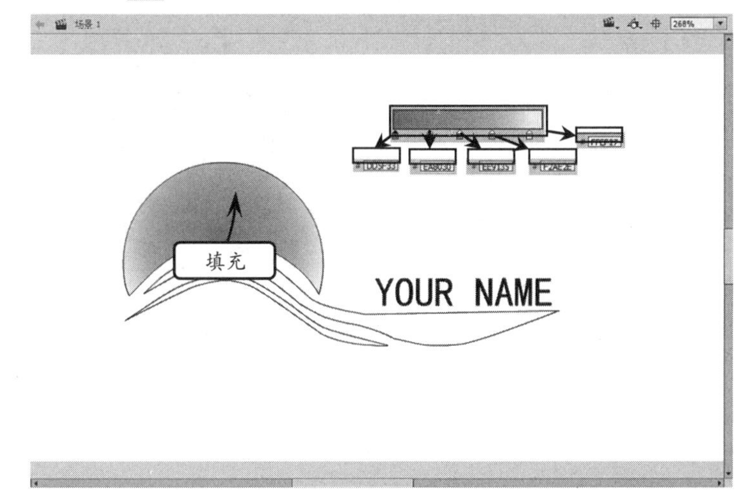

10 再次选择【颜料桶工具】，对线条绘制图形进行填充，将填充色设置为线性渐变。

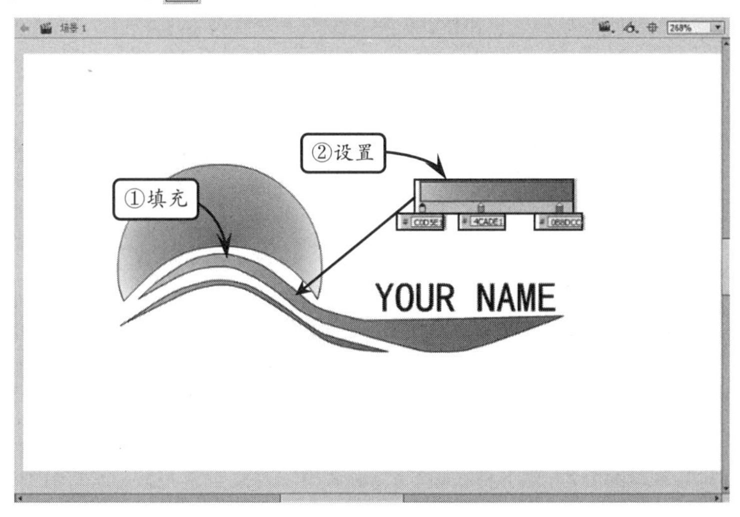

11 去除所有绘制对象的轮廓线，即可完成图标的绘制。

3.8 课堂练习：制作炫酷文本

文字在日常生活中经常用到，在矢量图形中，运用文本的大小变化以及生动的颜色，可以给画面增添很大生机和趣味。本练习通过在宇宙背景下，添加有渐变文字，更好地表现宇宙的寓意。

操作步骤：

1 新建空白文档，选择【工具】面板中的【文本工具】T，在文档的中间部位单击并且输入文本"炫奇"，然后在【属性】面板中，设置文本的【系列】和【大小】选项。

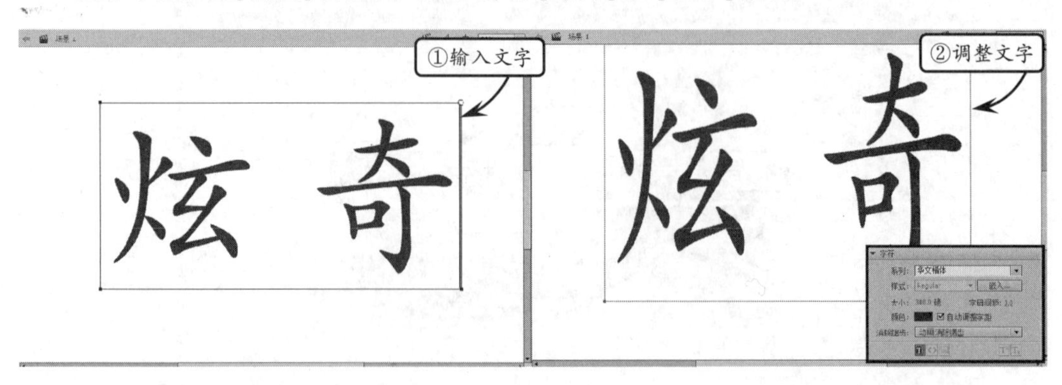

2 使用【工具】面板中的【选择工具】，选择输入的字母"炫奇"，按 Ctrl+B 快捷键将文字打散，使每个字母成为单独的个体，然后再次按 Ctrl+B 快捷键对文字进行第二次打散，使其转换为图形。

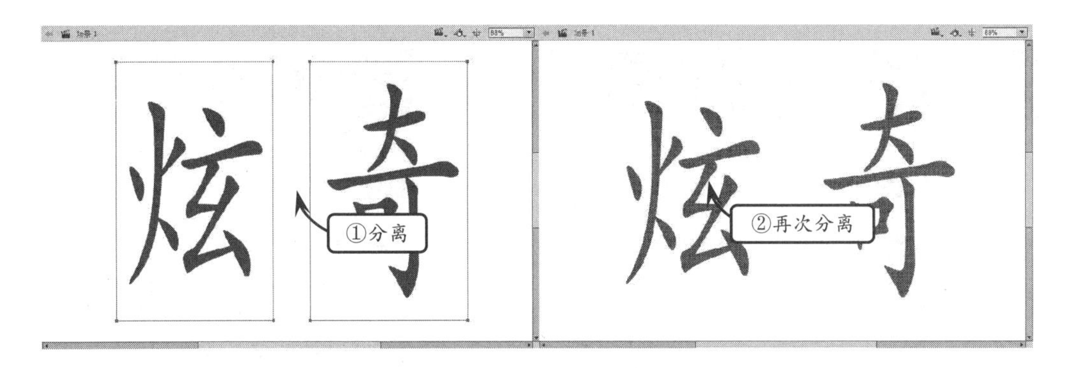

3 保持打散后的状态，将【工具】面板中的【填充颜色】设置为从浅蓝色到深紫色的线性渐变。然后选择【渐变变形工具】单击文档中的对象，旋转方向手柄调整该对象的渐变方向；向外拖动距离手柄，使渐变的距离和对象的高度相等。使用该工具运用同样方法依次单击其他对象，分别调整它们的渐变方向及渐变距离，使它们的渐变方向及距离一致。

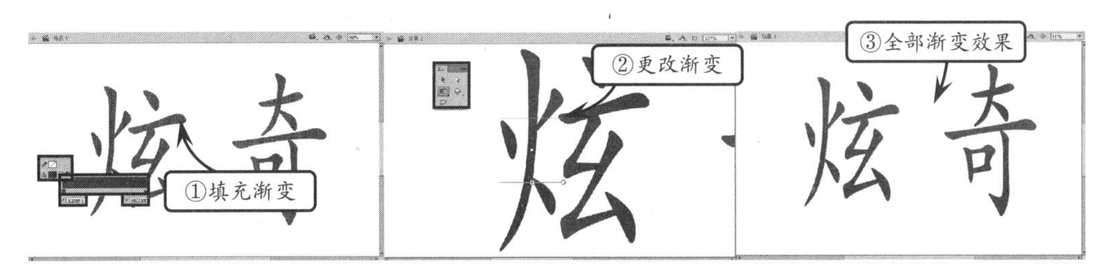

4 同时选择所有文字，将其【笔触颜色】更改为黑色，然后依次选择一个对象，按下 Ctrl+G 快捷键将填充的渐变文字单个进行组合，以方便后面操作。使用【椭圆工具】，分别设置【填充颜色】控件参数，在文字的左侧绘制正圆。运用相同方法，在左侧正圆中再绘制一个正圆，使其位于下方正圆右侧一些。

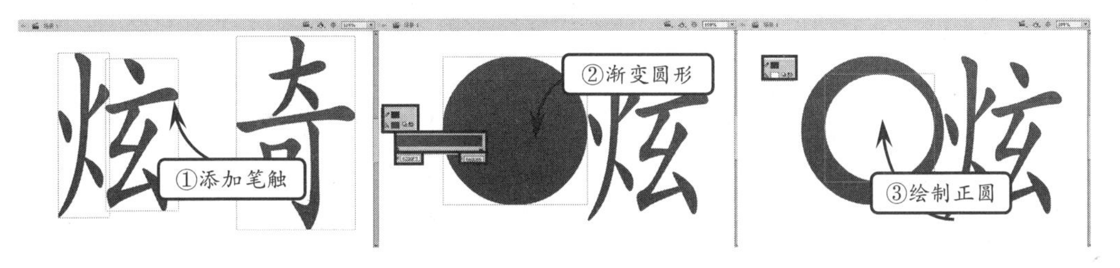

5 使用【工具】面板中的【矩形工具】及【钢笔工具】，运用上述创建渐变文字的方法，为文字添加装饰图案。然后，新建一个图层，执行【文件】|【导入】|【导入到舞台】命令，为画面添加背景，完成最终效果。

思考与练习

一、填空题

1. 在场景中选择要组合的对象，可以按__________键进行组合。

2. 在 Flash 中，使用文本工具可以创建__________、__________和__________3 种类型的传统文本字段。

二、选择题

1. __________主要用来选取或者调整场景中的图形对象，并能够对各种动画对象进行选择、拖动、改变尺寸等操作。

A. 选择工具

B. 套索工具

C. 描点工具

D. 任意变形

2.【改变文字方向】下拉菜单中列出了 3 种排列选项，不包括的是__________。

A. 水平

B. 垂直

C. 垂直，从左向右

D. 垂直，从右向左

三、简答题

1. 如何将图形的边缘虚化？

2. 使用【文本工具】T输入文本后，如何改变文本的字体、大小、字间距呢？

四、操作练习

1. 绘制茶壶

本练习使用钢笔工具、椭圆工具、矩形工具、选择工具结合各项命令，绘制茶壶。通过本练习掌握绘制图形的立体效果和光影效果的基本制作方法。

2. 制作特效文字

本练习首先使用【文本工具】按钮输入 TLF 文本“Flash”，然后执行【分离】命令，将文本转换为图形，最后为文本图形填充渐变色，并设置笔触大小、颜色。

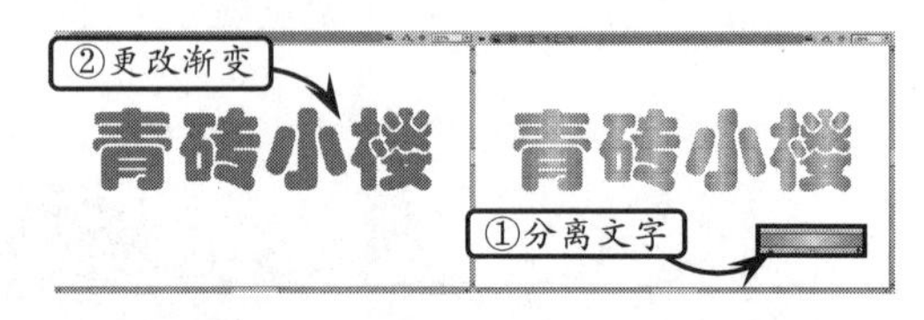

第 4 章 图层

Flash 中图层是一个很重要的概念。无论是图形元素，还是文本内容，在 Flash 文件中，都是分布在不同的图层上。通过图层可以在同一个场景中安排多个图形或动画，从而很方便地构成复杂动画。灵活运用图层，不仅能够更好地组织和管理图层，而且可以轻松地制作出动感丰富、效果精彩的 Flash 动画。

本章主要介绍了图层的基本概念，Flash 中图层的类型以及它们的特点，以及如何创建、查看与编辑 Flash 图层。特别是 Flash 中特有的引导层与遮罩层，以帮助后期特殊动画的制作。

4.1 图层概述

图层类似于一张透明的薄纸，在舞台上一层层地向上叠加。图层可以帮助用户组织文档中的插画，用户可以在图层上绘制和编辑对象，而不会影响其他图层上的对象。如果一个图层上没有内容，那么就可以透过它看到下面的图层。当创建了一个新的 Flash 文档之后，可以通过创建图层文件夹然后将图层放入其中来组织和管理这些图层。另外，使用特殊的引导层可以使绘画和编辑变得更加容易，而使用遮罩层可以帮助用户创建复杂的效果。

在 Flash 图层中，主要包括一般图层、遮罩层、被遮罩层、引导层、被引导层以及文件夹，其各项内容如下。认识与了解图层的种类，能够帮助用户合理地安排动画元素。

- **一般图层** 一般图层是指普通状态的图层，这种类型的图名称的前面将出现普通图层图标。
- **遮罩层** 是指放置遮罩物的图层，该图层是利用本图层中的遮罩物来对下面图层的被遮罩物进行遮挡。
- **被遮罩层** 该图层是与遮罩层对应的、用来放置被遮罩物的图层。
- **运动引导层** 在引导层中可以设置运动路径，用来引导被引导层中的图形对象依照运动路标。如果引导图层下没有任何图层可以成为被引导层，则会出现一个引导层图标。
- **被引导层** 该图层与其上面的引导层相辅相成，当上一个图层被设定为引导层时，这个图层会自动转变成被引导层，并且图层名称会自动进行缩排。
- **静态引导层** 该图层在绘制时能够帮助对齐对象。该引导层不会导出，因此不会显示在发布的 SWF 文件中。任何图层都可以作为引导层。
- **文件夹** 主要组织和管理图层。

4.2 应用图层

图层是 Flash 中一个非常重要的功能，灵活地使用图层，可以帮助用户创建出形式多样的精彩动画。而那些存放单独图形元素的层就是 Flash 中的图层，每个图层都是独立的，可以自由地调整和编辑位于其上的图形对象，而不会影响其他图层上的对象。

图层的工作原理用形象化的描述，可以将它比喻为一张张透明的薄纸，每张纸上绘制着一些独立的图形元素或文字，一部完整的作品就是将位于不同透明纸上的图形元素叠加组合，最终以完整的一幅作品展现在用户面前。

4.2.1 创建图层及图层文件夹

创建 Flash 文档时，默认文档仅包含一个图层。要在文档中组织插图、动画和其他元素，而且使其互不影响，则使用创建多个图层的方法。

1. 创建图层

在 Flash 中创建新图层包括两种方式，一种是最直接的方法，就是单击图层底部的【新建图层】按钮，即可创建空白新图层。

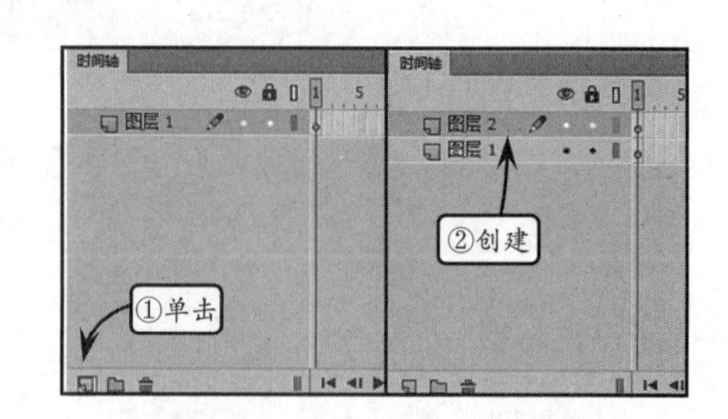

还有一种方法是，右击现有图层，选择【插入图层】命令，同样能够创建空白新图层。

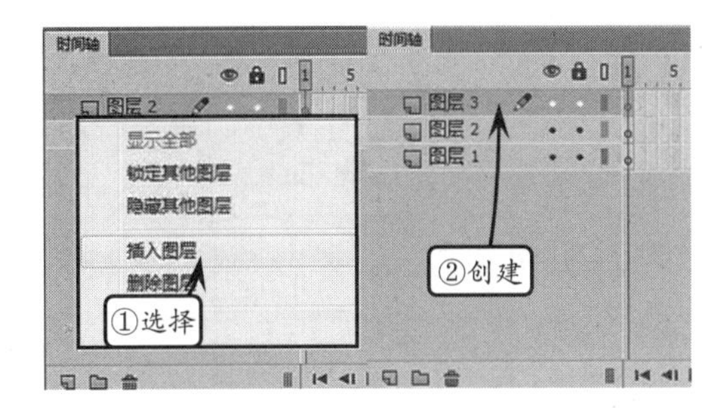

2. 创建图层文件夹

图层文件夹是帮助管理图层的最佳途径。单击图层底部的【新建文件夹】按钮，即可创建【文件夹 1】。

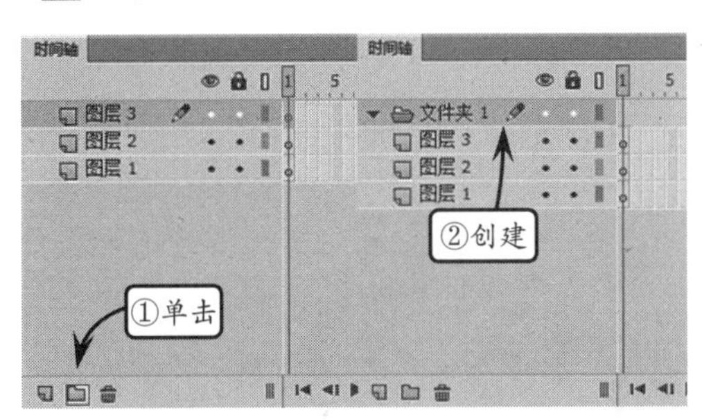

这时，就可以选中现有图层，并且将选中图层拖入【文件夹 1】中，使图层包含在【文件夹 1】中。

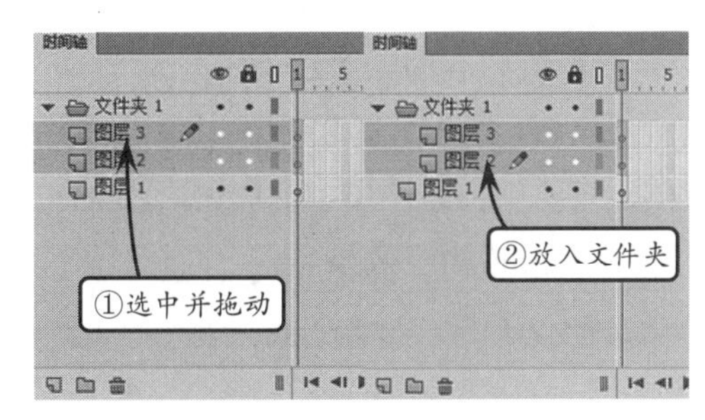

4.2.2 查看图层及图层文件夹

在图层与图层文件夹中，可以选择各种方式来查看其中的内容。还可以更改图层显示的高度，以及图层中内容轮廓显示的颜色等信息。

1. 显示或隐藏图层或文件夹

需要显示或隐藏图层时，可以通过单击时间轴中该图层名称右侧的【眼睛】图标进行操作。

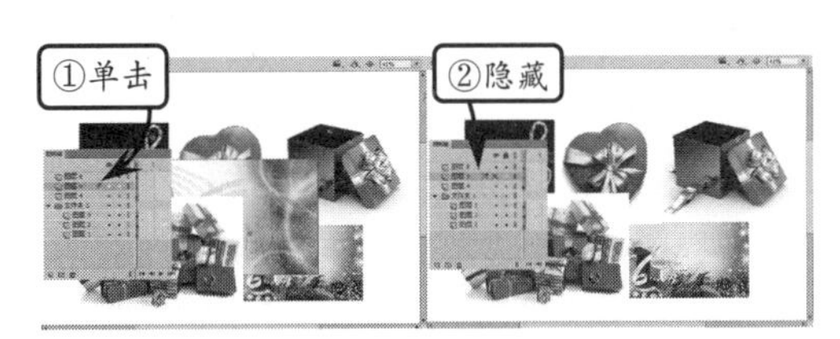

如果单击的是文件夹名称右侧的【眼睛】图标，那么会隐藏该文件夹中所有图层中的内容。

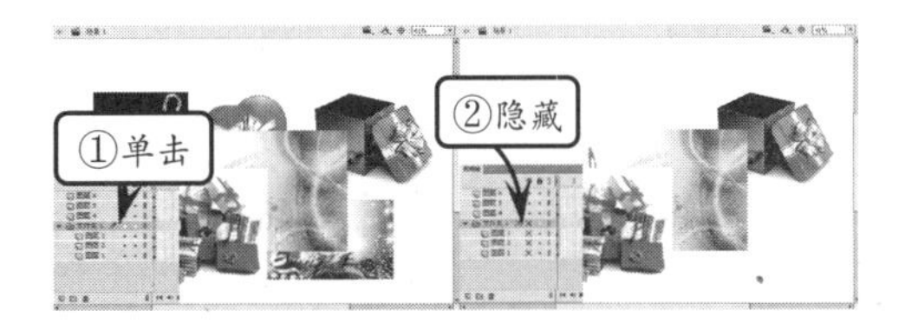

要隐藏时间轴中的所有图层和文件夹，可以单击【眼睛】图标；若再次单击该图标，即可将其显示。

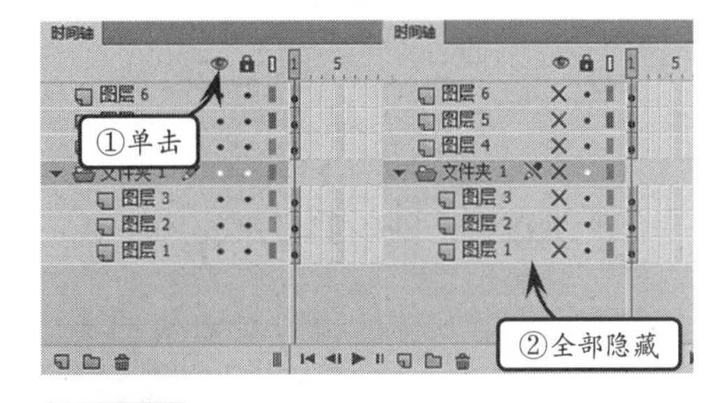

提 示

若要隐藏除当前图层或文件夹以外的所有图层和文件夹，可以按住 Alt 键单击图层或文件夹名称右侧的【眼睛】图标。

2．以轮廓查看图层上的内容

在【时间轴】面板中的图层中，还可以查看图层内容的轮廓线效果。

要想查看某个图层中的内容轮廓线效果，只要单击该图层中的【轮廓】图标▮，即可查看其轮廓线效果。

要将所有图层上的对象显示为轮廓线效果，可以单击所有图层顶部的【轮廓】图标▯，即可查看整个舞台中图形对象的轮廓线效果。

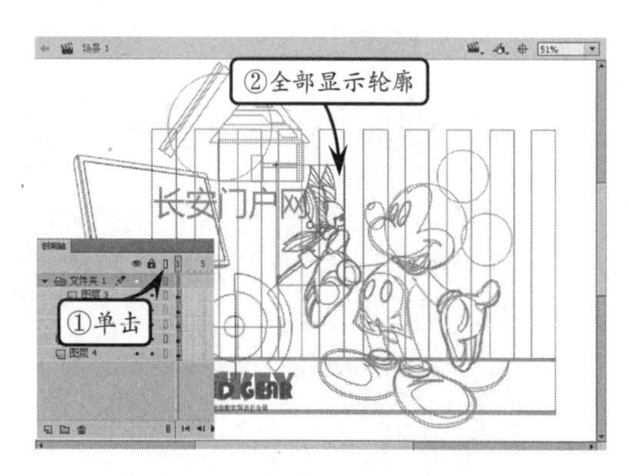

3．更改图层的轮廓颜色

图层中图形对象轮廓线效果的颜色不是固定不变的，能够任意设置其颜色。

方法是，右击要设置的图层，选择【属性】命令。在弹出的【图层属性】对话框中，设置【轮廓颜色】参数值，改变轮廓颜色。

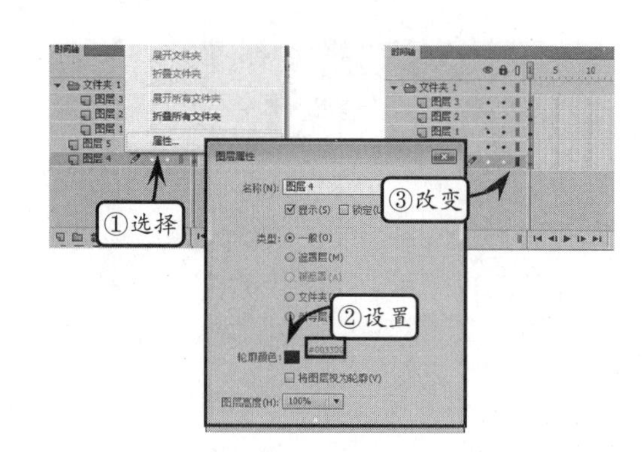

通过相同的方法，设置所有图层的轮廓颜色为一种颜色后，同时显示所有图层的轮廓线，即可呈现同一种颜色的轮廓线效果。

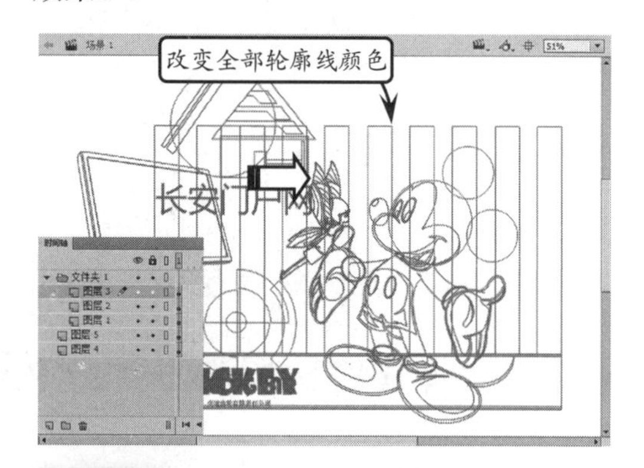

注　意

文件夹所属的轮廓线颜色，不影响其内部图层的轮廓线颜色。

4．更改时间轴中的图层高度

在【图层属性】对话框中，还可以设置图层的显示高度。在其下拉列表中包括100%、200%和300%，选择不同的子选项，图层会呈现相应的高度。

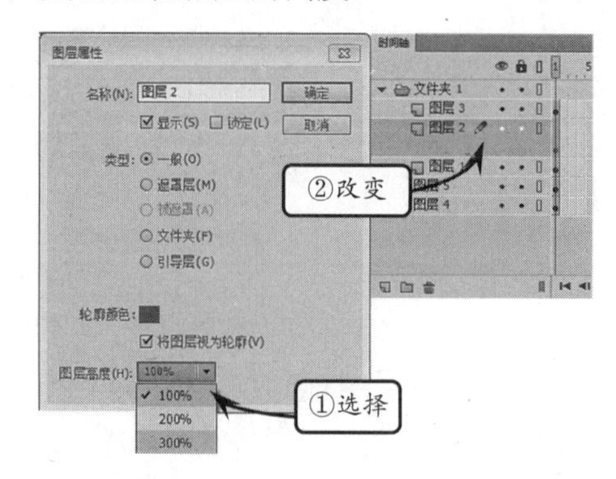

4.2.3 编辑图层及图层文件夹

图层具有不同的模式，例如当前模式、锁定模式。而图层的选择方法，以及图层名称均能够使用不同的方式重新设置。

1. 图层模式

图层的当前模式与锁定模式，直接关系到对该图层上的对象操作。简单地说，当图层处于当前模式时，可以对其图层上的对象进行编辑；而当图层处于锁定模式时，则不可对被锁定图层上的对象操作。

当单击某个图层后，该图层显示为蓝色，并且显示【铅笔】图标，说明该图层为当前图层。

在舞台中编辑多个对象时，为了防止出现误操作现象，可以将一个或多个图层锁定，这样就无法对其进行修改，但是其图层上的对象在舞台中依然可见，并且被锁定后图层在其名称栏中有一个锁定标志。而当选择被锁定的图层时，会出现不可编辑模式。

提 示

当单击所有图层上方的【锁定】按钮后，会将所有图层锁定。

2. 选择图层或文件夹

选中一个图层的方法很多，既可以通过单击该图层的方式，也可以通过单击舞台中的图形对象，同样能够选中图形所在的图层。

而图层文件夹的选择，只能通过单击【时间轴】面板中的文件夹名称来实现。而图层文件夹的选中，并不代表选中了文件夹中的图层。

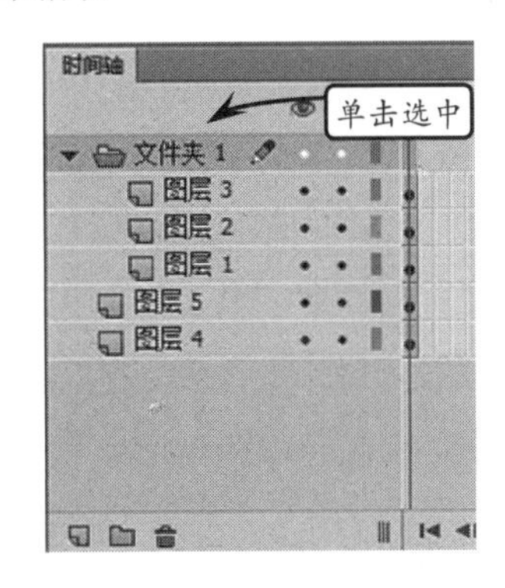

要选择连续的几个图层或文件夹，可以按住 Shift 键在时间轴中单击它们的名

称；而要选择几个不连续的图层或文件夹，则可以按住 Ctrl 键单击时间轴中它们的名称。

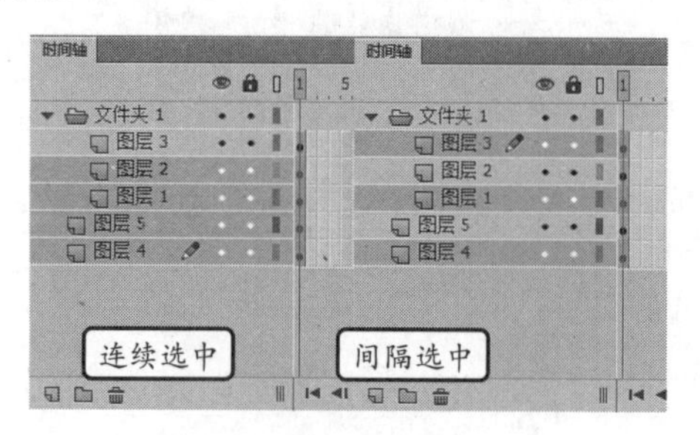

3. 重命名图层或文件夹

为了更好地反映图层的内容，可以对图层进行重命名。

方法是，双击时间轴中图层或者文件夹的名称，当其文本框底色变成白色而文字呈蓝色时，输入新的名称即可。

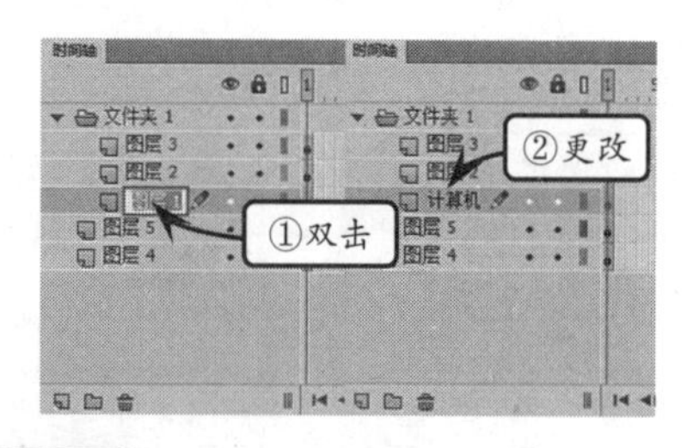

技　巧

也可以右击图层，选择【属性】命令，在【图层属性】对话框中设置图层的名称。

4. 复制图层内容

在编辑对象时，复制图层内容可以减少大量的烦琐工作，提高工作效率。

方法是，单击时间轴中所需复制的图层名称，执行【编辑】|【时间轴】|【复制帧】命令，然后创建新的图层，并选择该图层中的帧，执行【编辑】|【时间轴】|【粘贴帧】命令即可。

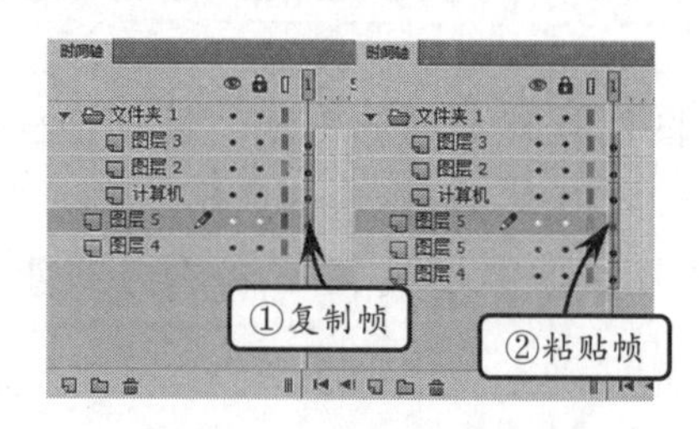

这时复制的图形对象，是在当前位置粘贴的，当移动当前图层中的图形后，即可发现其下方具有相同的图形对象。

5. 删除图层或文件夹

选择需要删除的图层或文件夹，单击【删除图层】按钮。还可以通过右击该图层或文件夹的名称，选择【删除图层】命令，来删除所选图层或文件夹。

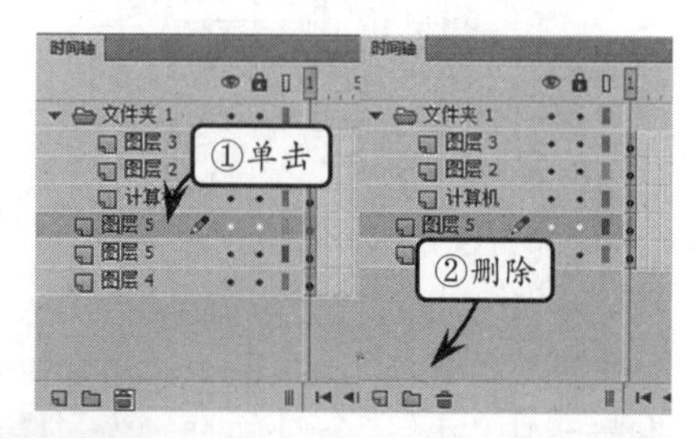

注　意

删除文件夹时，将同时删除所包含的图层及图层内容。而在舞台中删除图形对象后，将无法删除图形所在的图层。

4.3 使用特殊图层

在 Flash 中包括两种特殊的图层，即遮罩层和引导层。在使用遮罩层时可以创建一些特殊的动画效果，如百叶窗、聚光灯等。其中，用作遮罩的项目可以是填充的形状、文字对象、图形元件的实例或影片剪辑。而引导层则用于辅助其他图层中对象的运动轨迹或者定位。另外，根据其自身的作用可以将引导层分为两种类型，一种是静态引导层，另一种是运动引导层。

4.3.1 创建遮罩层

若要获得聚光灯效果和过渡效果，可以使用遮罩层创建一个孔，通过这个孔可以看到下面的图层。遮罩项目可以是填充的形状、文字对象、图形元件的实例或影片剪辑。

1．创建静态遮罩层

要创建遮罩层，可以将遮罩项目放在要用作遮罩的层上。它好像蒙版，透过它可以看到位于它下面的链接层区域，而其余的所有内容都被遮罩层的其余部分隐藏起来。

方法是，首先在一个图层中绘制或者导入一幅图像。

然后新建【图层 2】，并且使用绘图工具绘制图形对象。

接着右击【图层 2】，选择【遮罩层】命令，即可创建遮罩层，而且以绘制图形的边界为范围，显示其下方的图像。

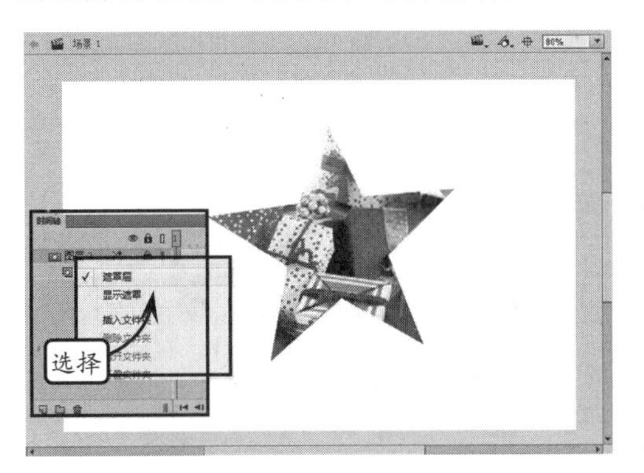

当创建遮罩层后，遮罩层与被遮罩层同时被锁定。要想重新编辑其中的内容，需要对该图层进行解锁。

然后将遮罩层中的图形进行联合操作后，再次锁定该图层，即可改变遮罩的范围。

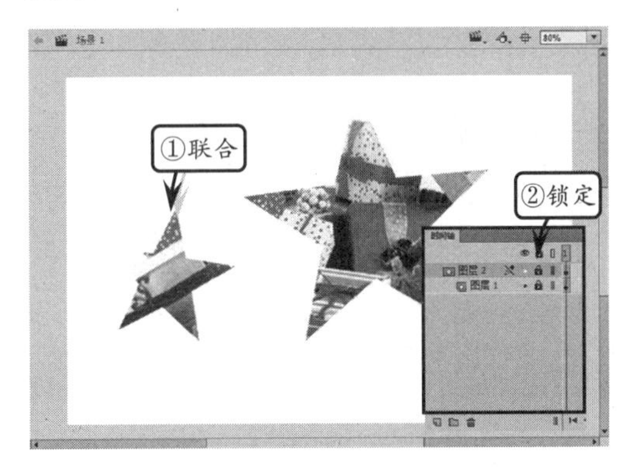

2．遮罩层与普通图层的关联

创建遮罩层时，是一对一的图层。要

想同时遮住其他图层中的图像，可以在被遮罩层上新建空白图层，并且在其中创建图形。

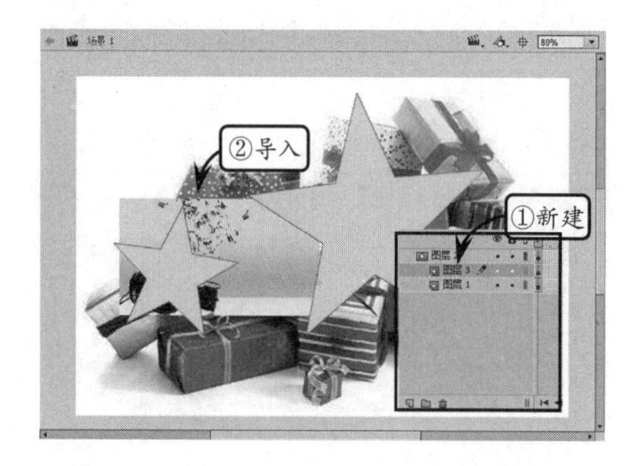

然后锁定该图层后，即可在遮罩范围内显示新建图层中的图像。

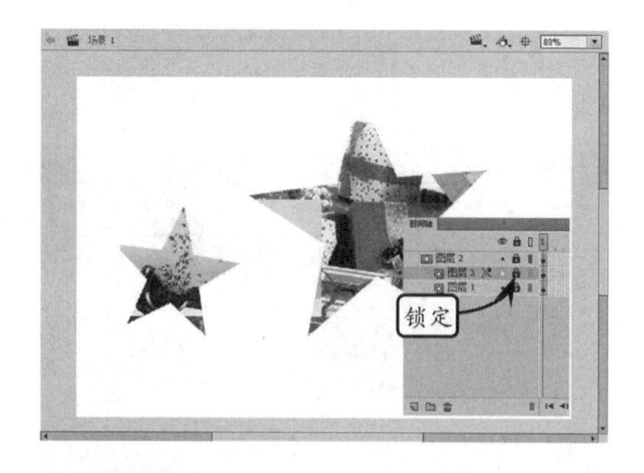

提　示

如果是现有图层，那么只要单击并拖动该图层至遮罩图层之间，释放鼠标后锁定该图层，即可创建为被遮罩图层。

4.3.2 创建引导层

Flash 中的引导层包括两种类型：静态引导层与运动引导层，是根据其自身的作用来分类的。

1. 创建静态引导层

为了在绘画时帮助对齐对象，可以创建引导层，然后将其他层上的对象与引导层上的对象对齐。引导层中的内容不会出现在发布的 SWF 动画中，可以将任何层用作引导层，只要右击图层，选择【引导层】命令即可。

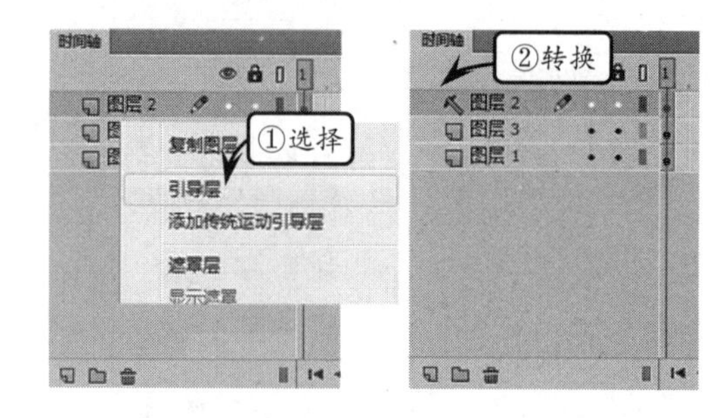

2. 创建运动引导层

运动引导层是用来控制运动补间动画中对象的移动情况，这样能够制作出沿曲线移动的动画。方法是右击图层，选择【添加传统运动引导层】命令，即可创建相应的运动引导层。

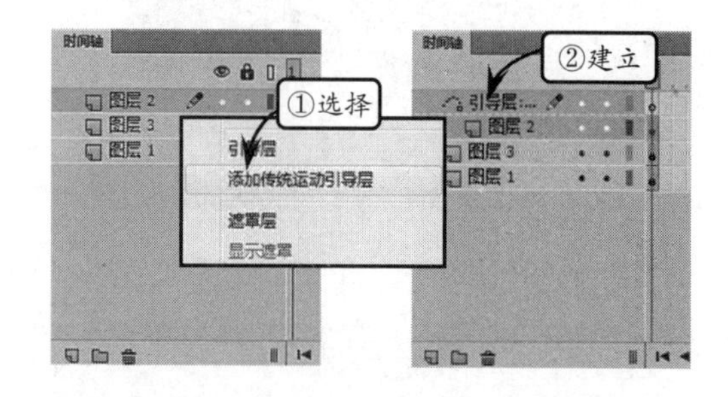

4.4 课堂练习：制作校园运动会

本实例将要制作一幅校园运动海报，由于校园运动会充满青春和活力，所以本实例采用了绚烂夺目而又清新的色彩，来突出校园运动会的主体。主要通过椭圆工具、渐变填充以及钢笔工具等操作技巧来完成背景的制作。

操作步骤：

1 新建空白文档，使用【矩形工具】分别设置【填充颜色】和【笔触颜色】控件参数，在舞台中单击并拖动出一个矩形。打开【时间轴】面板，双击【图层 1】会出现文本输入框，在该文本框内输入“背景”，按 Enter 键确定将图层 1 重新命名为“背景”图层。然后新建【图层 2】，并将其重新命名为“底部线条”。

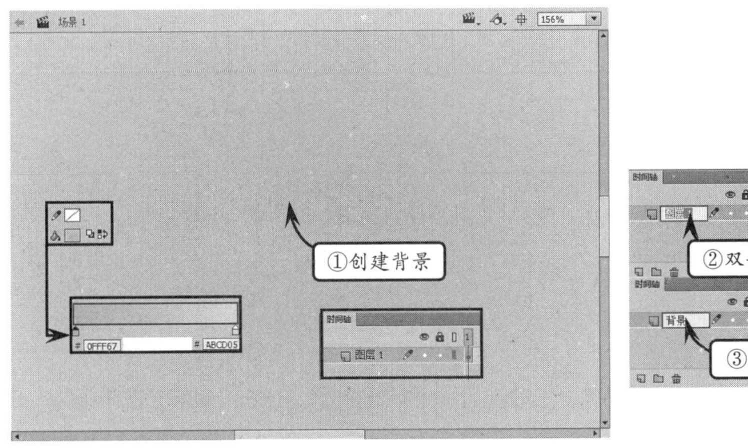

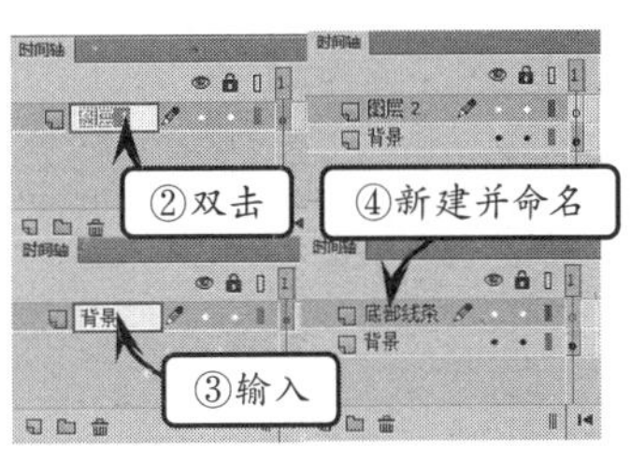

2 选择【底部线条】图层，使用【钢笔工具】，设置其【填充颜色】为线性渐变，在舞台底部绘制图形。然后运用此方法继续在该图层中添加图形，注意颜色的变化和层次。

3 选择【背景】图层，右键单击该图层，从弹出的关联菜单中选择【插入图层】命令，在【背景】图层与【底部线条】图层中间插入【图层 3】，将该图层重新命名为“左侧装饰”。使用【椭圆工具】在该图层绘制多个同心正圆并填充不同的颜色，使整个同心圆有层次感。继续运用此方法在该图层中添加多个不同色彩的同心圆作为装饰。

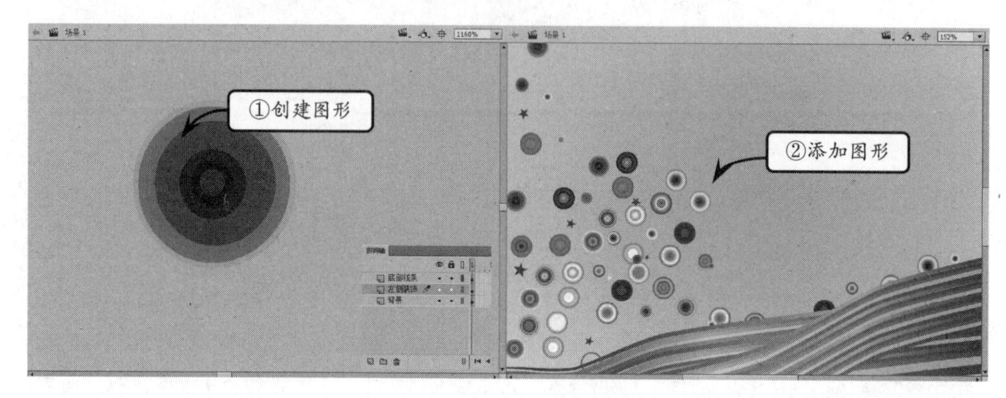

4 在该图层上方，新建图层并将其重新命名为“运动员”，使用【钢笔工具】，设置其【填充颜色】为从深蓝到白色的线性渐变，然后将其边线删除。在【运动员】图层上方新建【图层 5】，将其命名为“上方装饰”。粘贴复制【左侧装饰】到其图层，注意装饰物的分布位置。

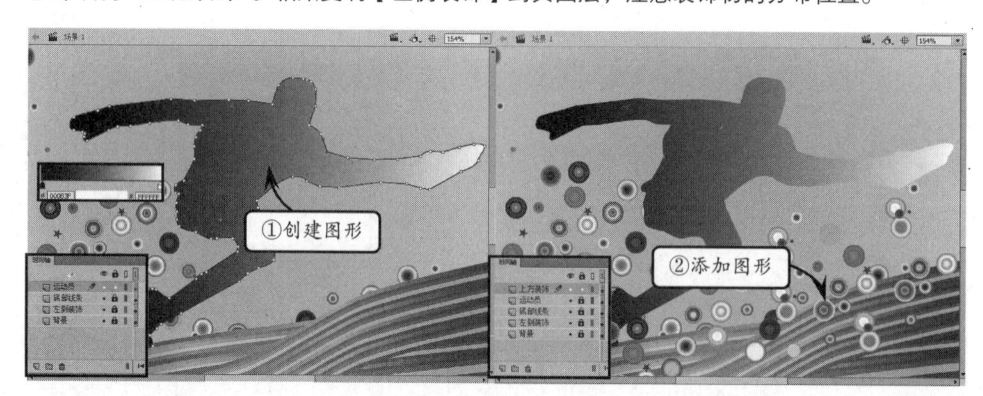

5 在【背景】图层上方，新建图层并将其重新命名为“右侧装饰”。使用【椭圆工具】绘制多个不同大小的正圆并填充不同的渐变颜色，继续运用此方法在该图层中绘制出多个不同大小、不同颜色组合的同心圆作为右侧的装饰。

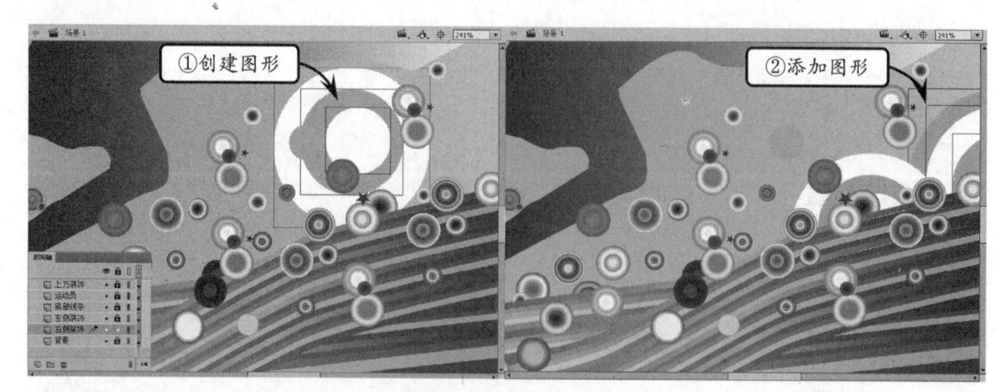

6 新建图层并将其重命名为“标志”，在该图层中为画面添加文字。

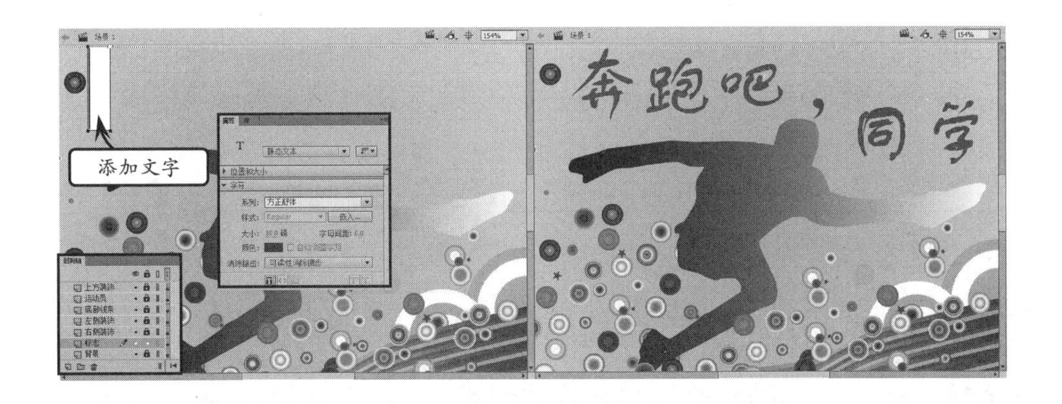

4.5 课堂练习：制作黑眼睛

对于诗歌类的海报，设计时要注意画面的个性、绚丽的色彩，但整体效果要主体突出。本实例将要制作一幅诗歌的海报，通过绚丽、个性的主体设计来突出《黑眼睛》。主要通过钢笔工具、文本工具、画笔工具等操作技巧的结合使用来完成。

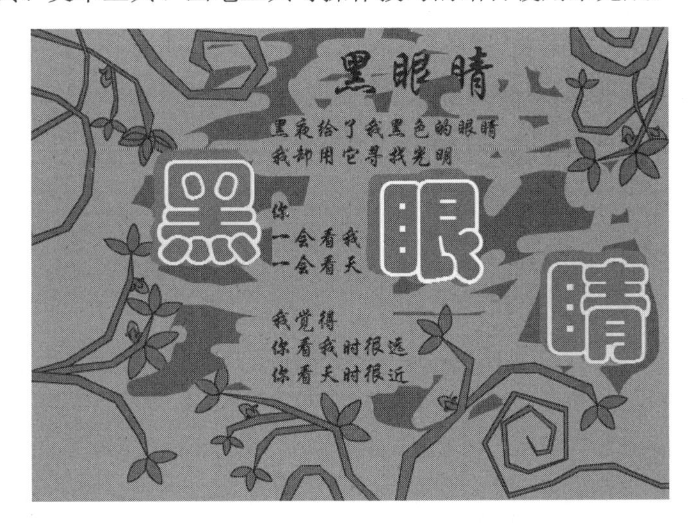

操作步骤：

1 新建空白文档，使用【矩形工具】，分别设置【填充颜色】和【笔触颜色】控件参数，在舞台中单击并拖动出一个矩形。打开【时间轴】面板，将【图层 1】重新命名为“背景”图层。然后新建【图层 2】，并将其重新命名为“花纹”，使用【钢笔工具】绘制图形并填充深绿色。

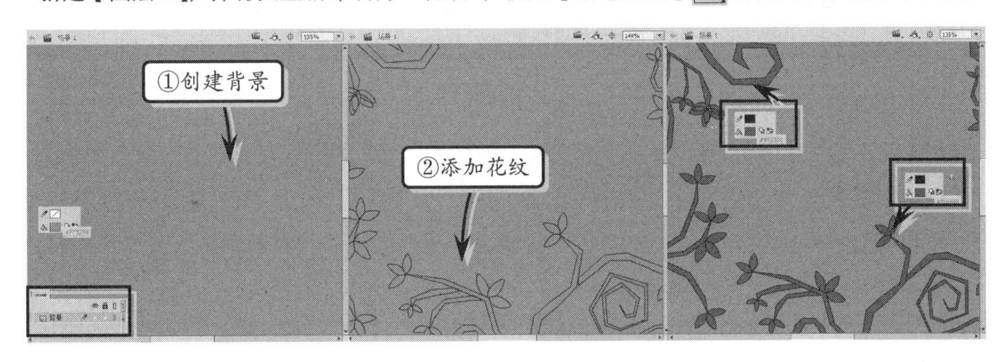

2 为使花纹生动，使用【钢笔工具】在右上角处添加两个红色花蕾。新建文字图层，使用【文本工具】，选用不同的字体，设置不同的【填充颜色】，在舞台上方的中间部位输入文字。

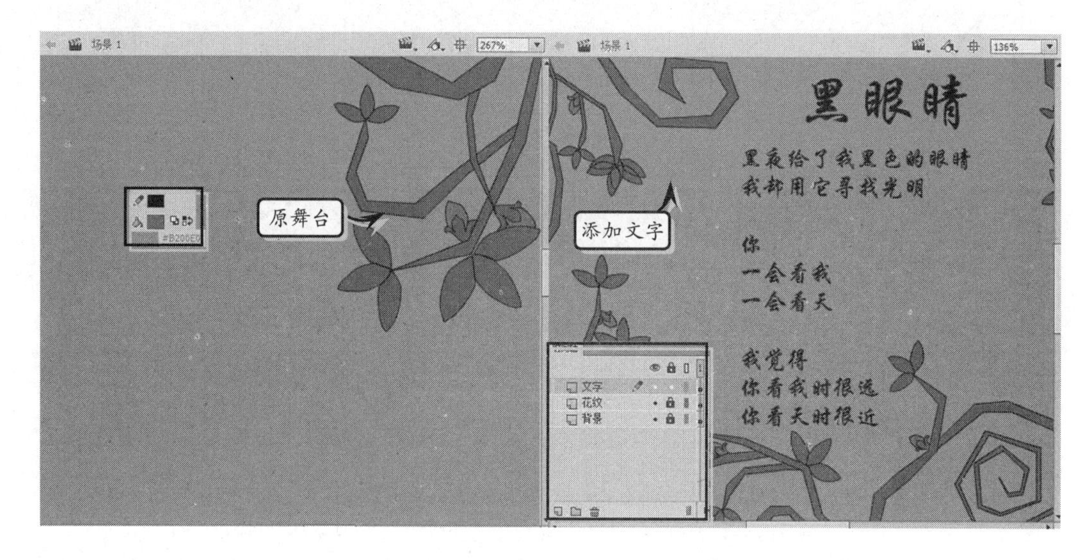

3 在【时间轴】面板中，单击左下角的【新建文件夹】按钮，新建一个文件夹 1，按住 Ctrl 键依次单击【文字】、【花纹】以及【背景】图层，同时选中三个图层，单击并拖动这三个图层至【新建文件夹 1】，松开鼠标后这三个图层会位于【新建文件夹 1】内。

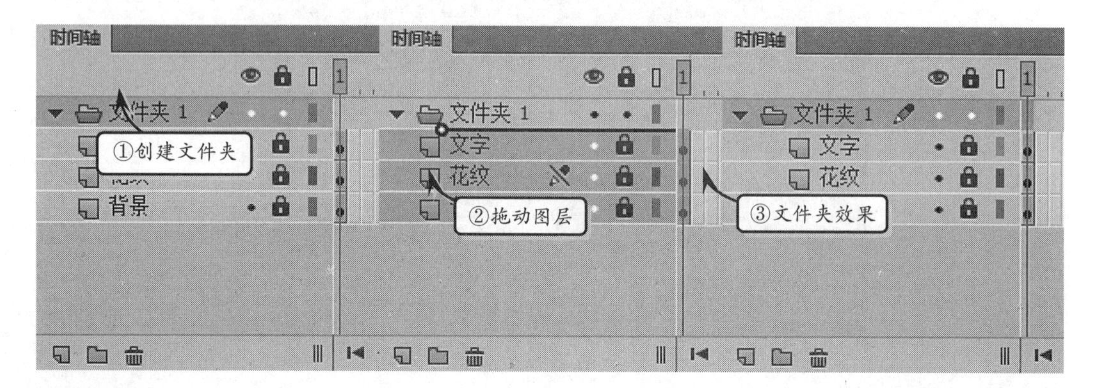

提 示

在制图过程中通常会用到较多的图层，通过【文件夹】功能将一个部分的所有图层放置在同一个文件夹内，将文件夹折叠后可以方便地观察图层的结构及图像的分布，能很好地方便后面的操作和修改。

4 单击【新建文件夹 1】前面的小三角形将其折叠。然后新建图层并重新命名为“主题文字”。使用【文本工具】，在舞台中输入文字，打开【属性】面板，在该面板中更改字体及文字大小。

5 按 Ctrl+B 快捷键将文字打散，使用【部分选取工具】调整文字的排列。然后使用【颜料桶工具】，设置不同的【填充颜色】并分别单击文字，为它们更改颜色。

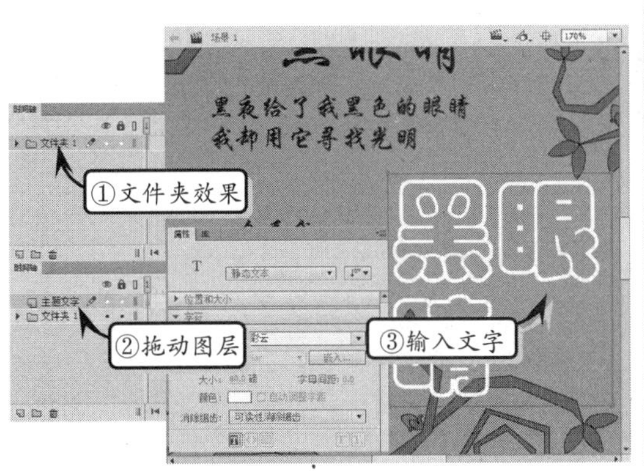

6 然后在【主题文字】图层下方新建图层并重新命名为“文字底色”，使用【刷子工具】，并为其设置【填充颜色】，在文字的中间部位绘制色块使文字突出。

7 为使文字能够更好地显现出来，继续使用【刷子工具】并结合【铅笔工具】，在文字的周围绘制不规则图形，作为文字的底色及装饰。为使文字底色的中间部位透气并和背景有所连接，使用不同大小的【橡皮擦工具】在中间部位进行擦除。

思考与练习

一、填空题

1．在 Flash 的图层内容中，主要包括__________、__________、__________、__________、__________以及文件夹。

2．在 Flash 中，图层的模式包括__________和__________两种。

二、选择题

1．下列的按钮中指的是遮罩层的是______。

A．　　　　B．

C．　　　　D．

2．一个运动引导层最多能与__________图层建立连接。

A．1 个　　　　B．2 个

C．3 个　　　　D．无数个

三、简答题

1．在【时间轴】面板中，图层的上下顺序，对舞台中的图像有何影响？

2．删除【时间轴】面板中的图层，对舞台中的画面有何影响？

四、操作练习

1．制作遮罩效果图像

本练习首先使用导入到库的方式导入外部图像，并将该图像拖至舞台中。然后，新建【遮罩】图层，并使用【矩形工具】按钮通过调整矩形边角半径在舞台中绘制多个圆角矩形，即可制作成遮罩效果。

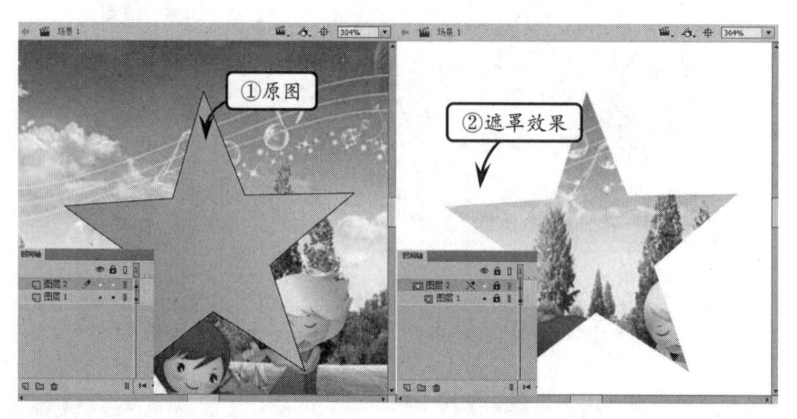

2．制作新建文件夹

本练习创建一个位于文件夹内的所有图层，可以进行同时显示或隐藏的操作。

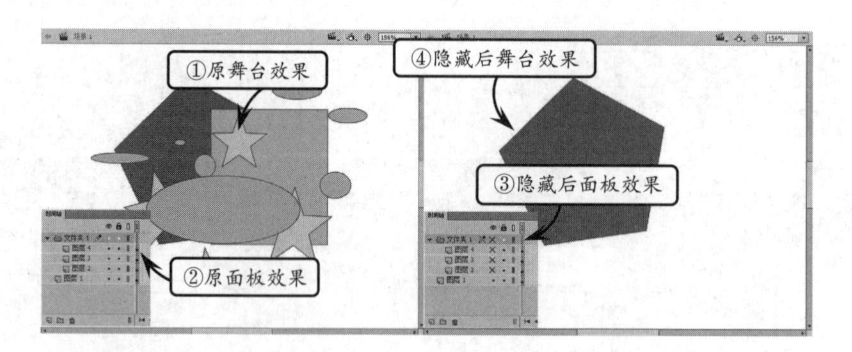

第5章

元件的应用

只有矢量图形对象的动画，其效果是有限的，更多的动画效果是通过元件这一元素来完成的。而 Flash 中无论是绘制的矢量图形对象还是外部的位图对象，均能够放置在元件中，作为动画对象展示在动画中。简单地说，Flash 中的元件类似于工业设计中按照一定的标准生产出来的标准件，可以重复地应用于不同的产品上。同样，Flash 中的元件也可以实现这样的效果。所有的元件和外部的位图文件，均能够存储在 Flash 提供的【库】面板中，可以加快动画的创建。

本章学习如何创建元件及使用元件，并灵活地运用库资源来工作的方法，同时，读者也可以掌握给元件添加滤镜功能的操作方法。

5.1 了解 Flash 元件

矢量图形与动画之间还需要借助一种动画元素，那就是元件。元件是 Flash 中一种比较独特的、可重复使用的对象。在创建电影动画时，利用元件可以使编辑电影变得简单，使创建复杂的交互变得更加容易。如果要更改电影中的重复元素，只需对该元素所在的那个符号进行更改，Flash 就会更新所有实例。

在 Flash 中，元件分为三种形态：影片剪辑、图形和按钮。在当初 Flash 面世时，带宽相对而言比较紧张。这种元件结构可以在 Flash 中无限重复使用，而原始数据只需保存一次，这样就可以极大减小文件的大小。随着带宽的稳步提高，这种最原始的功能也逐渐被遗忘，它们可以重复使用的优势也开始渐渐比文件大小更值得注意。现在使用元件差不多都不是基于文件大小考虑的，只是因为可重复使用，只需要把一个影片剪辑复制到另外一个地方，然后为它编写不同的 load 初始化 ActionScript 或者为它们分配不同的 ID，就可以以全新的姿态来完成另一个影片剪辑。这无疑会事半功倍，特别是当作品中有一组相似功能，而又需要将它们放在不同位置的时候。

元件是一个比较特殊的对象，在 Flash 中只创建一次，但在整个动画中可以重复使用。元件可以是图形，也可以是动画。用户所创建的元件都自动保存为库中的一部分。元件只在动画中存储一次，不管引用多少次，他只在动画中占有很少的空间，所以使用元件可以大大地降低文件的大小。元件可以包含从其他应用程序中导入的插图。

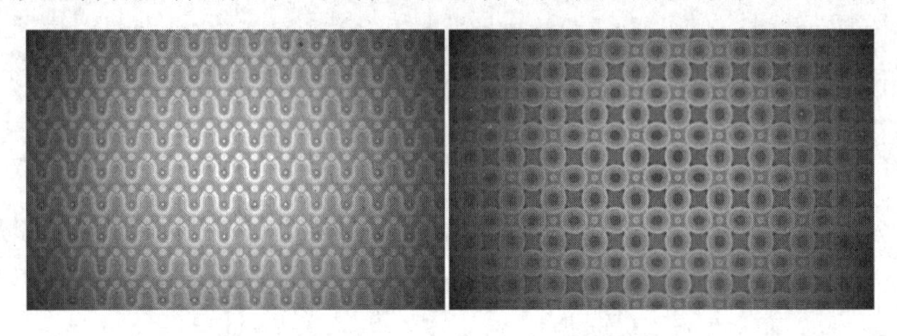

实例是元件在场景中的应用，它是位于舞台上或嵌套在另一个元件内的元件副本。实例的外观和动作无须和元件一样，每个实例都可以有不同的颜色和大小，并可以提供不同的交互作用。编辑元件会更新它的所有实例，但对元件的一个实例应用效果则只更新该实例。

5.2 创建元件的类型

通常在文档中使用元件可以显著减小文件的大小，即保存一个元件的几个实例比保存该元件内容的多个副本占用的存储空间小，例如，通过将诸如背景图像这样的静态图形转换为元件，然后重新使用它们，可减小文档的文件大小。另外，使用元件还可以加快 SWF 文件的回放速度，因为元件只需下载到 Flash Player 中一次。

在制作动画时，使用元件可以提高编辑动画的效率，使创建复杂的交互效果变得更加容易。如果想更改动画中的重复元素，只需要修改元件，Flash 将自动更新所有应用该元件的实例。

要创建元件，可以执行【插入】|【新建元件】命令（快捷键 Ctrl+F8），打开【创建新元件】对话框。在对话框的【类型】下拉列表中包括不同的元件类型。

- **影片剪辑** 该元件用于创建可重用的动画片段。影片剪辑拥有各自独立于主时间轴的多帧时间轴。用户可以将多帧时间轴看作是嵌套在主时间轴内，它们可以包含交互式控件、声音甚至影片剪辑实例，也可以将影片剪辑实例放在按钮元件的时间轴内，以创建动画按钮。此外，可以使用 ActionScipt 对影片剪辑进行改编。
- **按钮** 该元件用于响应鼠标单击、滑过或其他动作的交互式按钮。可以定义与各种状态关联的图形，然后将动作指定给按钮实例。
- **图形** 该元件可用于创建链接到主时间轴的可重用动画片段。图形元件与主时间轴同步运行。另外，交互式控件和声音在图形元件的动画序列中不起作用。

5.2.1 影片剪辑元件

影片剪辑元件就是人们平时常说的MC（Movie Clip）。通常，可以把场景上任何看得到的对象，甚至整个【时间轴】内容创建为一个MC，而且可以将这个MC放置到另一个MC中。

在Flash中，创建影片剪辑元件的方法与图形元件的创建方法相似，其不同点是在【创建新元件】或【转换为元件】对话框中，选择【类型】下拉列表中的【影片剪辑】选项即可。

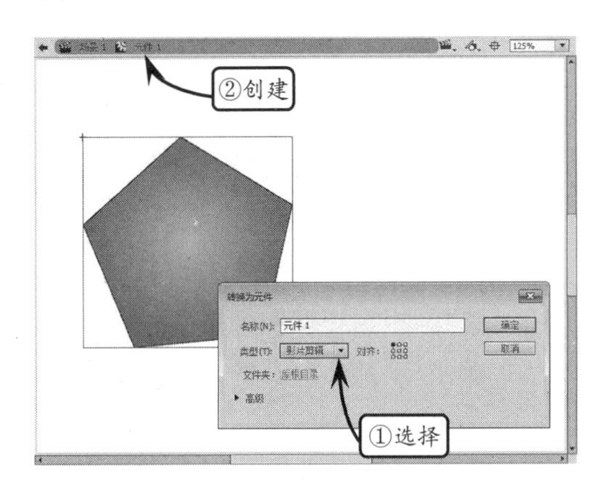

提 示

在Flash中，用户可以创建带动画效果的【影片剪辑】元件，此类元件的创建方法将在后面的章节进行详细的介绍。

5.2.2 图形元件

创建图形元件的对象可以是导入的位图图像、矢量图像、文本对象以及用Flash工具创建的线条、色块等。

在Flash中，要创建图形元件可以通过两种方式。一种是按Ctrl+F8快捷键，打开【创建新元件】对话框。在【类型】下拉列表中选择【图形】选项，创建【元件1】图形元件，即可在其中绘制图形对象。

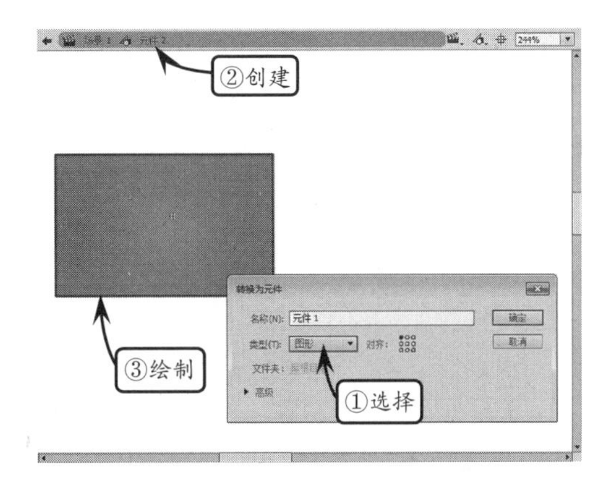

另一种是选择相关元素，执行【修改】|【转换为元件】命令（快捷键F8），弹出【转换为元件】对话框。在【类型】下拉列表中选择【图形】选项，单击【确定】按钮，这时在场景中的元素变成了元件。

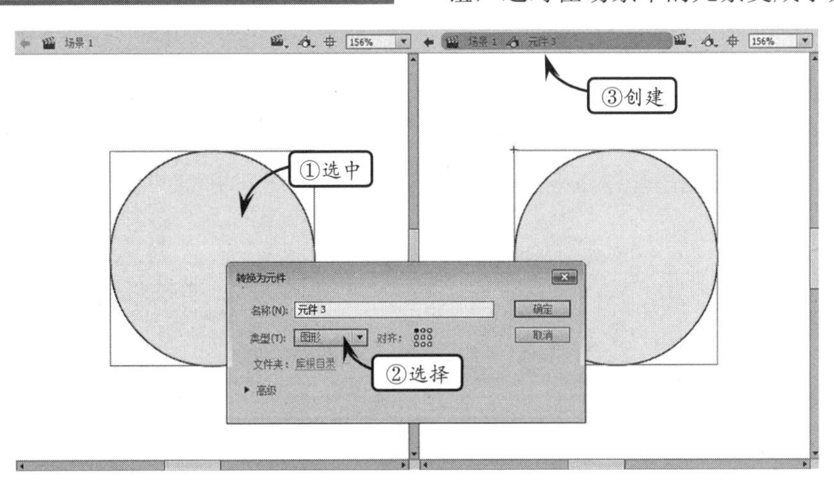

无论是【创建新元件】对话框，还是【转换为元件】对话框，对话框中的选项基本相同。当单击【库根目录】选项时，会弹出【移至 •••】对话框，将元件保存在新建文件夹或者现有的文件夹中。

元件默认的注册点为左上角，如果在对话框中单击注册的中心点，那么元件的中心点会与图形中心点重合。

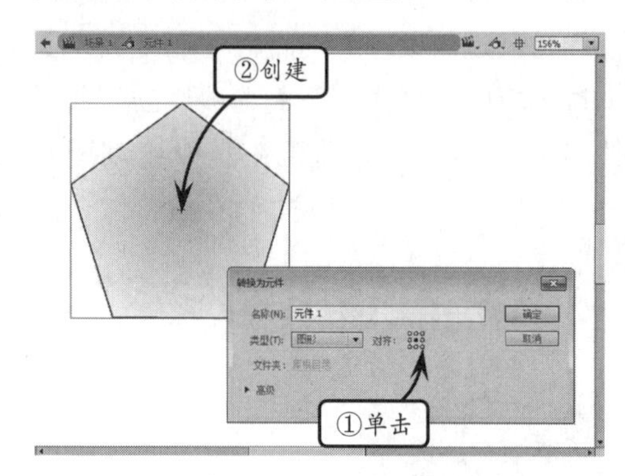

5.2.3 按钮元件

在 Flash 中，创建按钮元件的对象可以是导入的位图图像、矢量图形、文本对象以及用 Flash 工具创建的任何图形。

要创建按钮元件，可以在打开的【创建新元件】或【转换为元件】对话框中，选择【类型】列表中的【按钮】选项，并单击【确定】按钮，进入按钮元件的编辑环境。

按钮元件除了拥有图形元件全部的变形功能外，其特殊性还在于它具有4 个状态帧：弹起、指针经过、按下和点击。

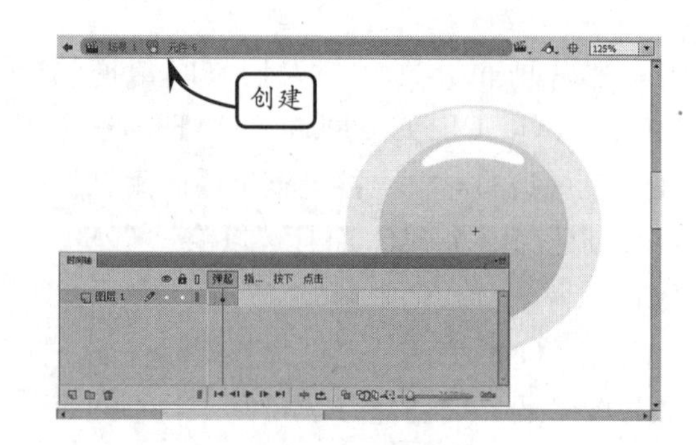

在前三个状态帧中，可以放置除了按钮元件本身外的所有 Flash 对象，在【点击】中的内容是一个图形，该图形决定着当鼠标指向按钮时的有效范围。它们各自的功能如下所示。

- ❑ **弹起** 该帧代表指针没有经过按钮时该按钮的状态。
- ❑ **指针经过** 该帧代表当指针滑过按钮时该按钮的外观。
- ❑ **按下** 该帧代表单击按钮时该按钮的外观。
- ❑ **点击** 该帧用于定义响应鼠标单击的区域。此区域在 SWF 文件中是不可见的。

选中【指针经过】动画帧，并执行【修改】|【时间轴】|【转换为关键帧】命令（快捷键 F6），Flash 会插入复制了【弹起】动画帧内容的关键帧。然后再编辑该图形，使其有所区别。

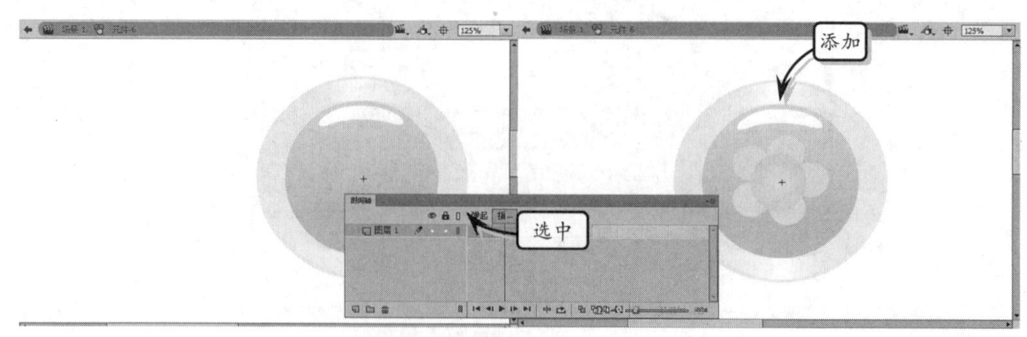

最后使用同样的方法，来创建【按下】状态和【点击】状态下的图形效果。

注 意

> 可以在按钮中使用图形或影片剪辑元件，但不能在按钮中使用另一个按钮。如果要把按钮制成动画按钮，可以使用影片剪辑元件。

创建好按钮元件后，并且该按钮元件放置在场景中，执行【控制】|【测试影片】命令（快捷键 Ctrl+Enter），即可通过鼠标的指向与单击查看按钮的不同状态效果。

5.3 应用滤镜

在 Flash 中，可以为文本、按钮和影片剪辑对象添加滤镜，从而产生投影、模糊、发光等特殊效果。要使用滤镜功能，需要先在舞台上选择文本、按钮或影片剪辑对象，然后进入【滤镜】面板，单击【添加滤镜】按钮，从弹出的菜单中选择相应的滤镜选项。对象每添加一个新的滤镜，在【属性】检查器中就会将其添加到滤镜列表中。可以对同一个对象应用多个滤镜效果，也可以删除以前应用的滤镜。

5.3.1 Flash 滤镜概述

在 Flash 中，使用滤镜可以为文本、按钮和影片剪辑添加有趣的视觉效果，使得应用滤镜的对象呈现立体效果，或者发光等效果。

1. 应用与删除滤镜

要使用滤镜功能，需要先在舞台上选择文本、按钮或影片剪辑对象。然后单击【属性】面板底部的【添加滤镜】按钮，选择相应的滤镜选项，即可为选中对象添加滤镜效果。

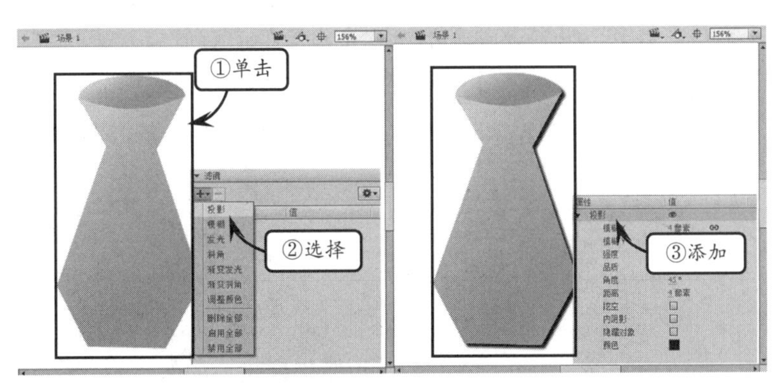

一个对象可以添加多个滤镜选项，而当添加一个滤镜选项后，只要单击【属性】面板中的【删除滤镜】按钮，即可删除添加的滤镜选项。

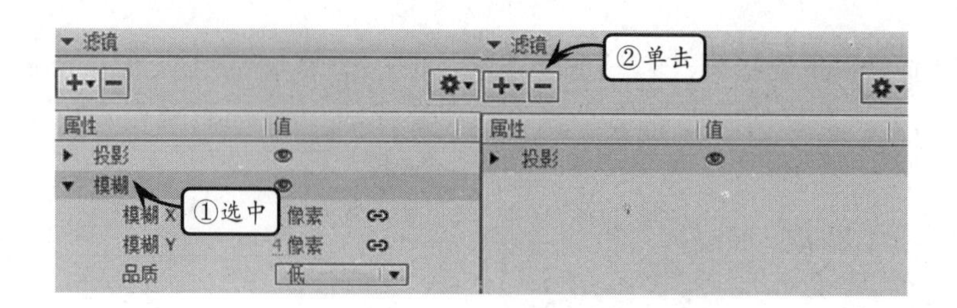

2. 复制与粘贴滤镜

要想将设置好的滤镜效果应用到其他对象中，可以通过复制功能来实现。方法是，选中要复制滤镜选项的对象，单击【属性】面板底部的【剪贴板】按钮，选择【复制所选】命令。然后选中其他对象，再次单击该按钮，选择【粘贴】命令，即可添加相同效果的滤镜。

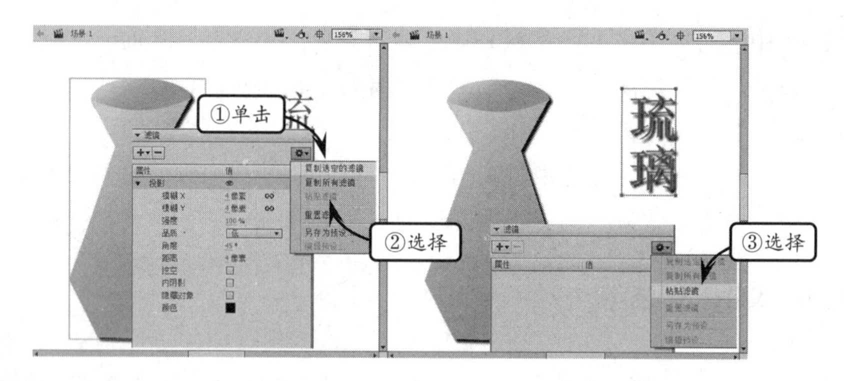

提　示

若要复制所有滤镜，可以单击【属性】面板底部的【剪贴板】按钮，选择【复制全部】命令，即可将全部滤镜效果复制到其他对象中。

3. 启用与禁用滤镜

当添加滤镜效果后，想要临时显示添加之前的效果，可以通过禁用滤镜功能。要想临时隐藏一个滤镜效果，可以选中该滤镜选项，通过单击【属性】面板底部的【启用或禁用滤镜】按钮来实现；当想要临时隐藏某个对象的所有滤镜效果时，可以单击【添加滤镜】按钮，选择【禁用全部】命令来实现。

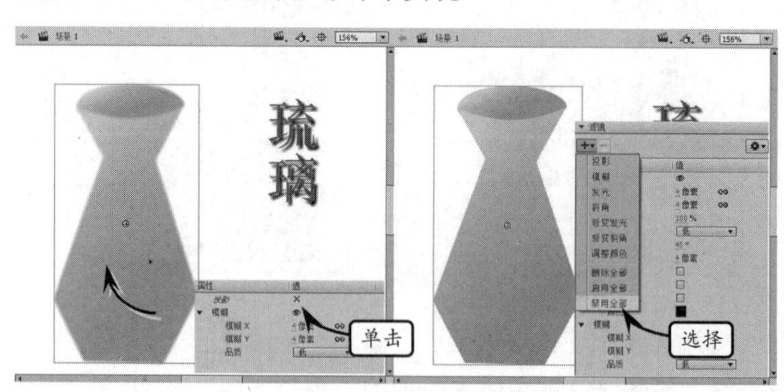

4. 应用预设滤镜

在 Flash 中虽然可以为对象添加预设滤镜效果，但是滤镜的预设选项需要提前设置。方法是，选中某个对象的滤镜选项，单击【属性】面板中的【滤镜】按钮的【另存为...】命令，在弹出的【将预设另存为】对话框的【预设名称】文本框中输入预设滤镜名称。然后选中其他对象，再次单击该按钮，选择新增的预设滤镜名称命令，即可应用预设滤镜。

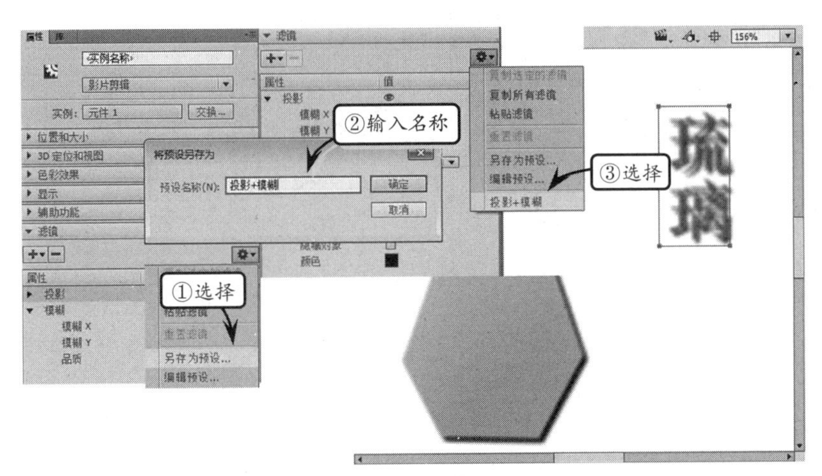

要想为保存后的预设滤镜更改名称，可以单击【滤镜】按钮的【另存为...】命令，选择【编辑预设...】命令。在弹出的【编辑预设】对话框中，双击预设名称。重新设置名称后，单击【确定】按钮，即可改变。

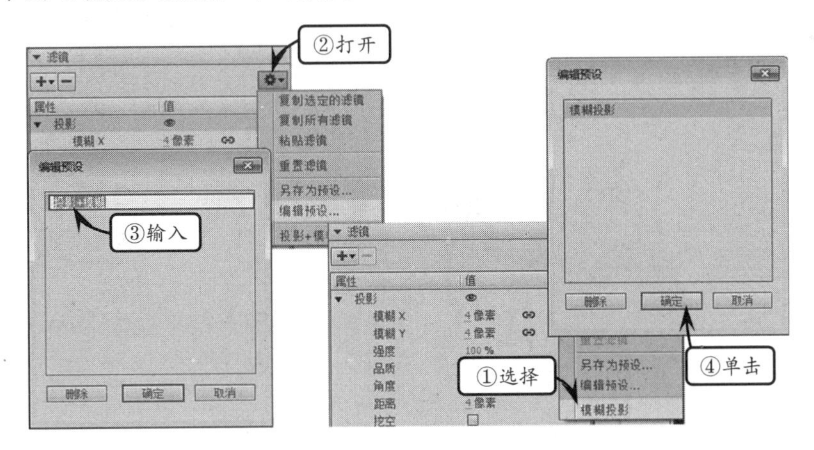

技　巧

滤镜预设的设置，可以将编辑好的滤镜参数保存在滤镜库中，这样只要启用 Flash，即可使用滤镜库中的滤镜效果。而预设滤镜的删除，只要单击【编辑预设】，再单击【删除】按钮即可。

5.3.2 应用滤镜

1. 投影滤镜

投影滤镜是模拟对象投影到一个表

面的效果。要想为影片剪辑、按钮或文字添加投影效果，只要选中其中一个对象后，单击【属性】面板底部的【添加滤镜】按钮，选择【投影】命令，即可添加默认的投影效果。

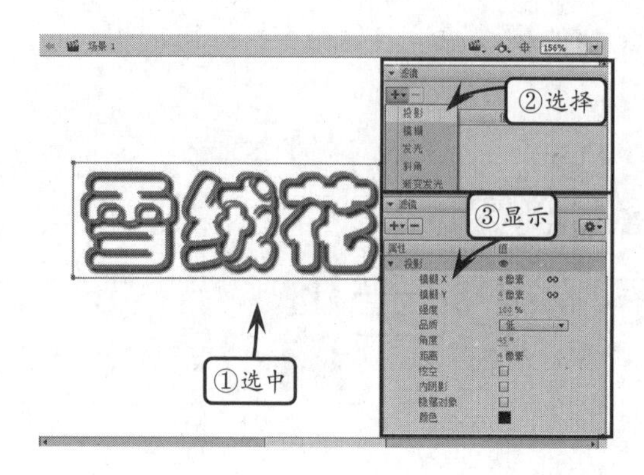

添加投影滤镜后，可以通过【滤镜】选项组中的参数来设置投影的效果，其中各个选项的功能如下。

- ❑ **模糊**　该选项用于控制投影的宽度和高度。

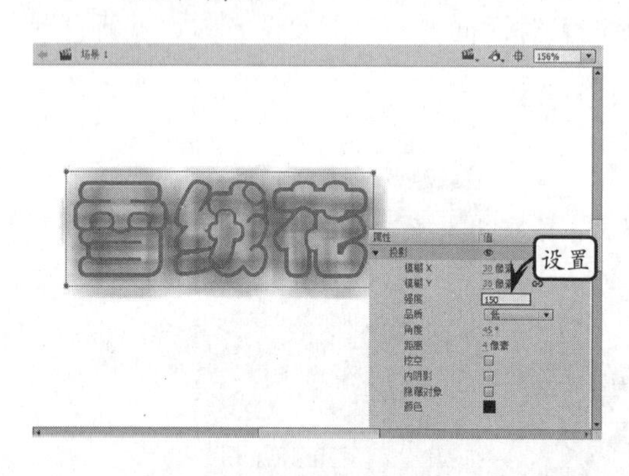

- ❑ **强度**　该选项用于设置阴影的明暗度，数值越大，阴影就越暗。

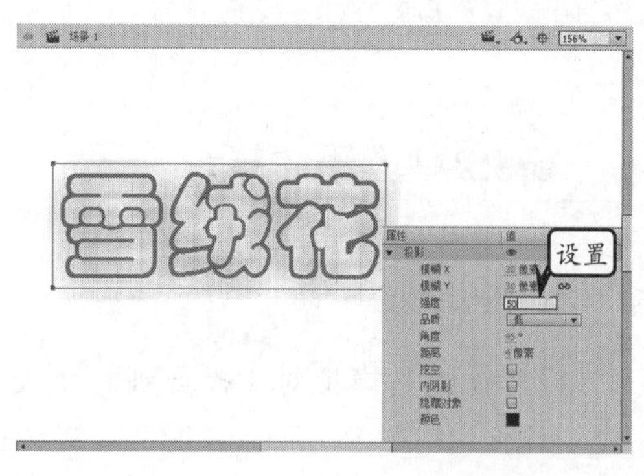

- ❑ **品质**　该选项用于控制投影的质量级别，设置为【高】则近似于高斯模糊；设置为【低】可以实现最佳的回放性能。
- ❑ **颜色**　单击此处的色块，可以打开【颜色拾取器】，设置阴影的颜色。

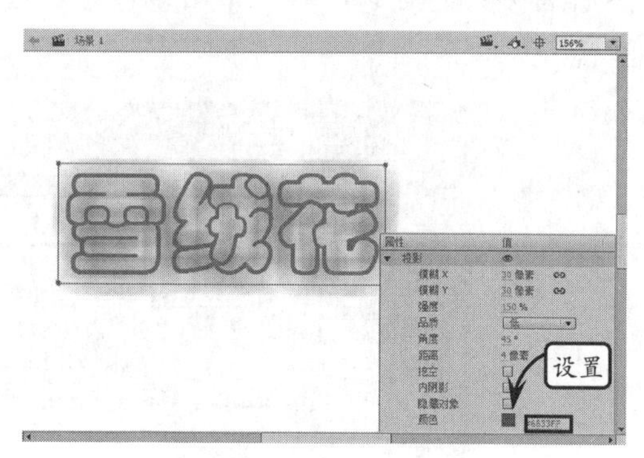

- ❑ **角度**　该选项用于控制阴影的角度，在其中输入一个值或单击角度选取器并拖动角度盘即可。

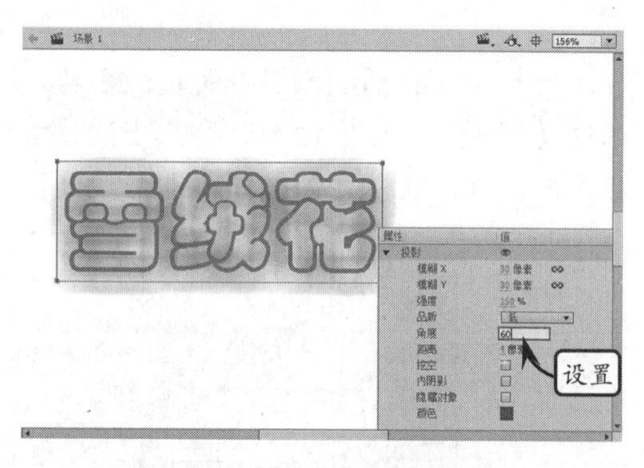

- ❑ **距离**　该选项用于控制阴影与对象之间的距离。

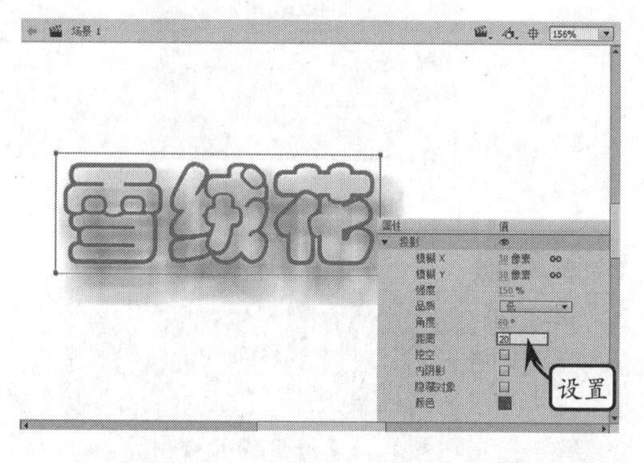

- ❑ **挖空**　启用此复选框，可以从视觉上隐藏源对象，并在挖空图像上只

显示投影。

- **内阴影** 启用此复选框，可以在对象边界内应用阴影。

- **隐藏对象** 启用此复选框，可以隐藏对象并只显示其阴影，从而可以更轻松地创建逼真的阴影。

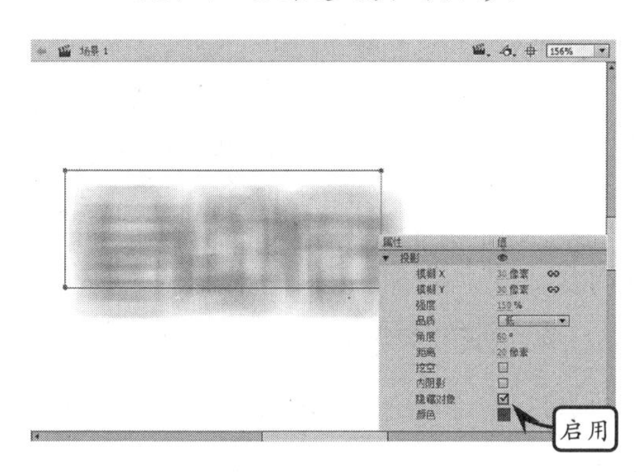

2. 模糊滤镜

模糊滤镜可以柔化对象的边缘和细节。将模糊应用于对象，可以让它看起来好像位于其他对象的后面，或者使对象看起来好像是运动的。

当添加模糊滤镜效果后，默认的参数即可得到模糊效果。

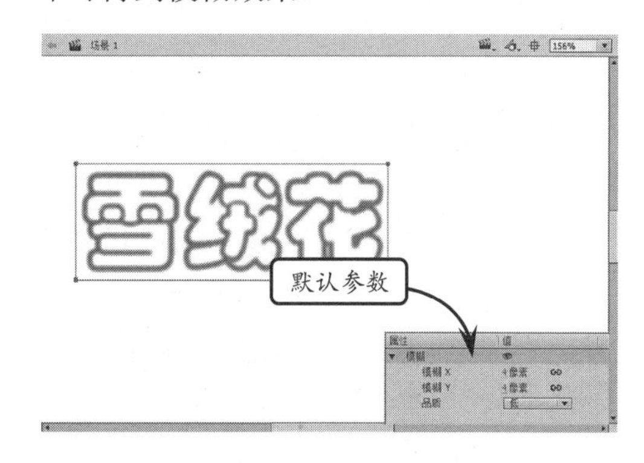

该滤镜中的参数与投影滤镜中的基本相同，只是后者模糊的是投影效果，前者模糊的是对象本身。

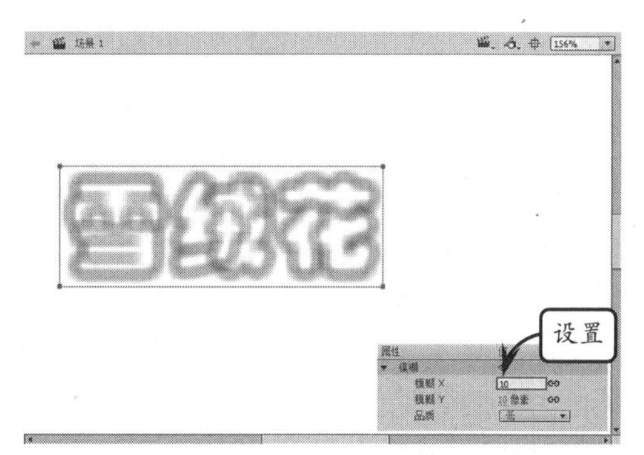

3. 发光滤镜

添加发光滤镜后，发现其中的参数与投影滤镜参数相似，只是没有【距离】、【角度】等参数。而其默认发光颜色为红色。

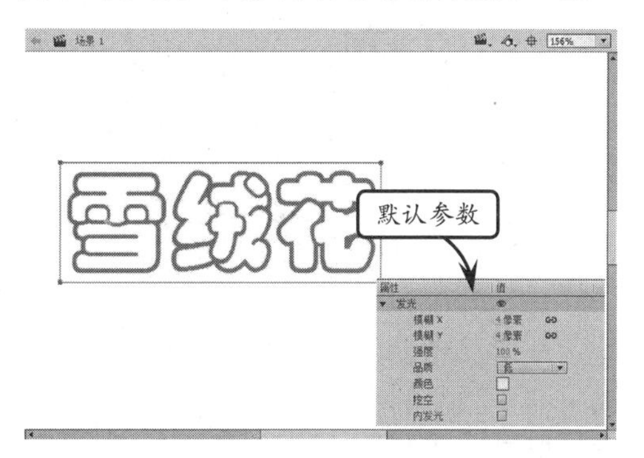

在参数列表中，唯一不同的是【内发光】选项，当启用该选项后，即可将外发

光效果更改为内发光效果。

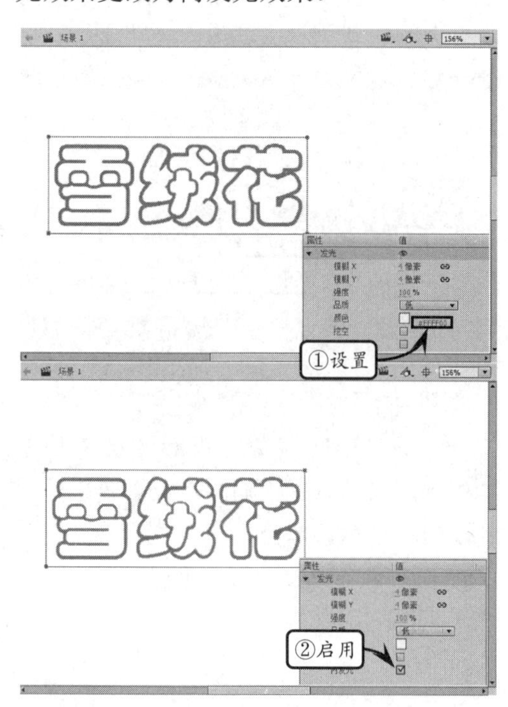

4. 渐变发光滤镜

渐变发光与发光滤镜的不同是，发光颜色为渐变颜色，而不是单色。

虽然在默认情况下，其效果与投影效果相似，但是其发光颜色为渐变颜色。

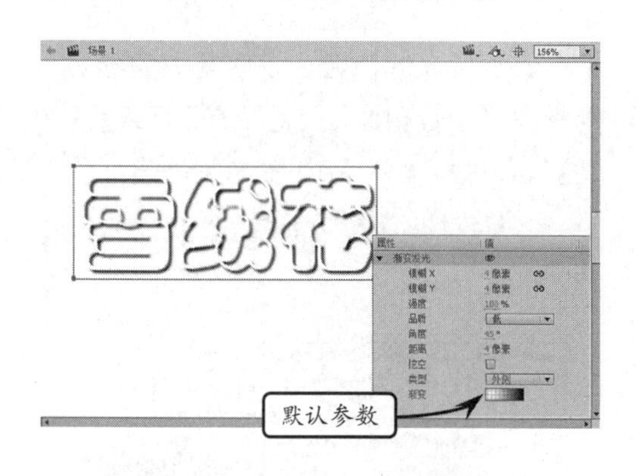

渐变发光颜色的设置，与【颜色】面板中渐变颜色的设置方法相同。但是渐变发光要求渐变开始处颜色的Alpha值为0，并且不能移动此颜色的位置，但可以改变该颜色。

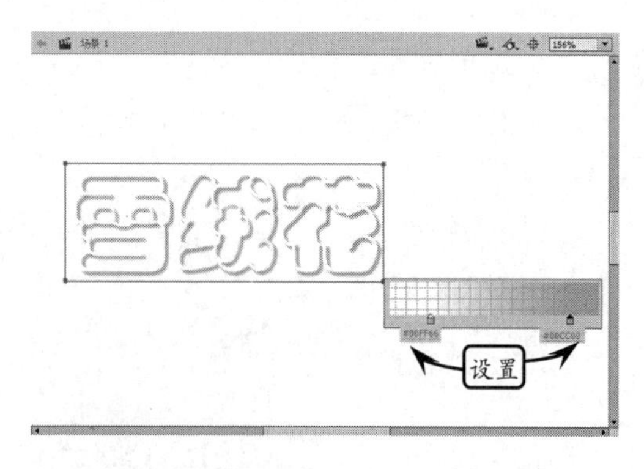

在渐变发光滤镜中，还可以设置发光效果。只要在【类型】下拉列表中，选择不同的子选项即可。默认情况下为【外侧】。

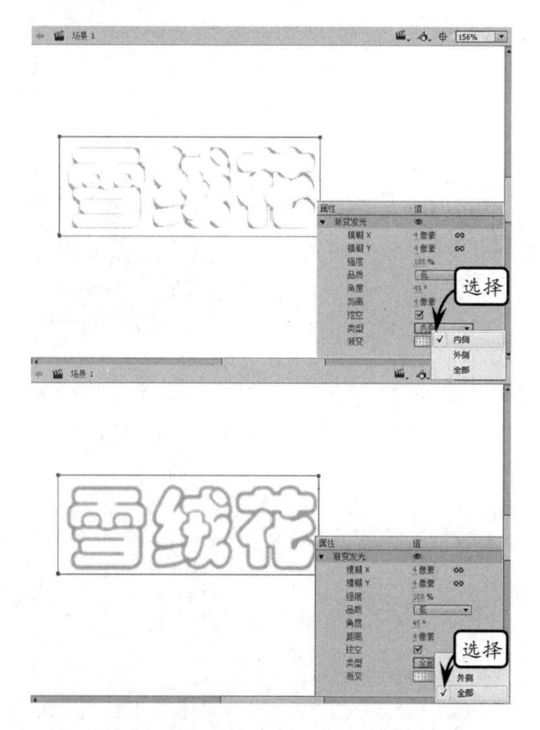

5. 斜角滤镜

斜角滤镜中的参数在投影的基础上，添加了【阴影】和【加亮显示】颜色控件。

当添加斜角滤镜后，【阴影】和【加亮显示】的默认颜色为黑色和白色。如果设置这两个颜色控件，那么会得到不同的立体效果。

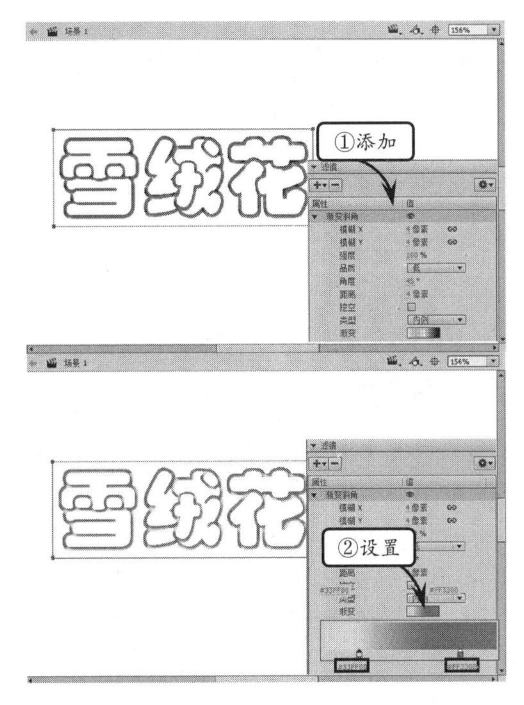

而列表中的【类型】下拉列表中的子选项，是用来设置不同的立体效果的。

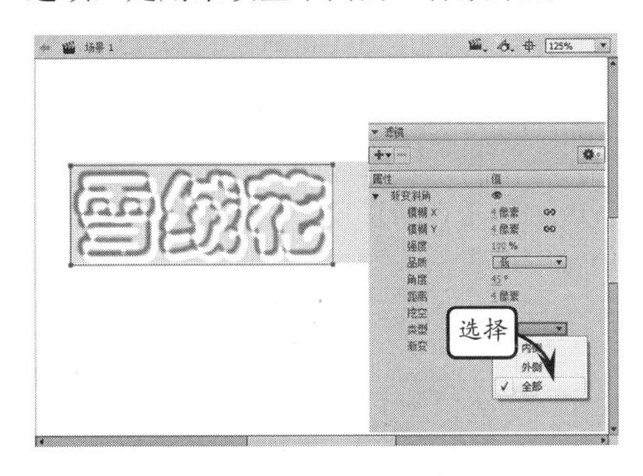

6．渐变斜角滤镜

渐变斜角滤镜中的参数，只是将斜角滤镜中的【阴影】和【加亮显示】颜色控件，替换为渐变颜色控件。所以渐变斜角立体效果，是通过渐变颜色来实现的。

而在渐变颜色编辑条中，需要注意的是渐变斜角要求渐变中间有一种颜色的Alpha值为0。

7．调整颜色滤镜

应用调整颜色滤镜，可以调整对象的

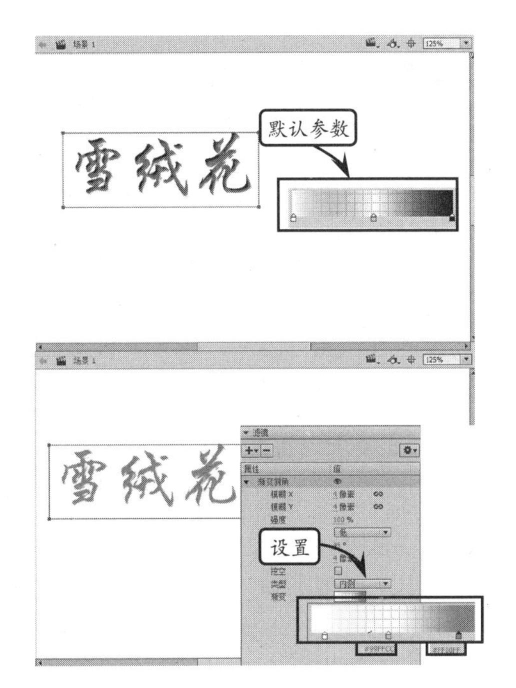

对比度、亮度、饱和度与色相。其中，对于位图的应用尤为显著。

- **亮度** 用于调整图像的亮度。
- **对比度** 用于调整图像的加亮、阴影及中调。
- **饱和度** 用于调整颜色的强度。
- **色相** 用于调整颜色的深浅。

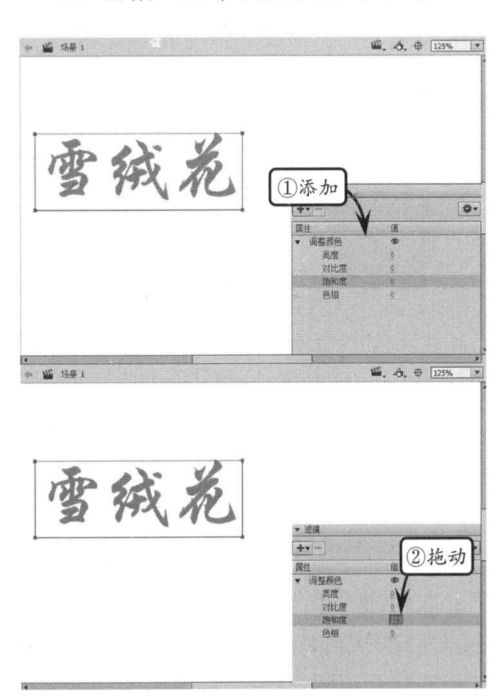

5.4 编辑元件

当创建完元件后，并不代表完成了元件的所有操作。对于效果不理想的元件，还可以重新进行再编辑。元件编辑其实就是对元件内部的图形对象进行编辑，如何从场景中进入元件内部，成为编辑元件的关键。

1. 在当前位置编辑元件

在舞台中双击某个元件实例，即可进入元件编辑模式。此时，其他对象以灰度方式显示，以利于和正在编辑的元件区别开来。同时，正在编辑的元件名称显示在舞台上方的编辑栏内，它位于当前场景名称的右侧。

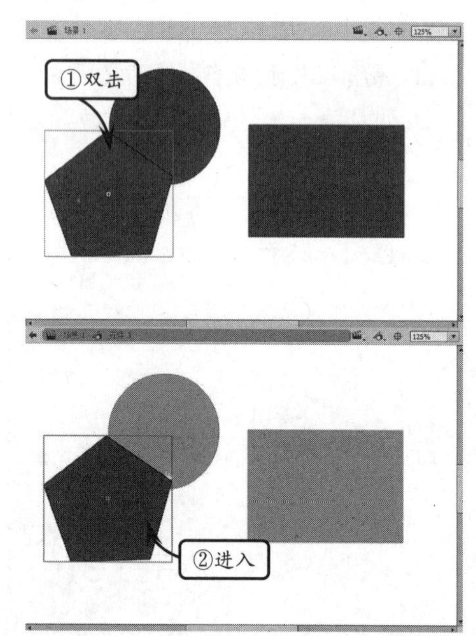

此时，用户可以根据需要编辑该元件。编辑好元件后，单击【返回】按钮，或者在空白区域双击，即可返回场景。

2. 在新窗口中编辑元件

在新窗口中编辑元件，是指在一个单独的窗口中编辑元件。在单独的窗口中编辑元件时，可以同时看到该元件和主时间

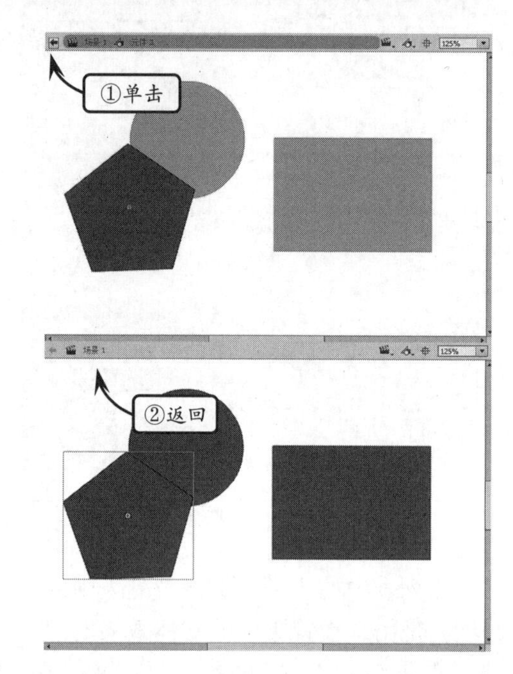

轴。正在编辑的元件名称会显示在舞台上方的编辑栏内。

在舞台上，选择该元件的一个实例，右击选择【在新窗口中编辑】命令，进入新窗口编辑模式。

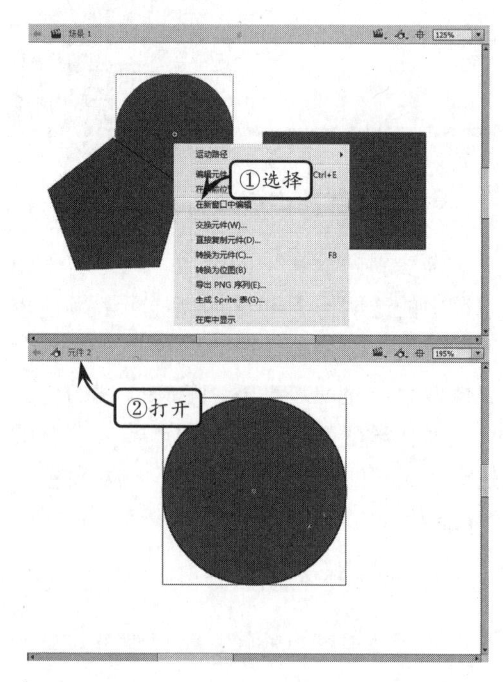

编辑好元件后，单击窗口右上角的【关闭】按钮，关闭新窗口。然后在主文档窗口内单击，返回到编辑主文档状态下。

5.5 应用实例

元件并不能直接应用于动画，而是通过元件的实例创建的。当修改元件时，Flash 会更新元件的所有实例。并且在创建元件实例后，还可以使用【属性】检查器来指定颜色效果、指定动作、设置图形显示模式或更改实例的类型等属性，但是并不会改变元件。

5.5.1 创建元件实例

通常，当将一个元件应用到场景时，即创建一个实例，在场景时间轴上只需一个关键帧，就可以将元件的所有内容都包括进来。

方法是，打开【库】面板，选中一个元件元素后，将其拖入场景中即可创建该元件的实例。

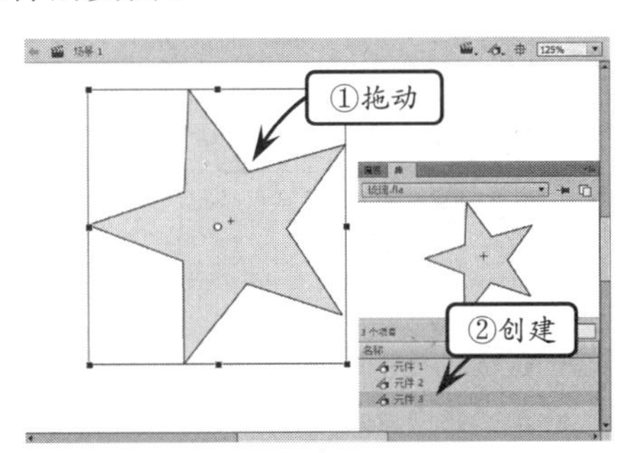

注 意

Flash 只可以将实例放在关键帧中，并且总在当前图层上，如果没有选择关键帧，Flash 会将实例添加到当前帧左侧的第一个关键帧上。

5.5.2 设置实例属性

每当将【库】面板中的元件拖入场景后，均能够创建一个实例。而选中不同的实例，在【属性】面板中会显示相应的属性，即使是由一个元件生成的实例。

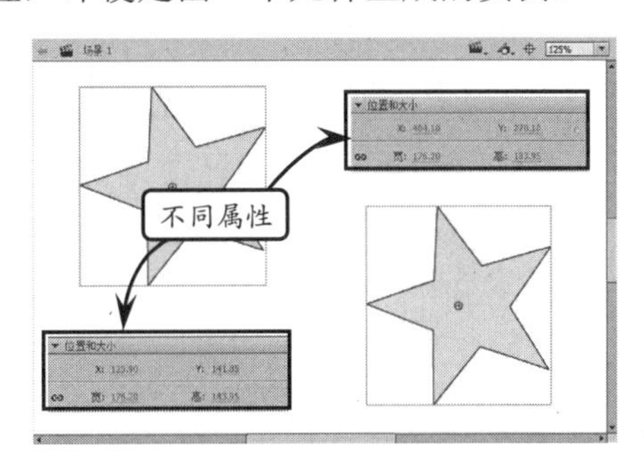

每一个实例在场景中，均可改变其位置和大小，并且同一个元件创建的实例可以分别设置。

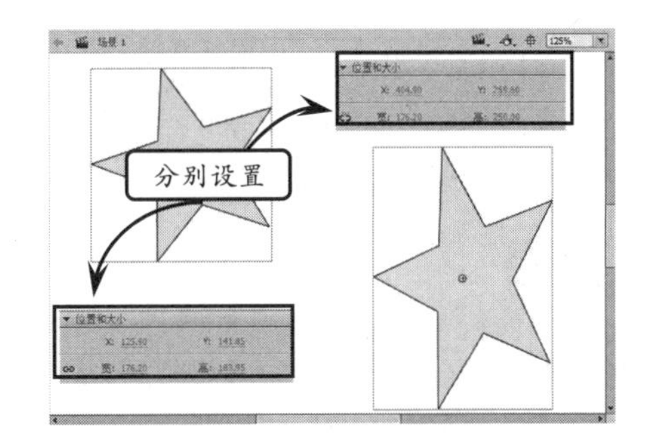

如果实例是由影片剪辑或者按钮元件生成的，为了后期添加动作而所有区分，还可以为其设置实例名称。方法是选中实例，单击【属性】面板中的【实例】文本框按钮，在弹出的【元件属性】对话框中输入数字或者字母即可。

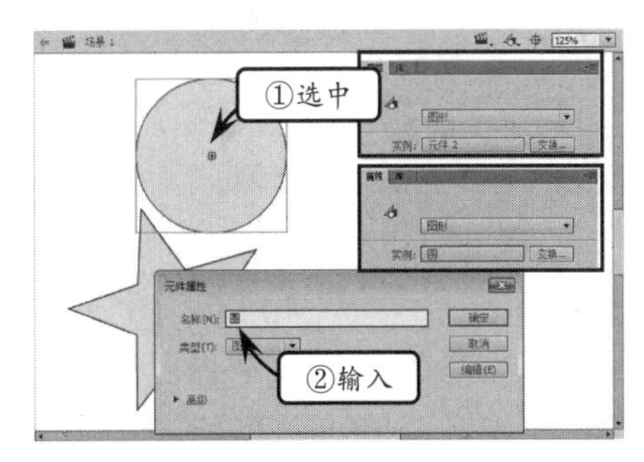

场景中的实例还可以更换元件，只要选中某实例，单击【属性】面板中的【交换】按钮，弹出【交换元件】对话框，在列表中选择同类型的元件后，单击【确定】按钮后即可更改该实例的元件内容。

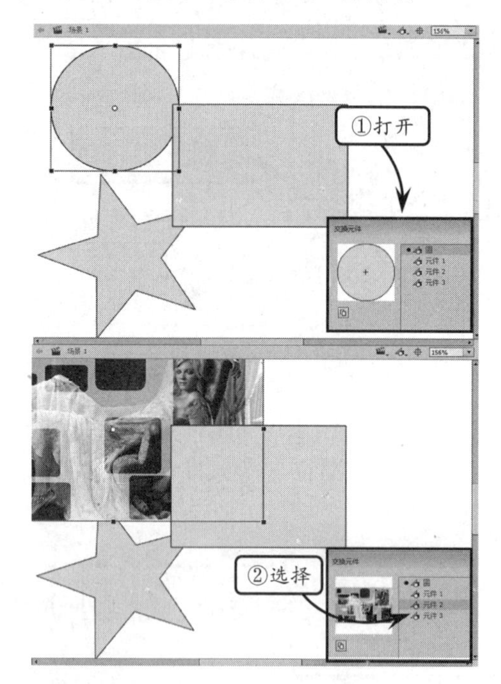

提　示

由于实例的更换只是更换元件内容，而实例本身的属性并没有更改，所以如果是不同类型的元件替换，需要重新更改实例的类型。

1. 设置实例颜色效果

每个元件都可以拥有自己的色彩效果。要设置实例的颜色和透明度选项，可以使用【属性】面板中的【色彩效果】选项组。

在【样式】下拉列表中，分别包括【无】、【亮度】、【色调】、【高级】和 Alpha 子选项，选择不同的子选项，其下方会显示相应的参数。

- ❑ **亮度**　调节图像的相对亮度或暗度，度量范围是从黑（-100%）到白（100%）。若要调整亮度，可以拖动滑块或者在框中输入一个值。

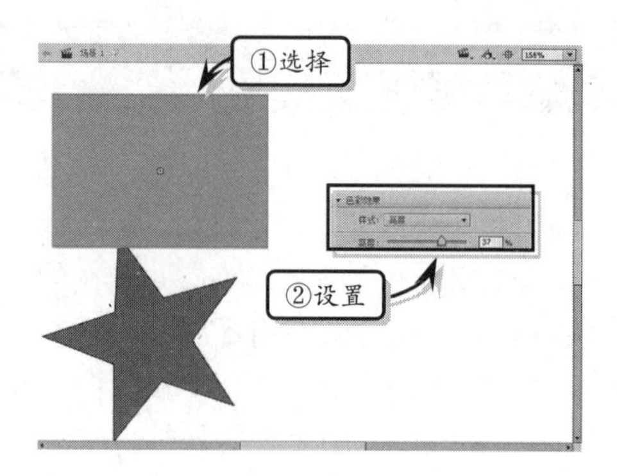

- ❑ **色调**　用相同的色相为实例着色。要设置色调百分比（从透明到完全饱和），可以拖动色调滑块；若要选择颜色，可以在各自的框中输入红、绿和蓝色的值；或者单击【颜色控件】，然后从调色板中选择一种颜色。

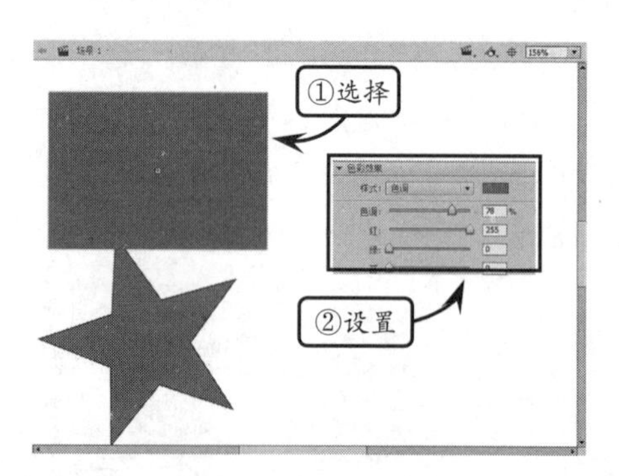

- ❑ **高级**　分别调节实例的红色、绿色、蓝色和透明度值。左侧的控件可以按指定的百分比降低颜色或透明度的值，右侧的控件可以按常数值降低或增大颜色或透明度的值。

注　意

【样式】列表中的颜色选项，是不能够同时设置参数的。只能够选择一个子选项，来设置相应的参数。并且要返回实例的原效果，只要选择【无】子选项即可。

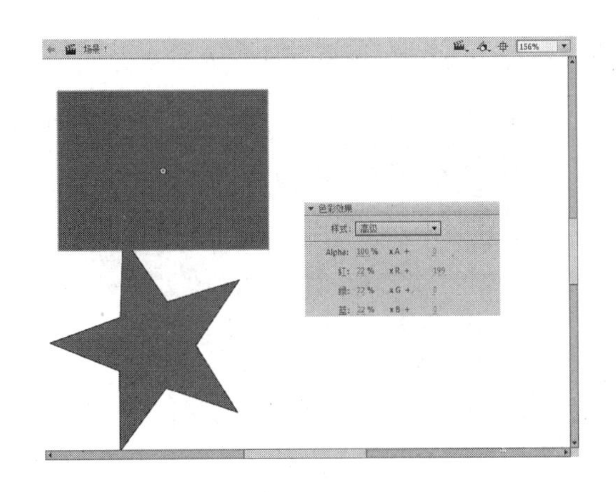

- ❑ **Alpha**　调节实例的透明度，调节范围是从透明（0%）到完全饱和（100%）。若要调整 Alpha 值，可以拖动滑块，或者在框中输入一个值。

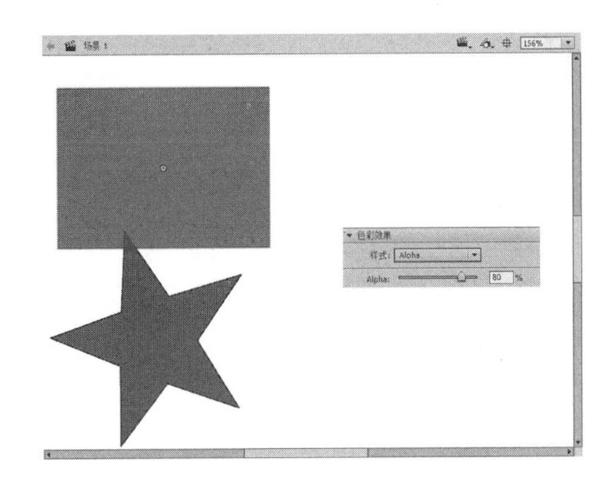

2．设置实例混合模式效果

当场景中存在两个实例，并且位于上方的实例为影片剪辑或者按钮时，【属性】面板中就会显示【混合】选项。

当两个图像的颜色通道以某种数学计算方法混合叠加到一起的时候，两个图像会产生某种特殊的变化效果。而在 Flash 中包括多种混合模式。

- ❑ **一般**　正常应用颜色，不与基准颜色发生交互。该选项为默认混合模式。

- ❑ **图层**　可以层叠各个影片剪辑，而不影响其颜色。
- ❑ **变暗**　只替换比混合颜色亮的区域。比混合颜色暗的区域将保持不变。

- ❑ **正片叠底**　将基准颜色与混合颜色复合，从而产生较暗的颜色。

- ❑ **变亮**　只替换比混合颜色暗的像素。比混合颜色亮的区域将保持不变。

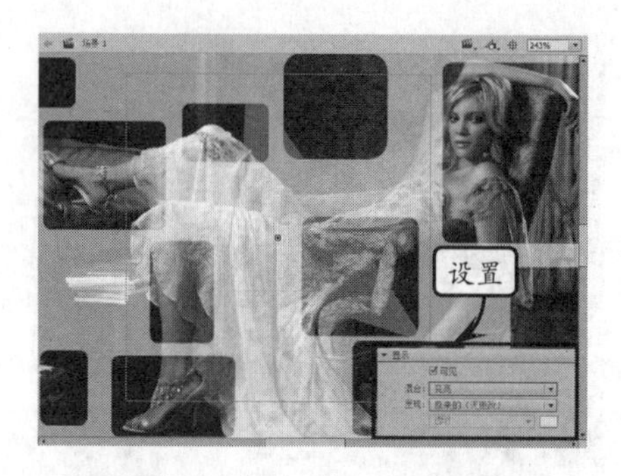

- ❑ **滤色**　将混合颜色的反色与基准颜色复合，从而产生漂白效果。
- ❑ **强光**　复合或过滤颜色，具体操作需取决于混合模式颜色。该效果类似于用点光源照射对象。
- ❑ **增加**　通常用于在两个图像之间创建动画的变亮分解效果。
- ❑ **叠加**　复合或过滤颜色，具体操作需取决于基准颜色。

- ❑ **减去**　通常用于在两个图像之间创建动画的变暗分解效果。
- ❑ **差值**　从基色减去混合色或从混合色减去基色，具体取决于哪一种的亮度值较大。该效果类似于彩色底片。

- ❑ **相反**　反转基准颜色。
- ❑ **Alpha**　应用 Alpha 遮罩层。

- ❑ **擦除**　删除所有基准颜色像素，包括背景图像中的基准颜色像素。

5.5.3　分离实例

当创建实例后，场景中的实例与【库】面板中的元件是相关联的。也就是说，当元件中的元素发生变化后，场景中的实例会随之更新。

如果要断开实例与元件之间的链接，并把实例放入未组合形状和线条的集合中，可以分离该实例。

方法是，选中场景中的实例，按 Ctrl+B 快捷键将实例分离成图形对象。这时，再次更改元件中的元素后，分离后的对象不会随之更新。

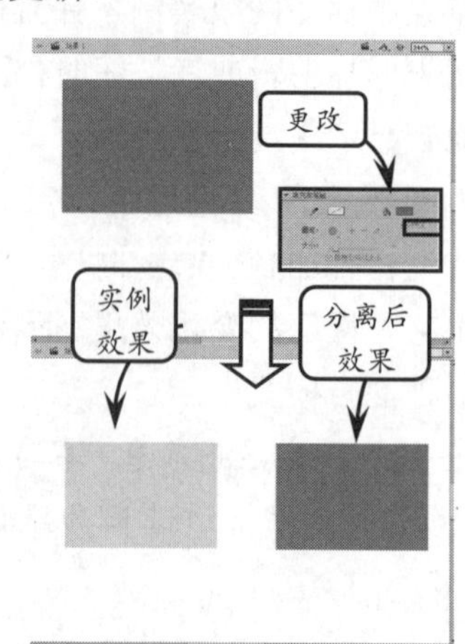

5.6 使用库

当创建元件后，该元件保存在【库】面板中，而场景中的则为该元件的实例。每个 Flash 动画文件都有用于存放动画元素的库，用来存放元件、位图、声音以及视频文件等。利用库可以方便地查看和组织这些内容。

1. 认识【库】

在动画制作过程中，【库】面板是使用频率最高的面板之一，打开【库】面板的快捷键为 Ctrl+L。

在默认情况下，【库】的【元件项目列表】是按【元件名称】排列的，英文名与中文名混杂时，英文在前，中文按其对应的字符码排列。

提 示

【库】面板中包括【元件预览窗】、【排序按钮】及【元件项目列表】选项。

在【元件项目列表】的顶部，有 5 个【项目】按钮，分别是【名称】、【类型】、【使用次数】、【链接】、【修改日期】。其实它们是一组【排序】按钮，单击某一按钮，【项目列表】就按其标明的内容排列。

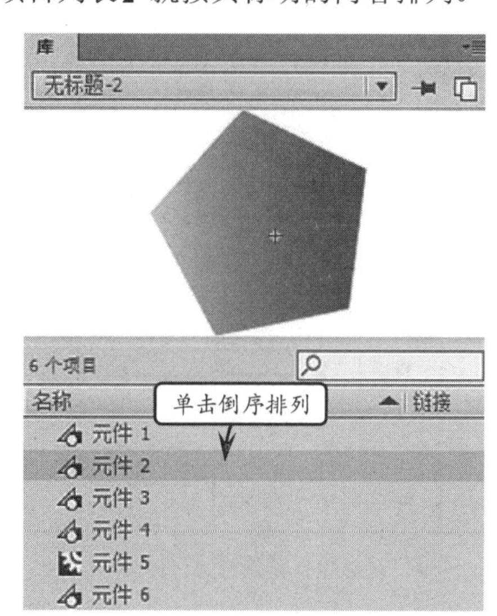

2. 通过【库】面板复制元件

在 Flash 中，除了上面提到的创建元件方法外，也可以通过复制元件创建新元件。

方法是，在【库】面板中右击要复制的元件元素，选择【直接复制】命令，直接在【直接复制元件】对话框中单击【确定】按钮，即可得到副本元件。

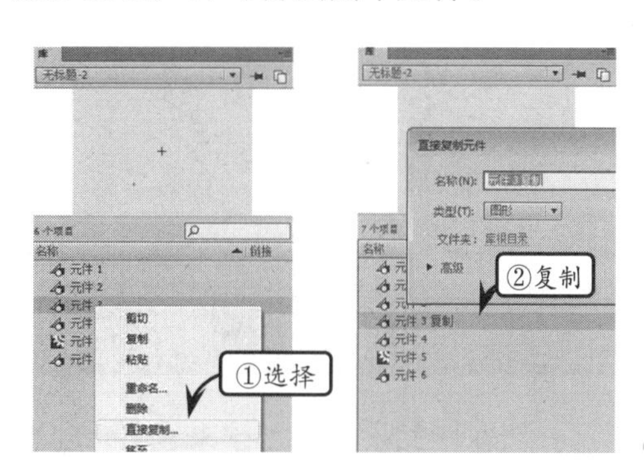

3. 通过【库】面板编辑元件

元件名称除了在建立过程中能够设置外，还可以在【库】面板中进行重命名。

方法是右击元件，选择【重命名】命令，即可更改元件名称。

元件名称设置还可以在【元素属性】对话框中设置，方法是右击元件，选择【属性】命令，弹出【元素属性】对话框。

在该对话框中，还可以更改元件的类型。只要在【类型】下拉列表中选择与之不同的类型选项即可。

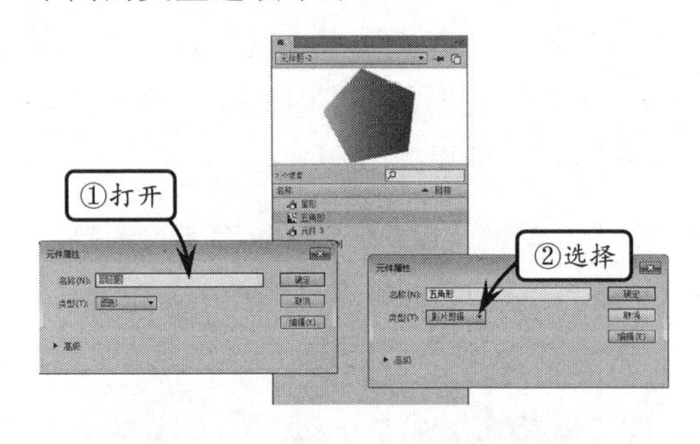

技 巧

单击【元素属性】对话框中的【编辑】按钮，或者直接在【库】面板中双击元件预览窗，即可进入元件编辑模式。

4. 调整元件库中的项目

随着动画制作过程的进展，【库】面板中的项目将变得越来越杂乱，不可避免会出现一些无用的元件，占据一定的空间，从而使源文件变得很大。这时可以通过删除未用的元件，来减小动画文件的容量。

方法是，单击【库】面板右上角的小三角图标，选择【选择未用项目】命令。这时单击【删除】按钮，即可将未用的元件删除。

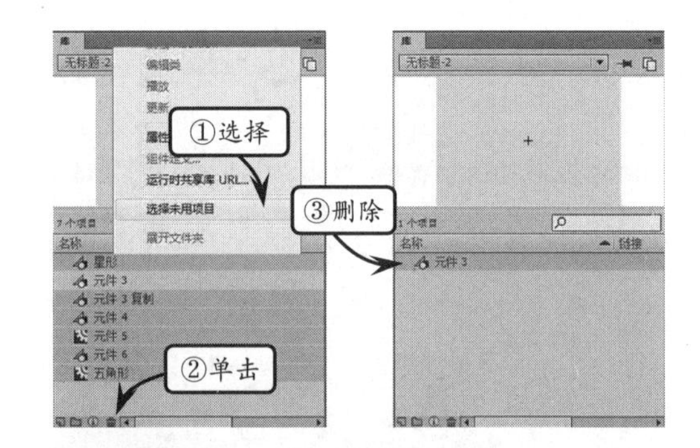

提 示

这样的操作，可能要重复几次，因为有的元件内还包含大量其他子元件，第一次显示的往往是母元件，母元件删除后，其他未用的子元件才会暴露出来。另外，该命令有时对一些多余的位图元件起不了作用，只好手工清除。

5.7 课堂练习：制作爱的按钮

按钮在网站上的应用越来越多，较为流行的是使用 Flash 来制作完成。使用 Flash 来制作按钮，不仅在变化上更加随心所欲，而且可以为网站起到画龙点睛的作用。

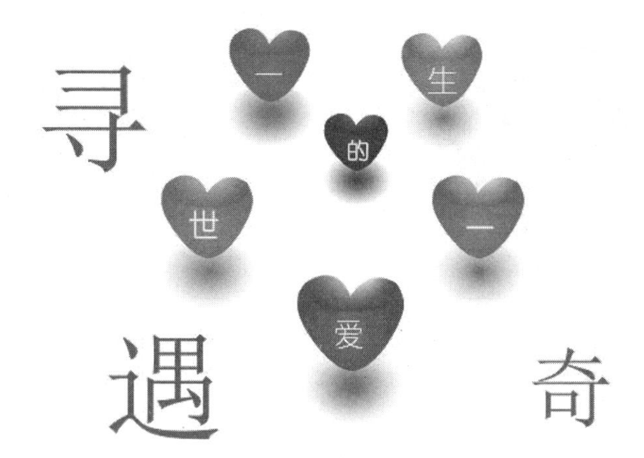

操作步骤：

1 新建空白文档，使用【椭圆工具】，分别设置【填充颜色】和【笔触颜色】控件参数，在舞台中绘制图形。然后选择【渐变变形工具】，单击图形，并拖动各个控制点，调整渐变的范围。

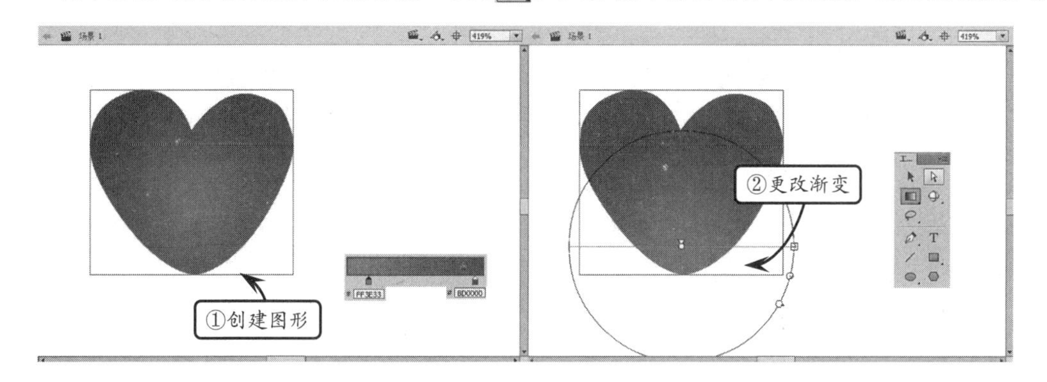

2 使用【椭圆工具】，分别设置【填充颜色】和【笔触颜色】控件参数，在舞台中绘制一个椭圆，作为按钮的高光。然后选择【椭圆工具】，再次设置【填充颜色】和【笔触颜色】控件参数，在按钮底部绘制椭圆作为按钮的投影。

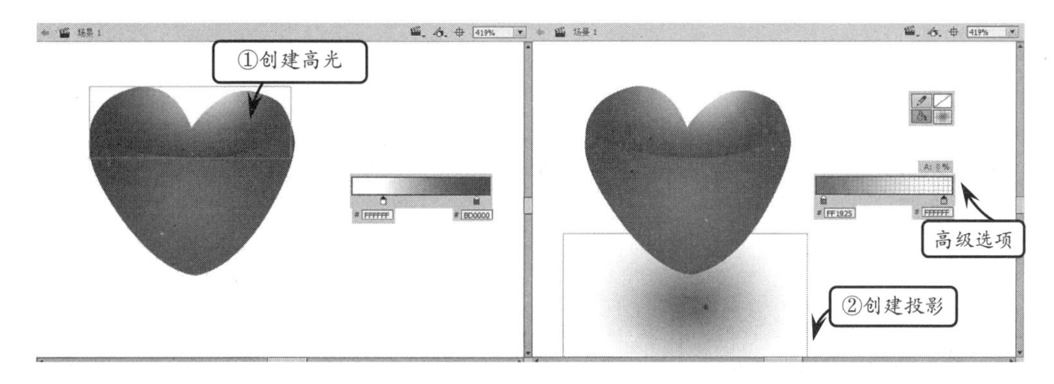

3 使用【选择工具】框选三个图形，右击图形，从弹出的菜单中选择【转换为元件】命令，在弹出对话框的【名称】文本框内输入“按钮”，在【类型】下拉菜单中选择【按钮】类型，其他采用默认选项，单击【确定】按钮即可。

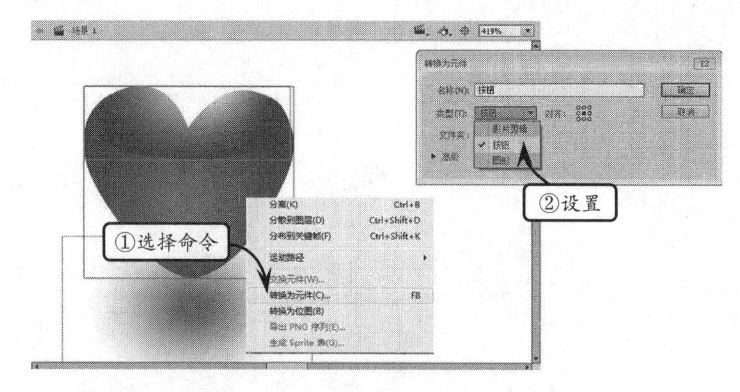

4 转换为元件后，打开【库】面板，发现该面板中存在一个名称为“按钮”的按钮元件。双击该元件进入该元件的编辑状态，此时打开【时间轴】面板，可以看到三个图形自动位于【图层 1】的【弹起】帧下。

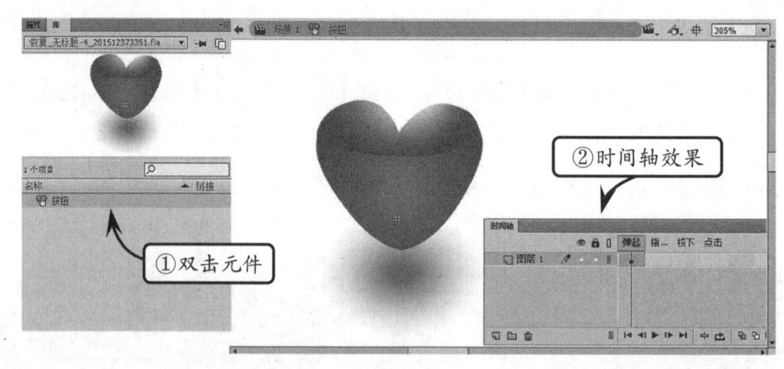

5 选择【指针经过】帧右击，在弹出的菜单中选择【插入关键帧】命令。然后同时选择三个图形，使用【任意变形工具】，将其同比例缩小一些。

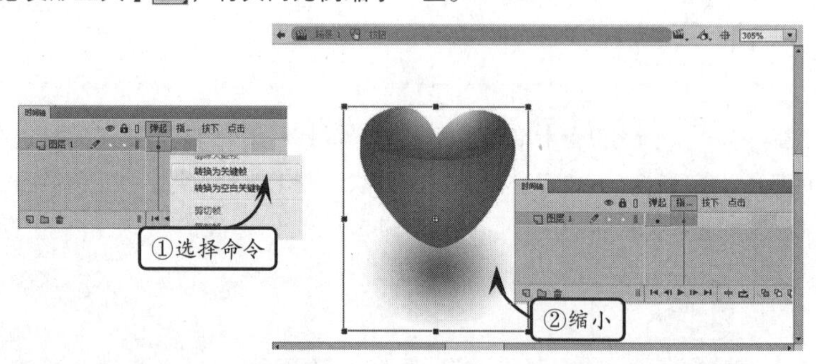

6 选择【按下】帧右击，在弹出的菜单中选择【插入空白关键帧】命令。然后选择【弹起】帧，复制该帧内的图形，再次选择【按下】帧，按 Ctrl+Shift+V 快捷键将其进行原位粘贴。接着右击【点击】帧，在弹出的菜单中选择【插入帧】命令，完成按钮的制作。

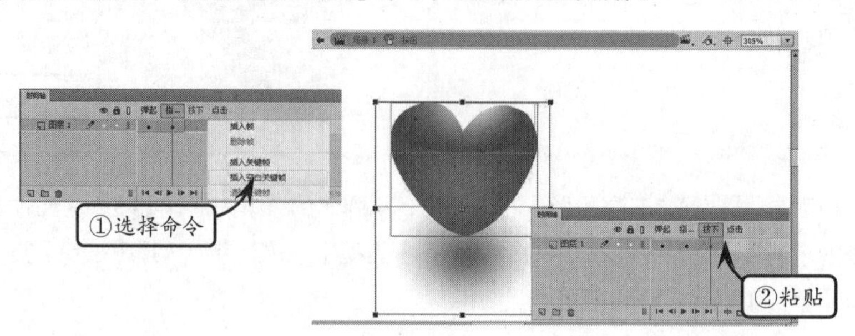

7 返回到场景中，将【库】面板中制作好的按钮元件拖入舞台，使用【任意变形工具】，将其同比例缩小一些。然后打开【属性】面板，在该面板中选择【色彩效果】选项，在【样式】下拉菜单中选择【色调】选项，然后更改其参数值，使其变为橙色。

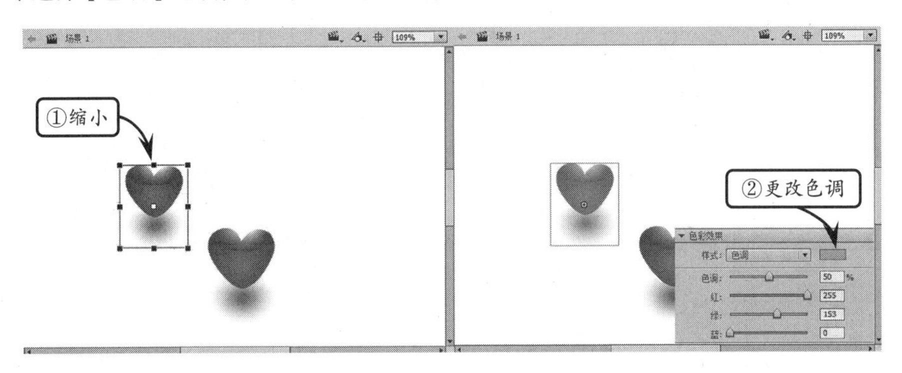

8 运用上述同样方法，继续为画面添加按钮，并为它们更改不同的色调。最后使用【文本工具】为按钮添加文字，使文字和按钮居中对齐。

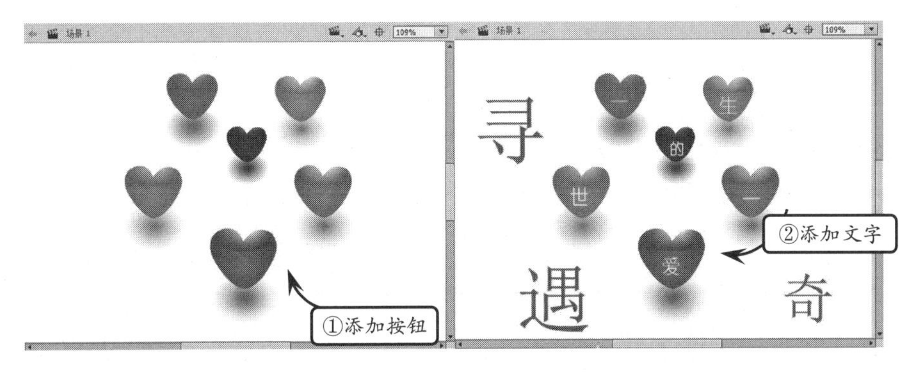

5.8 课堂练习：制作日出特效

在设计日出特效时，可以使用 Flash 自带的各种滤镜为绘制的太阳添加效果。例如，添加模糊、发光等特效，模拟日出时太阳发射的各种光线。除此之外，还可以为远处的各种对象添加模糊滤镜，使其看起来有一种朦胧的效果。

操作步骤：

1 新建文档，将【库】中元件拖入舞台中，作为“天空”背景图像。

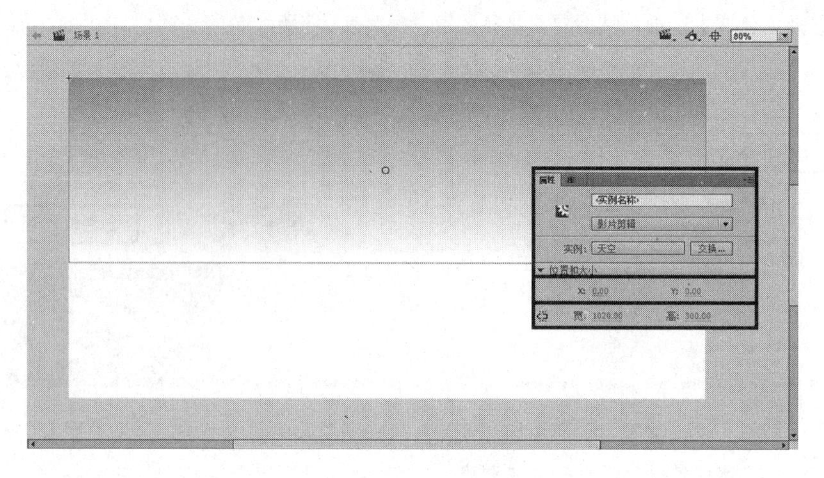

2 选择【海洋】元件，将【库】中的【海洋】元件拖入舞台中。

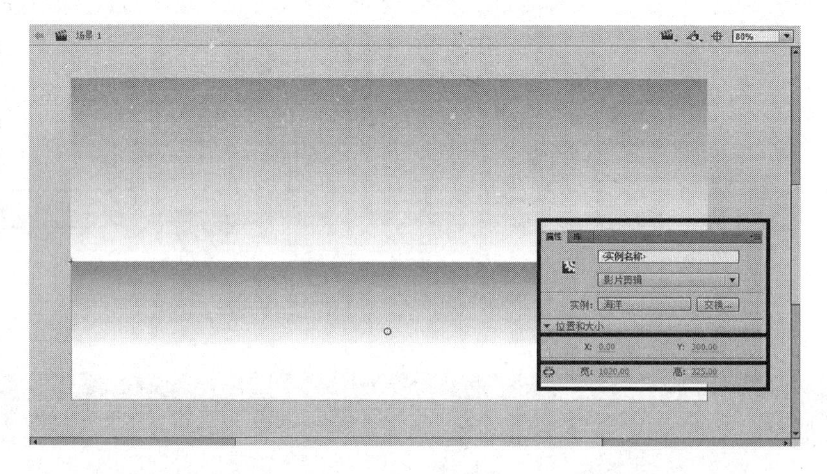

3 用同样的方式再为天空添加【云层】，将【库】中的【云朵】元件拖入舞台中。

4 选择【云层】元件，在【属性】面板中设置【色彩效果】中的 Alpha 值。

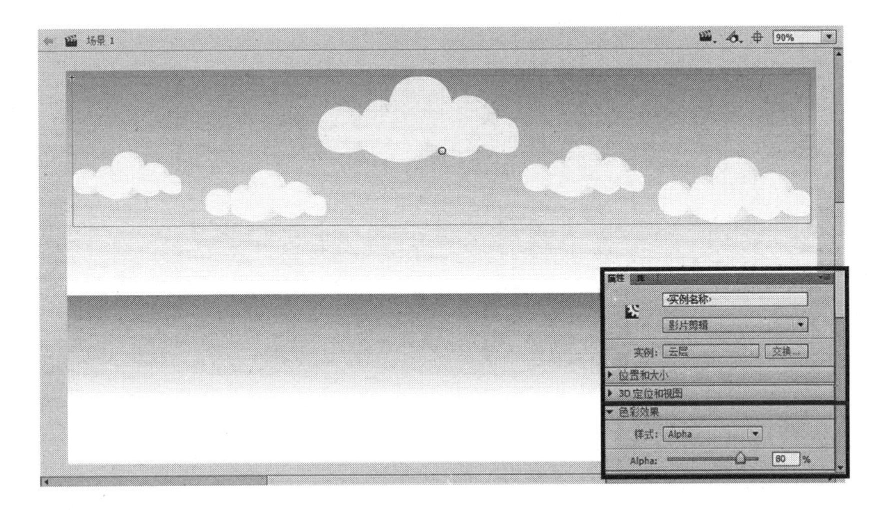

5 选择【海鸥】元件，将【库】中的【海鸥】元件拖入舞台中。

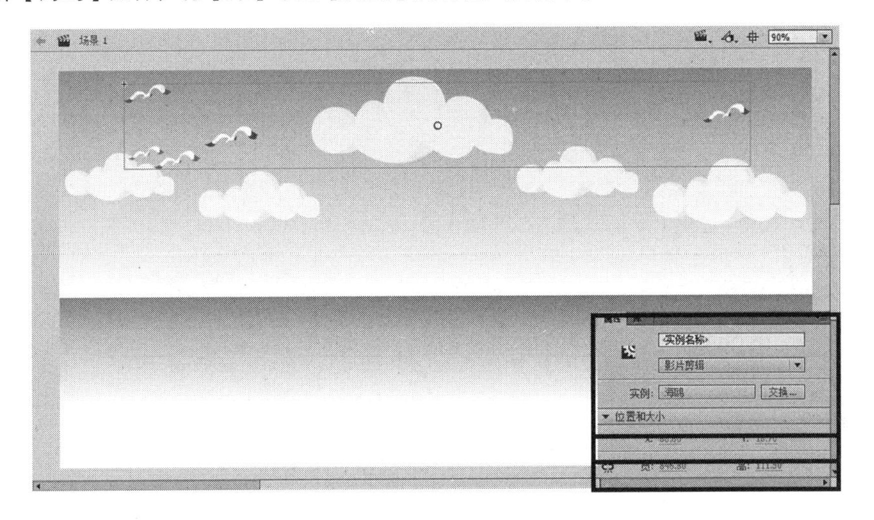

6 选择【库】中的【海滩 2】元件拖入舞台中。

7 选择【库】中的【海滩 1】元件拖入舞台中。

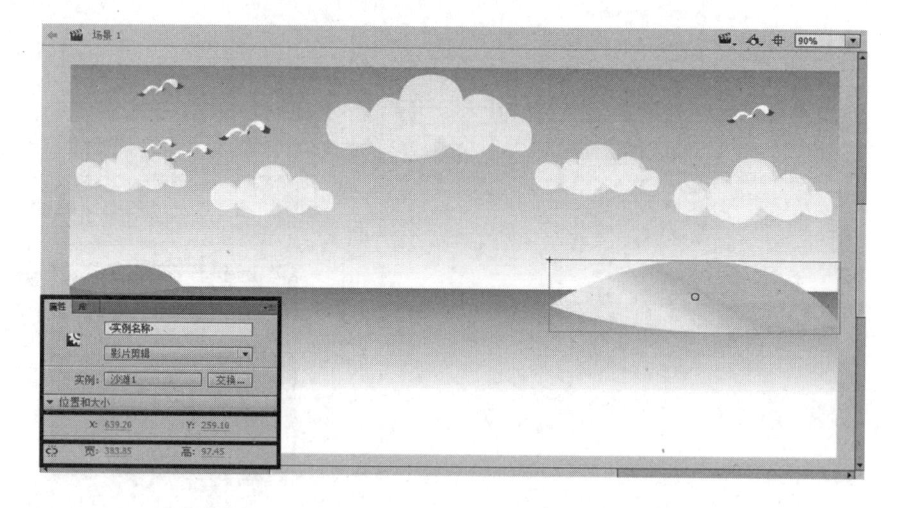

8 选择【库】中的【波纹】元件拖入舞台中，放在“海滩 1”所在位置。

9 选择【库】中的【椰树】元件拖入舞台中，放在“海滩 1”所在位置下方。

10 选择【库】中的【椰树 1】元件拖入舞台中，放在“海滩 1”所在位置上方。

11 选择【库】中的【太阳】元件拖入舞台中，放在“云层”所在位置下方。

12 为【太阳】元件添加发光滤镜，并设置其参数。

13 再次为【太阳】元件添加新的发光滤镜，设置其参数。

14 为【太阳】元件添加模糊滤镜，设置其参数，即可完成日出特效的制作。

思考与练习

一、填空题

1．Flash 中的元件包括__________、__________和__________。

2．Flash 提供了三种编辑元件的方式，即__________、__________和__________。

二、选择题

1．在__________中的内容是一个图形，该图形决定着当鼠标指向按钮时的有效范围。

A．弹起　　B．指针经过

C．按下　　D．点击

2．在色彩效果中的【样式】下拉列表框中，不包括的选项是__________。

A．Alpha　　B．色调

C．滤镜　　D．高级

三、简答题

1．简述 Flash 中各类元件的功能分别是什么。

2．Flash 提供的退出当前位置编辑模式的方式是哪三种？

四、上机练习

1．制作特效字

本练习首先使用【文本按钮工具】在舞台中输入“Bright”文本，在元件编辑模式下，右击文本执行【分离】命令，设置文本的填充色和笔触颜色。然后右击文本执行【转换为元件】命令，并在属性检查器中为该文本元件添加滤镜中的发光效果。

2. 制作按钮

本练习首先要新建按钮元件，分别为按钮的4 种状态插入关键帧。最后，在按钮【弹起】帧插入图像 button.png，【指针经过】和【按下】帧插入图像 button.png。

第 6 章

创建 Flash 动画

Flash 动画是通过更改连续帧中的内容创建的。将帧所包含的内容进行移动、缩放、旋转、更改颜色和形状等操作，即可制作出丰富多彩的动画效果。它显示在时间轴中，不同的帧对应不同的时刻，画面随着时间的推移逐个出现，就形成了动画。而补间动画只需确定动画起点帧和终点帧的画面，而中间部分的渐变画面由 Flash 自动生成。

本章将详细介绍创建和编辑逐帧动画、补间动画、动画预设的方法，以及对补间动画类型进行介绍。

6.1 使用帧

帧是形成动画的基本时间单位。动画的制作实际上就是改变连续帧的内容过程，因此，制作动画需要不同类型的帧来共同完成。在逐帧动画中，需要在每一帧上创建一个不同的画面，连续的帧组合成连续变化的画面。

6.1.1 动画原理概述

动画是利用人的“视觉暂留”特性，连续播放一系列画面，给视觉造成连续变化的图画。它的基本原理与电影、电视一样，都是视觉原理。由于人类具有“视觉暂留”的特性，也就是说人的眼睛看到一幅画或一个物体后，在 1/24s 内不会消失。利用这一原理，在一幅画还没有消失前播放出下一幅画，就会给人带来一种流畅的视觉变化效果。

传统动画片是通过画笔画出一张张图像，并将具有细微变化的连续图像，经过摄影机或者摄像机进行拍摄，然后以每秒钟 24 格的速度连续播放。此时，设计者所画的静止的画面就在银幕上或荧屏里活动起来，这就是传统动画。

计算机动画是采用连续播放静止图像的方法产生景物运动的效果，即使用计算机产生图形、图像运动的技术。计算机动画的原理与传统动画基本相同，只是在传统动画的基础上将计算机技术用于动画的处理和应用，并可以达到传统动画无法实现的效果。由于采用数字处理方式，动画的运动效果、画面色调、纹理、光影效果等可以不断改变，输出方式也多种多样。

Flash 是一种交互式动画设计工具，用它可以将音乐、声效、动画以及富有新意的界面融合在一起，以制作出高品质的动画效果。

6.1.2 动画帧的类型

帧是制作动画的核心，它控制着动画的时间及各种动作的发生。动画中帧的数量和播放速度决定了动画的长度。

在 Flash 中，通常需要不同的帧来共同完成动画制作。通过时间轴可以很清晰地判断出帧的类型。其中，最常用的帧类型有以下几种。

1. 关键帧

在制作动画过程中，在某一时刻需要定义对象的某种新状态，这个时刻所对应的帧称为关键帧。关键帧是变化的关键点，如补间动画的起点和终点以及逐帧动画的每一帧，都是关键帧。

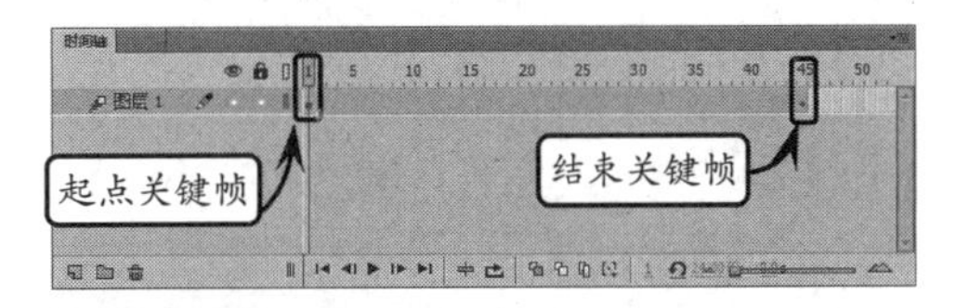

注 意

关键帧数目越多，文件体积就越大。所以，同样内容的动画，逐帧动画的体积比补间动画大得多。

关键帧是特殊的帧。实心圆点表示有内容的关键帧，即实关键帧；空心圆点表示无内容的关键帧，即空白关键帧。

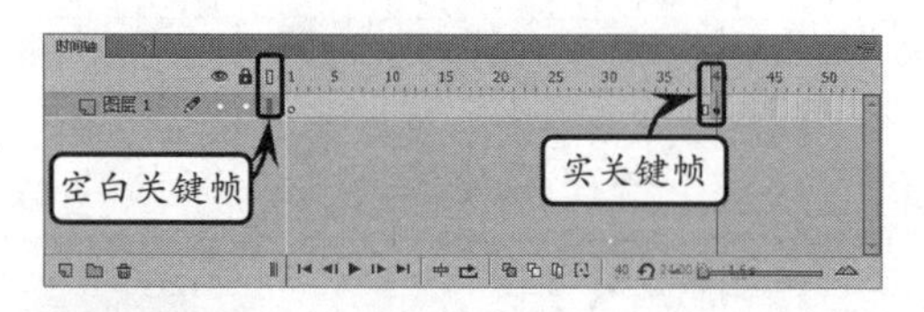

提 示

每层的第一帧被默认为空白关键帧，可以在上面创建内容。一旦创建了内容，空白关键帧即变成实关键帧。

插入关键帧的位置是否显示为实心圆点，需要遵循以下约定。

（1）如果插入关键帧的位置左边最近的帧是空白关键帧，插入的实关键帧同样显示为空心圆点。

（2）如果插入关键帧的位置左边最近的帧是以实心圆点显示的实关键帧，则插入的关键帧以实心圆点显示，插入的空白关键帧显示为空心圆点。

（3）以上两个操作均在插入的帧和其左边最近的帧之间插入了普通帧，如果在这些普通帧对应的舞台上添加了对象，则左边最近的空白关键帧转换为实关键帧。

右击时间轴中任意一帧，在弹出的菜单中执行【插入关键帧】命令，即可在所选择的位置插入一个实关键帧。

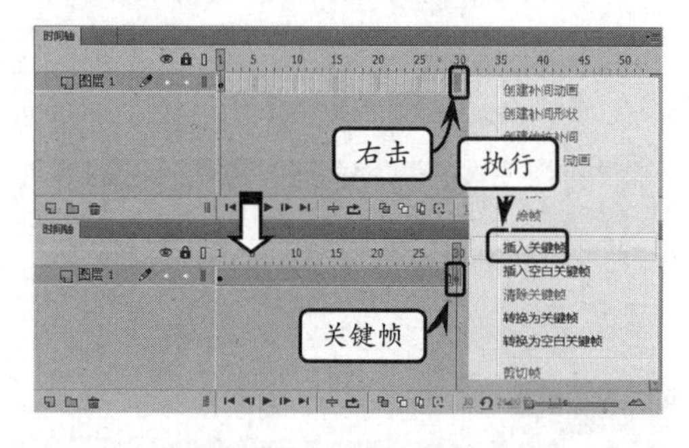

右击时间轴中任意一帧，在弹出的菜单中执行【插入空白关键帧】命令，即可在所选择的位置插入一个空白关键帧。

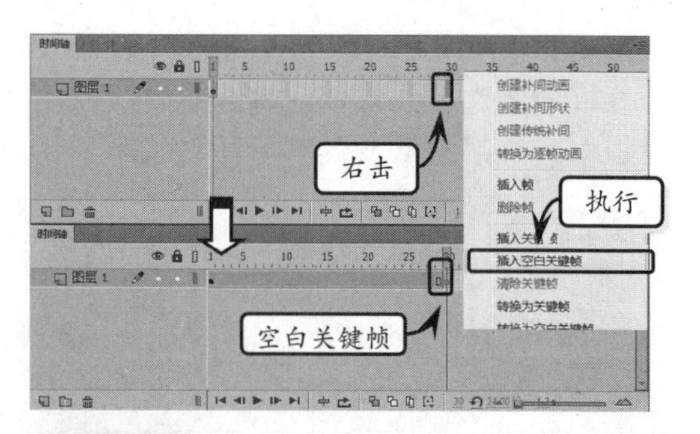

技 巧

选择任意一帧，执行【插入】|【时间轴】|【关键帧】或【空白关键帧】命令，也可在所选择的位置插入关键帧或空白关键帧。

2. 普通帧

普通帧也称为静态帧，在时间轴中显示为一个矩形单元格。无内容的普通帧显示为空白单元格，有内容的普通帧则会显示出一定的颜色。例如，实关键帧后面的普通帧显示为灰色。

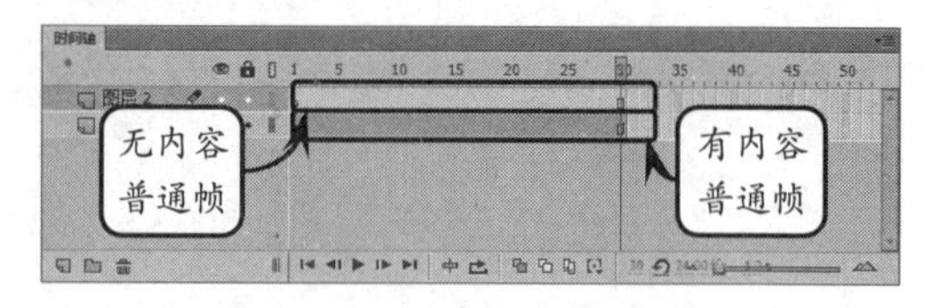

在实关键帧后面插入普通帧，则所有的普通帧将继承该关键帧中的内容。也就是说，后面的普通帧与关键帧中的内容相同。

3. 过渡帧

过渡帧实际上也是普通帧，它包括许多帧，但其中至少要有两个帧：起始关键帧和结束关键帧。起始关键帧用于决定对象在起始点的外观，而结束关键帧用于决定对象在结束点的外观。

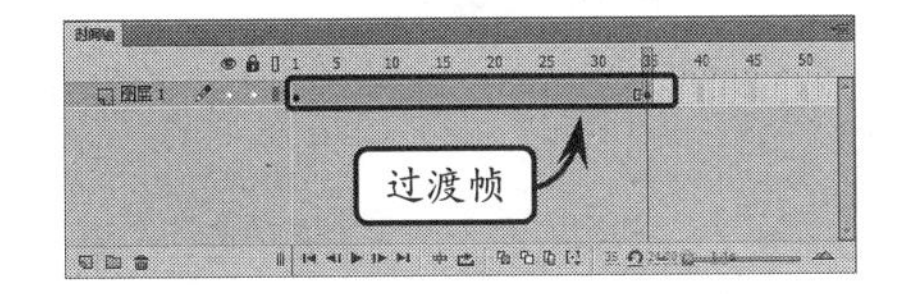

在 Flash 中，利用过渡帧可以制作两类过渡动画，即运动过渡和形状过渡。不同颜色代表不同类型的动画，此外，还有一些箭头、符号和文字等信息，用于识别各种帧的类别。

帧　外　观	说　明
	补间动画通过黑色圆点指示起始关键帧和结束关键帧；中间的过渡帧具有浅蓝色的背景
	传统补间用黑色圆点指示起始关键帧和结束关键帧；中间的过渡帧有一个浅蓝色背景的黑色箭头
	补间形状用黑色圆点指示起始关键帧和结束关键帧；中间的帧有一个浅绿色背景的黑色箭头
	虚线表示补间是断开的或者是不完整的，例如丢失结束关键帧时
	单个关键帧用一个黑色圆点表示。单个关键帧后面的浅灰色帧包含无变化的相同内容，在整个范围的最后一帧还有一个空心矩形
	出现一个小 a 表明此帧已使用【动作】面板分配了一个帧动作

6.1.3　编辑帧

帧的操作是制作 Flash 动画时使用频率最高、最基本的操作，主要包括插入、删除、复制、移动、翻转帧、改变动画的长度以及清除关键帧等。

1．在时间轴中插入帧

在时间轴中，插入帧的方法非常简单。选择时间轴中任意一帧，执行【插入帧】命令，即可在当前位置插入一个新的普通帧。

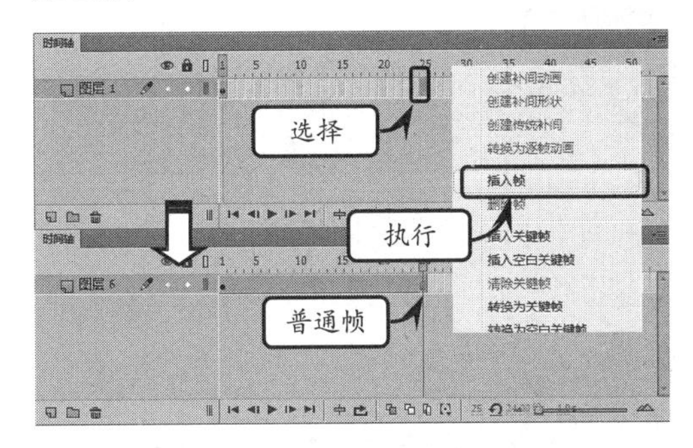

如果要插入关键帧，同样选择时间轴中任意一帧，执行【插入关键帧】命令，即可在当前位置插入一个新的关键帧。

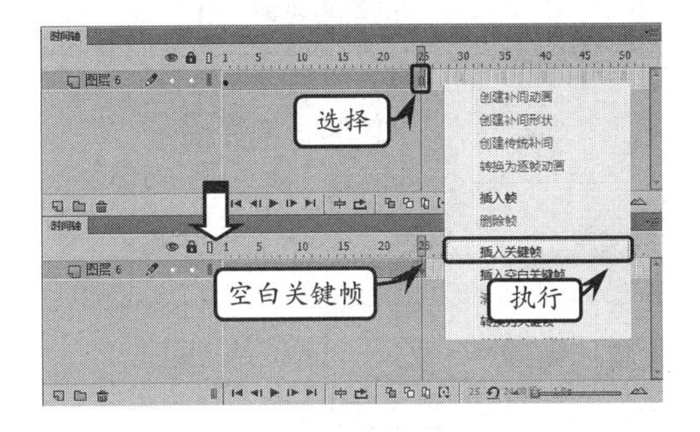

如果要插入新的空白关键帧，选择时间轴中任意一帧，执行【插入】|【时间轴】|【插入空白关键帧】命令，即可在当前位置插入一个新的空白关键帧。

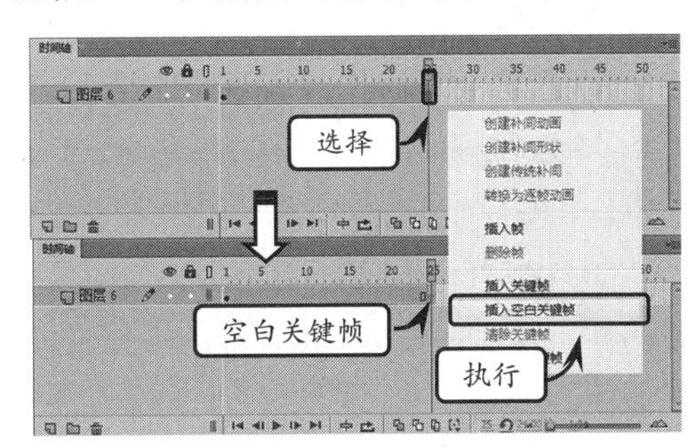

2. 在时间轴中选择帧

Flash 提供两种不同的方法在时间轴中选择帧。在基于帧的选择（默认情况）中，可以在时间轴中选择单个帧；在基于整体范围的选择中，在单击一个关键帧到下一个关键帧之间的任何帧时，整个帧序列都将被选中。

技 巧

在 Flash 首选参数中可以指定基于整体范围的选择。

如果要选择时间轴中的某一帧，只需要单击该帧即可，将会出现一个蓝色的背景。

如果想要选择某一范围中的连续帧，首先选择任意一帧（如第 6 帧）作为该范围的起始帧，然后按住 Shift 键，并选择另外一帧（如第 40 帧）作为该范围的结束帧，此时将会发现这一范围的所有帧都被选中。

如果想要选择某一范围内多个不连续的帧，可以在按住 Ctrl 键的同时，选择其他帧。

如果想要选择时间轴中的所有帧，可以执行【选择所有帧】命令。

提　示

如果时间轴中包含有多个图层，执行【编辑】|【时间轴】|【选择所有帧】命令，将会选择所有图层中的帧。

如果想要选择整个静态帧范围，则双击两个关键之间的任意一帧即可。

3. 编辑帧或帧序列

在选择时间轴中的帧之后，可以执行复制、粘贴、移动、删除等操作。

1）复制和粘贴帧

在时间轴中选择单个或多个帧，然后右击，并在弹出的菜单中执行【复制帧】命令，即可复制当前选择的所有帧。

在需要粘贴帧的位置选择一个或多个帧，然后右击，并在弹出的菜单中执行【粘贴帧】命令，即可将复制的帧粘贴或覆盖到该位置。

技　巧

选择需要复制的一个或多个连续帧，然后按住 Alt 键并拖动至目标位置，即可将其粘贴到该位置。

2）删除帧

选择时间轴中的一个或多个帧，然后右击，并在弹出的菜单中执行【删除帧】命令，即可删除当前选择的所有帧。

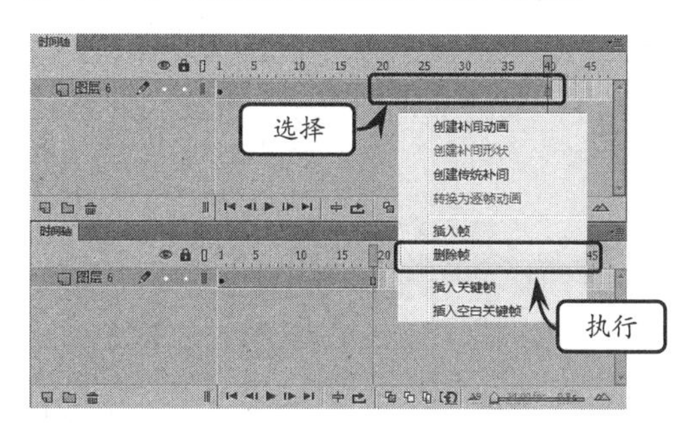

提　示

在删除所选的帧之后，其右侧的所有帧将向左移动相应的帧数。

3）移动帧

选择时间轴中一个或多个连续的帧，

将鼠标放置在所选帧的上面，当光标的右下方出现一个矩形图标时，单击鼠标并拖动至目标位置，即可移动当前所选择的所有帧。

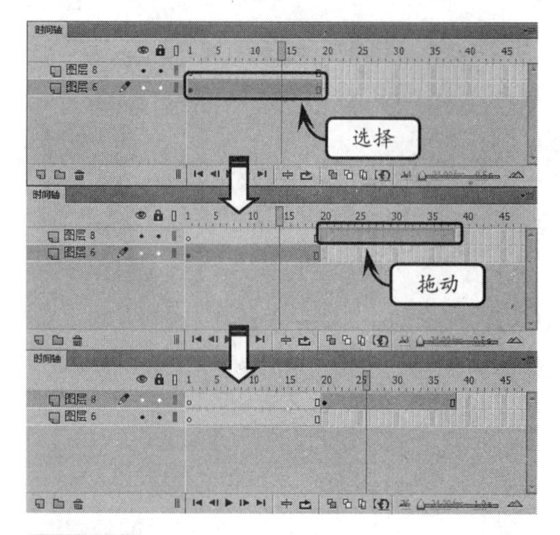

提　示

当用户将帧移动至目标位置后，则原位置将自动插入相同数量的空白帧。

4）更改帧序列的长度

将光标放置在帧序列的开始帧或结束帧处，按住 Ctrl 键使光标改变为左右箭头图标时，向左或向右拖动即可更改帧序列的长度。

例如，将光标放置在时间轴中的第 30 帧处，按住 Ctrl 键并向右拖动至第 45 帧，即可延长该帧序列的长度至 45 帧。

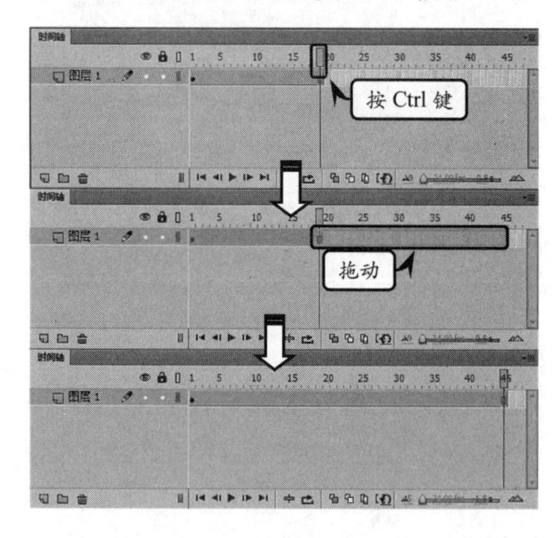

如果将光标向左拖动至第 20 帧处，即可缩短当前帧序列的长度至 20 帧。

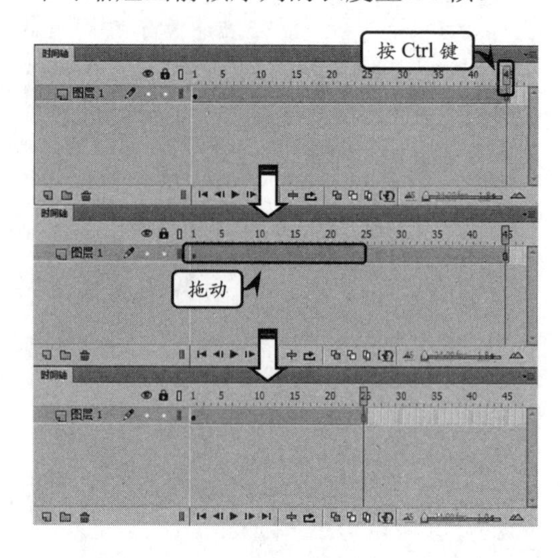

6.1.4　创建逐帧动画

用户可以通过在时间轴中更改连续帧中的内容来创建逐帧动画，还可以在舞台中创建移动、缩放、旋转、更改颜色和形状等效果。

创建逐帧动画的方法有两种：一种是通过在时间轴中更改连续帧的内容；另一种是通过导入图像序列来完成，该方法需要导入不同内容的连贯性图像。

下面将通过更改连贯帧中的内容来创建逐帧动画。新建空白文档，执行【文件】|【导入】|【导入到舞台】命令，将素材矢量图像导入到舞台中。

选择【人物】图层的第 2 帧，执行【插入】|【时间轴】|【关键帧】命令插入关键帧。然后修改叶子的角度和位置，使其向下飘落。

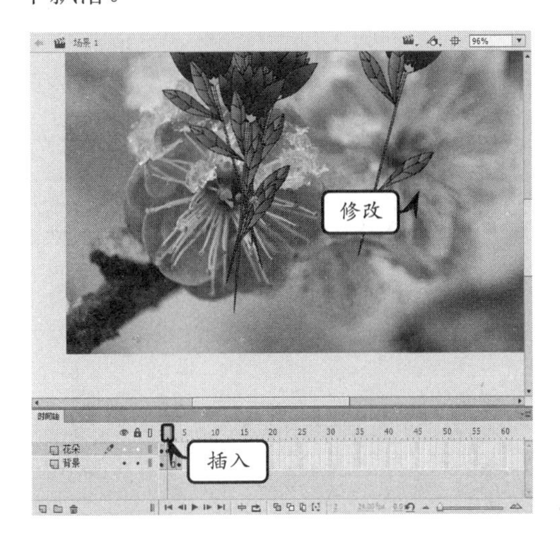

提　示

选择【背景】图层的第 2 帧，执行【执行】|【时间轴】|【帧】命令插入普通帧，使该图层中的内容延续至第 2 帧。

使用相同的方法，分别在第 3 帧和第 4 帧处插入关键帧，并修改对象的角度和位置。修改完成后，执行【控制】|【测试影片】命令即可预览动画效果。

提　示

逐帧动画在每一帧都会更改舞台中的内容，它最适合于图像在每一帧中都在变化，而不是在舞台上移动的复杂动画。

使图像效果连接在一起。然后，复制粘贴帧，将舞台中的图像一直排列到舞台左侧。

6.2　创建补间动画

在 Flash 中，除了可以制作逐帧动画外，还可以制作三种补间动画，即传统补间动画、补间形状动画和补间动画。它们帮助设计者在动画中方便快速地制作各种效果。而补间动画与逐帧动画的不同之处在于它只需要定义动画的起始和结束两个关键帧内容，这两个关键帧之间的过渡帧是由 Flash 自动创建的。

1．创建补间动画

在 Flash 中，补间动画以元件对象为核心。一切补间的动作都是基于元件的。因此，在创建补间动画前，首先应创建元件，然后，将元件放到关键帧中。

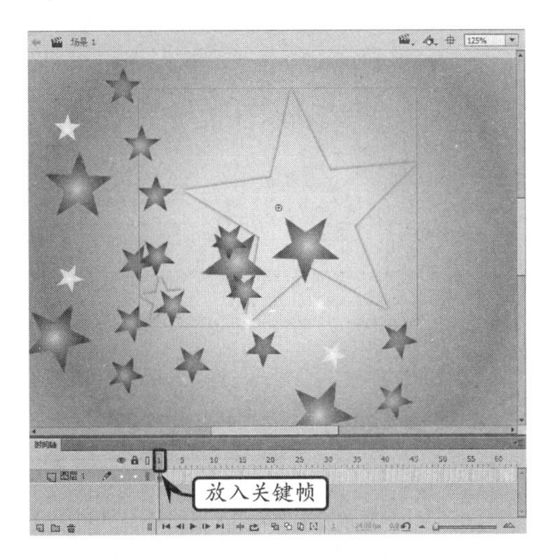

补间动画是由关键帧和补间帧组成的。因此，创建补间动画还需要为元件所在的关键帧添加多个普通帧。例如，为元

件所在的图层建立自第 20 帧到第 48 帧的普通帧。

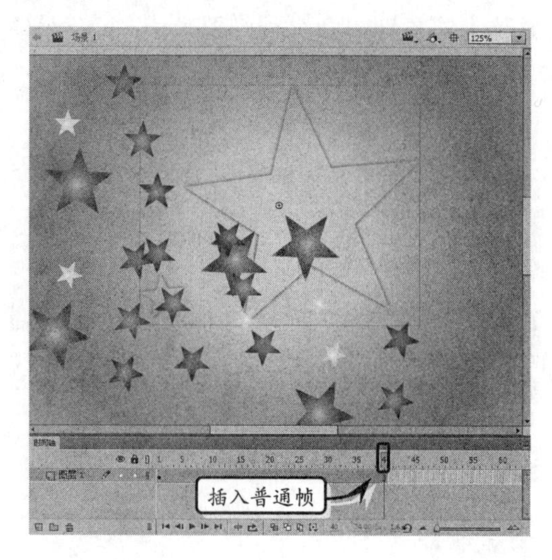

然后，即可右击图层中任意一个普通帧或首关键帧，执行【创建补间动画】命令。此时，首关键帧和关键帧后面的普通帧都将变为浅蓝色（#AFD7FF）。

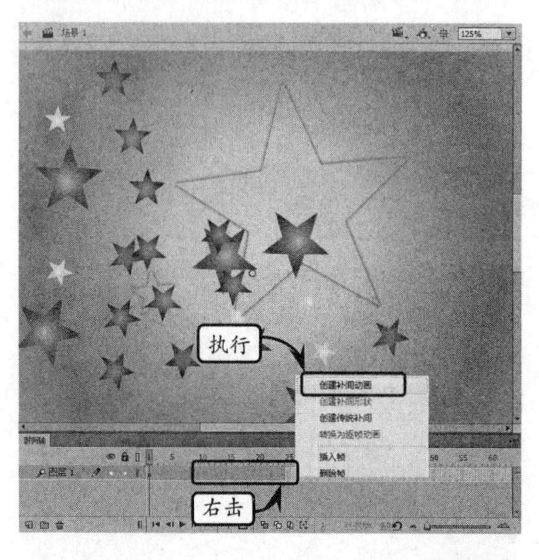

在完成创建补间动画后，即可选中图层中的最后一帧，右击执行【插入关键帧】命令，根据需要制作补间动画类型。

提　示

在 Flash 的补间动画中，允许用户插入 7 种关键帧，即【位置】、【缩放】、【倾斜】、【旋转】、【颜色】、【滤镜】和【全部】。其中，前 6 种针对 6 种补间动作类型，第 7 种则可支持所有补间类型。

提　示

与之前版本的补间动画不同，Flash 的补间动画必须先创建补间，然后才能添加第 2 个关键帧。

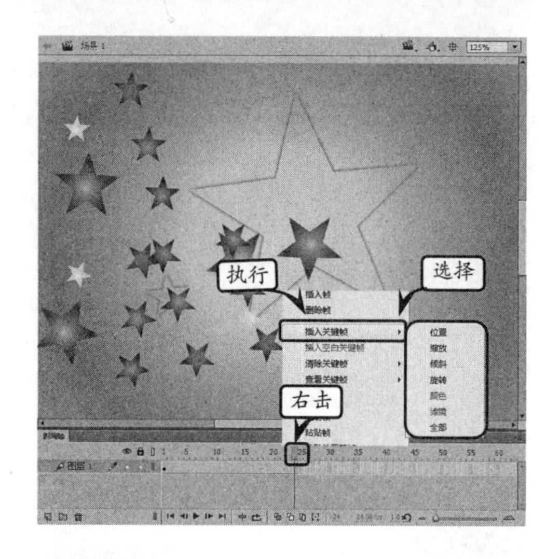

注　意

在 7 种关键帧中，【颜色】关键帧和【滤镜】关键帧只有用户为首关键帧设置相应的【颜色】属性或【滤镜】属性后才可使用。

2. 编辑补间动画

在创建补间动画后，还需要为补间动画添加补间动作，以使补间动画真正“动”起来。编辑 6 种补间动画的方式大致相同，都需要先设置首关键帧的属性，然后设置尾关键帧的属性。

例如，制作一个长 50 帧的补间动画，控制一艘帆船自近处行驶到远方，首先需要导入影片的背景和帆船，并将帆船转换为元件，创建补间动画。为帆船所在的图层首关键帧设置【色彩效果】|【样式】|Alpha，设置 Alpha 的值为 0。

然后，选中帆船元件所在的图层最后一帧，右击，执行【插入关键帧】|【缩放】和【插入关键帧】|【颜色】等两条命令，分别创建关于缩放和颜色的关键帧。

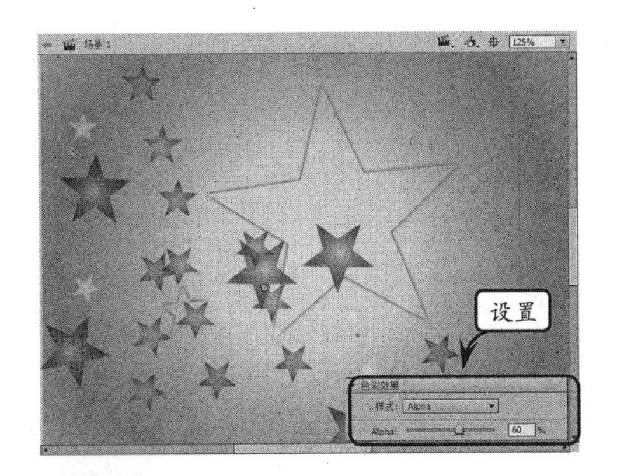

提　示

Flash 允许用户为一个关键帧创建多个补间动作。如果需要为关键帧应用所有6种补间动作，则可以创建关于【全部】的关键帧。

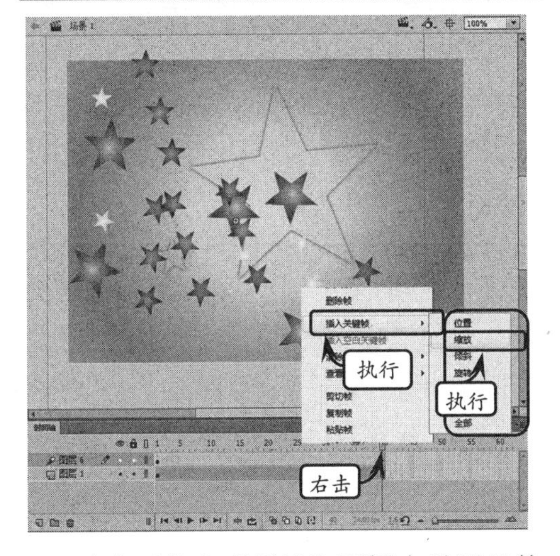

选中元件在【属性】面板中设置元件的【色彩效果】|【样式】|Alpha 值为 50%，完成补间动画的编辑。

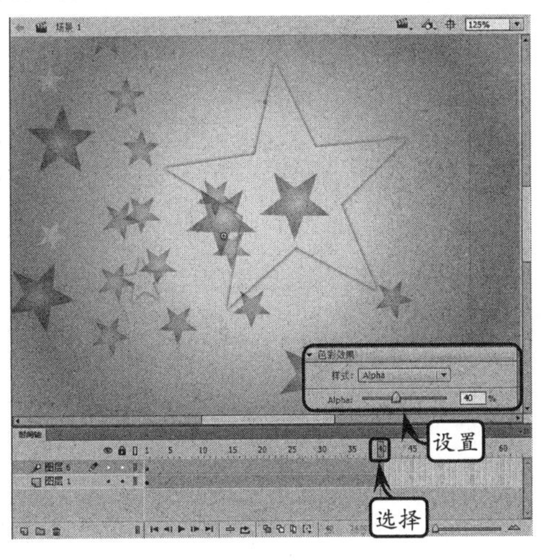

3. 可视化编辑位置补间动作

在 Flash 中，提供了位置补间动画的运动轨迹线，允许用户使用鼠标调节补间元件的运动轨迹，轻松地制作弧线运动轨迹的动画。

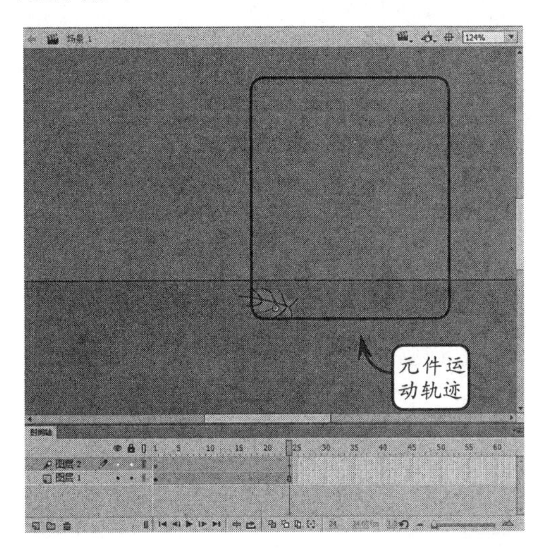

在可视化编辑位置补间动作时，首先应创建关键帧，并为关键帧中的补间元件创建补间动画，并为元件的尾关键帧设置好位移。此时，场景中将显示一条元件的运动轨迹线，其中，圆点代表元件的补间帧。

单击【选择工具】，将鼠标悬停到元件的运动轨迹上方，待鼠标光标转变，然后即可拖曳元件的运动轨迹，使元件按照弧线运动。

用户也可以在【时间轴】面板中为元件多创建几个关键帧，然后就可以为元件运动轨迹线添加一些端点。使用鼠标拖曳这些端点，可以使元件以更复杂的轨迹进行运动。

除此之外，用户还可以在【工具】面板中选择【转换锚点】工具，随意单击运动轨迹上的点，然后即可选择【选择工具】，拖曳运动轨迹上的锚点，使元件按照折线轨迹进行运动。

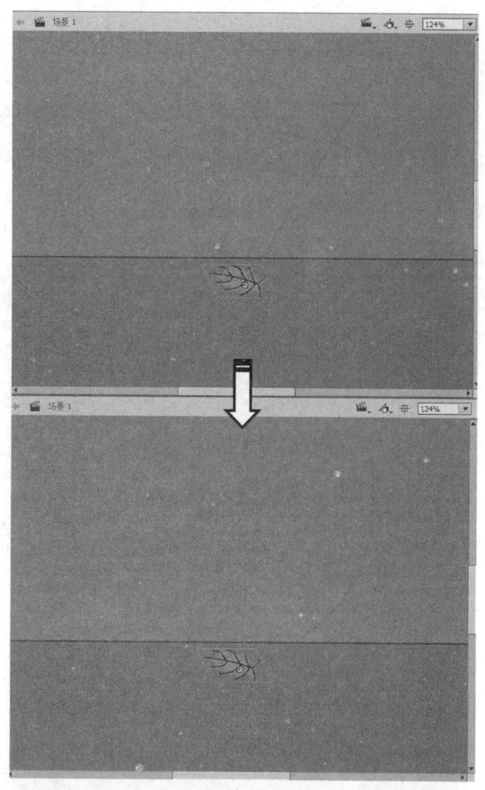

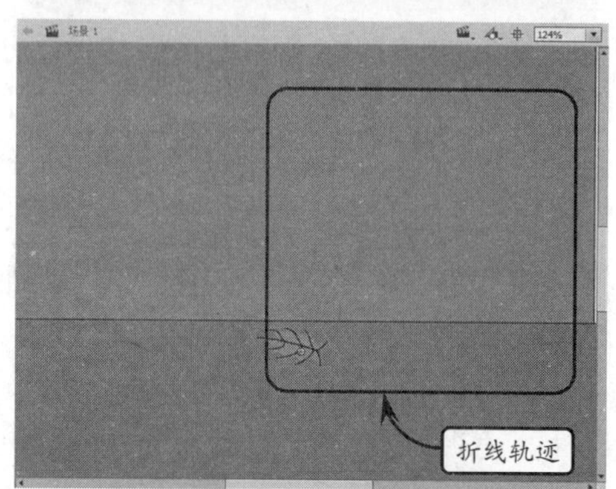

6.2.1 补间动画概述

补间动画是计算机动画领域的一个术语，是计算机根据两个关键帧而自动制作的动画。补间动画是计算机动画技术的一项突破性进展，其简化了动画制作的过程，降低了动画制作的难度。

1. 补间动画的组成

Flash 是目前应用最广泛的二维补间动画制作工具，使用 Flash 制作的完整补间动画往往包括以下三个部分。

1）首关键帧

首关键帧是补间动画播放前显示的帧，是补间动画的起始帧，是动作的开始。

2）补间帧

补间帧是计算机根据补间动作绘制的从首关键帧变化到尾关键帧整个过程的中间画。补间帧越多，则表示描述补间动作的过程越精细。

3）尾关键帧

尾关键帧是补间动画播放结束后显示的帧，是补间动画的结束帧，是动作的末尾。

2. 补间动作的分类

补间动作是补间动画的灵魂。用户只有在设置补间动作后，计算机才能根据用户定义的动作创建补间。Flash 支持如下几种补间动作。

1）位置补间

位置补间是指描述动画元件的位置变化状况的补间动作，是最常见的补间动作之一。

2）缩放补间

缩放补间是指描述元件的水平缩放比率或垂直缩放比率的动作。在缩放补间动作进行时，既可将水平与垂直缩放等比例进行，也可分别缩放不同的比率。

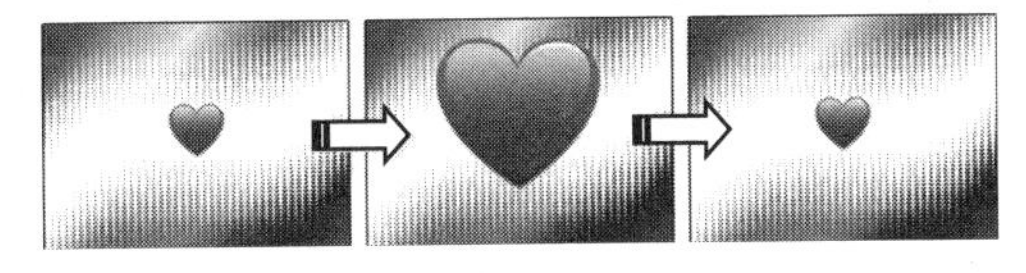

3）倾斜补间

倾斜补间是指描述元件根据指定角的方向拉伸或缩进，模拟元件 3D 旋转效果的动作。

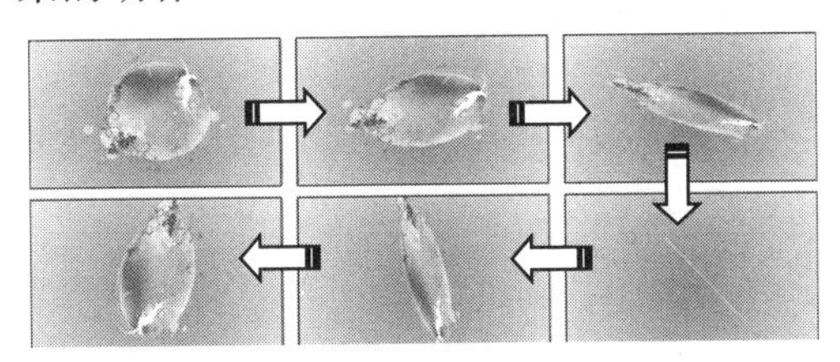

倾斜补间的倾斜动作包括水平角度倾斜和垂直角度倾斜等，可以模拟两种不同的 3D 旋转的方向。

4）旋转补间

旋转补间是指描述元件根据指定的中心点进行旋转的动作。旋转补间也是比较常见的补间方式。

5）颜色补间

颜色补间是指描述元件在影片中发生的明度、色度、亮度以及透明度等发生的改变动作。

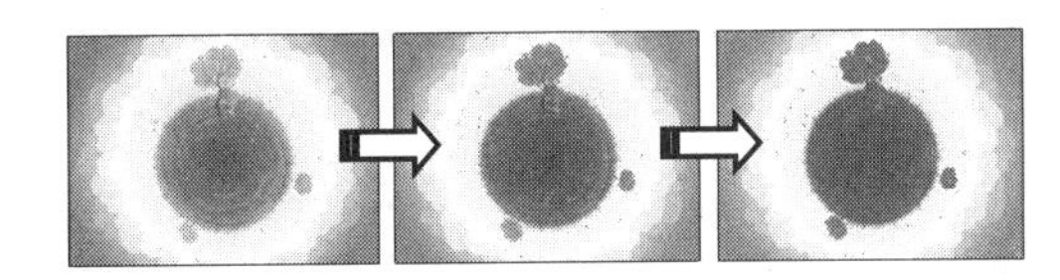

6）滤镜补间

在之前的章节中，已介绍过 Flash CS4 滤镜的使用方法。滤镜补间是记录元件中应用的滤镜的属性改变行为。

6.2.2 创建传统补间动画

Flash 将之前各版本 Flash 软件创建的补间动画称作传统补间动画，即非面向对象运动的补间动画。创建传统补间动画，使用的仍然是基于之前版本 Flash 的补间动画创建方式，传统补间动画并非基于某一个元件，而是基于某个层中的所有内容。

1. 创建传统补间动画

传统补间动画支持设置图层中元件的各种属性，包括颜色、大小、位置和角度等，同样也可以为这些属性建立一个变化的关系。创建传统补间动画的方式与创建补间动画有一定的区别。

首先，用户需要先创建图层，并在图层上绘制或导入元件。然后，即可为图层添加普通帧（用于补间）和尾关键帧。

选中用于任意一个用于补间的普通帧，右击，执行【创建传统补间】命令，即可为两个关键帧之间的各普通帧创建传统补间，此时，首关键帧和补间帧均会转换为紫色。

2. 设置传统补间旋转动作

在 Flash 中，允许用户在【属性】面板中，为传统补间动画设置旋转以及缓动等动作。

1）设置缓动

为传统补间动画设置缓动有两种方法。选中补间帧，然后用户可以直接在【属性】|【补间】|【缓动】右侧单击蓝色横线，输入缓动的幅度数字。Flash 将自动把缓动应用于元件中。

提 示

为影片设置缓动，可以使元件的旋转动作更加逼真，更加真实化。

除了输入元件缓动的幅度值以外，Flash 还允许用户通过可视化的界面设置缓动。例如，选中任意补间帧，在【属性】面板中单击【补间】|【编辑缓动】按钮。

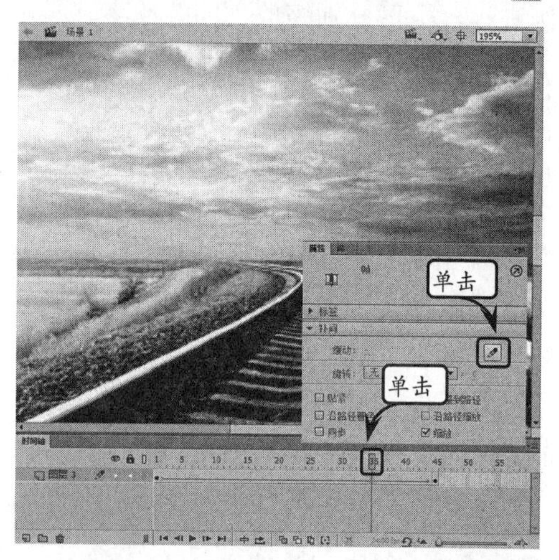

然后，在弹出的【自定义缓入/缓出】对话框中，用鼠标按住缓动的矢量速度端点，对其进行拖曳，以实现基于缓动的旋转动画。在完成缓动设置后，即可单击【确定】按钮。

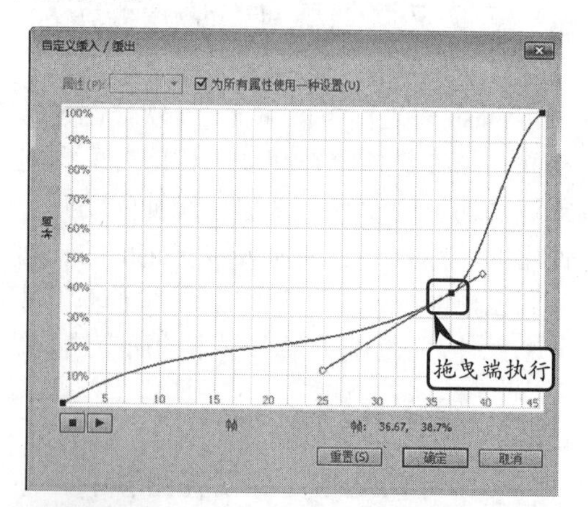

提 示

在【自定义缓入/缓出】对话框中，包含一个坐标系，其中，纵坐标是各补间帧中变化的大小，而横坐标则是帧的编号。如果不需要缓动，也可以不设置该选项。

2）设置旋转方向

Flash 允许用户自定义元件旋转的方向，包括自动设置、顺时针和逆时针等三种。在【时间轴】面板中选择任意一个补间帧，然后，即可在【属性】|【补间】|【选中】的下拉列表菜单中修改【无】为自定义的旋转方向，以及右侧的旋转次数。

3）其他旋转设置

除了缓动和旋转方向外，Flash 还在【属性】面板中提供了其他一些旋转的选项。选中任意补间帧，即可进行其他旋转设置。

设 置 项 目	作　用
贴紧	设置元件的位置贴紧到辅助线上
同步	设置元件的各补间帧同步移动
调整到路径	设置元件按照指定的路径旋转
缩放	设置元件在旋转时自动缩放

6.2.3　创建补间形状动画

补间形状动画也是在之前版本就已提供的补间动画类型。在补间形状动画中，以两个关键帧中的笔触和填充为运动的基本单位，所有变化都围绕着这两个帧中的笔触和填充展开。

1. 创建补间形状

Flash 可以方便地将任何打散的图形制作为补间形状动画。在 Flash 文档中新建图层，然后在图层上绘制三个关键帧的元件。

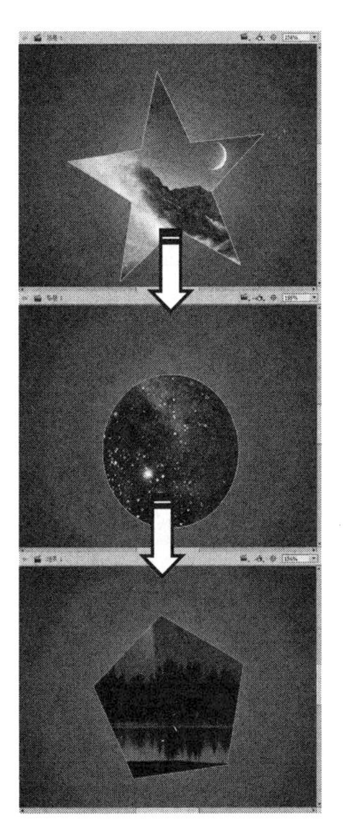

然后，即可分别在三个关键帧之间插入 6 个普通帧，将三个关键帧之间的距离拉开。

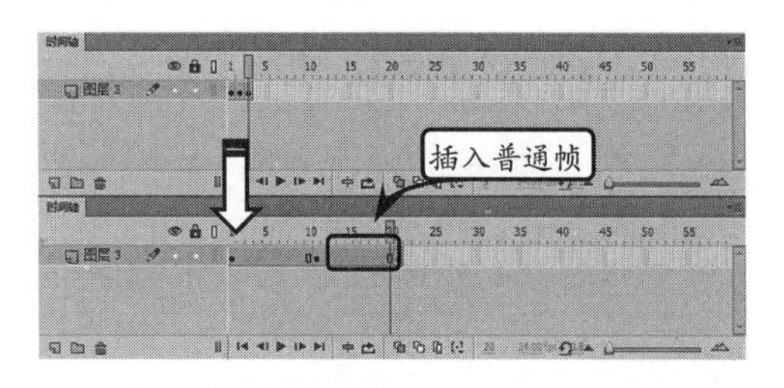

在第一个和第二个关键帧中选择任意一个普通帧，右击执行【创建补间形状】命令，即可将普通帧转换为补间形状帧。

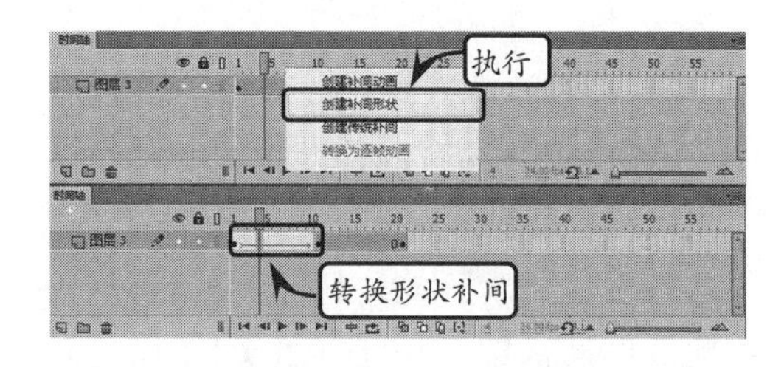

用同样的方式，即可为后面两个关键帧之间的普通帧创建补间形状。在创建补间形状后，即可浏览补间形状动画。

2. 设置补间形状属性

Flash 不仅允许用户制作补间形状动画，还支持设置补间形状的“缓动”和“混合”等属性。

补间形状的缓动与传统补间动画的缓动类似，都是通过改变动画补间的变化速度，制作出特殊的视觉效果。

在 Flash 中选中补间形状所在的帧，然后，即可在【属性】面板中的【缓动】内容右侧数字上双击，修改缓动的级别。

【混合】的作用是设置变形的过渡模式。在 Flash 中选中补间形状所在的帧，即可在【属性】面板中对其进行设置。

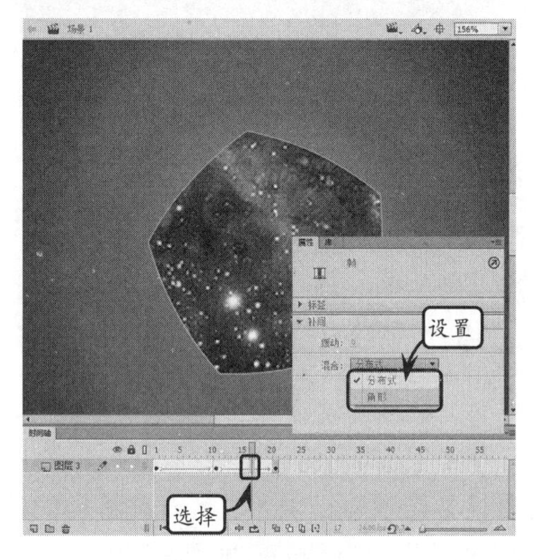

在补间形状的两种过渡模式中，【分布式】选项可使补间帧的形状过渡更加光滑；【角形】选项可使补间帧的形状保持棱角，适用于有尖锐棱角的图形变换。

6.2.4 创建传统运动引导层补间动画

传统运动引导动画是传统补间动画的一种延伸。在传统运动引导动画中，用户可以辅助线作为运动路径，设置让某个对象沿该路径运动。

要创建传统运动引导动画，首先需要创建两个图层。一个是传统运动引导层，负责存放引导的辅助线，另一个则是普通图层，用于存放被引导的对象。

首先，为 Flash 影片绘制各种背景图像，同时制作浮动的气泡元件。创建传统运动引导层，将气泡元件所在的图层拖曳到引导层之下。

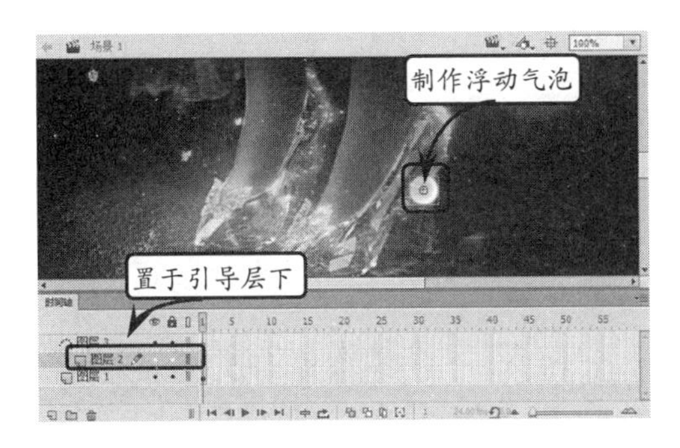

然后，分别为个图层添加若干普通帧，在引导层中绘制气泡元件的移动轨迹线。

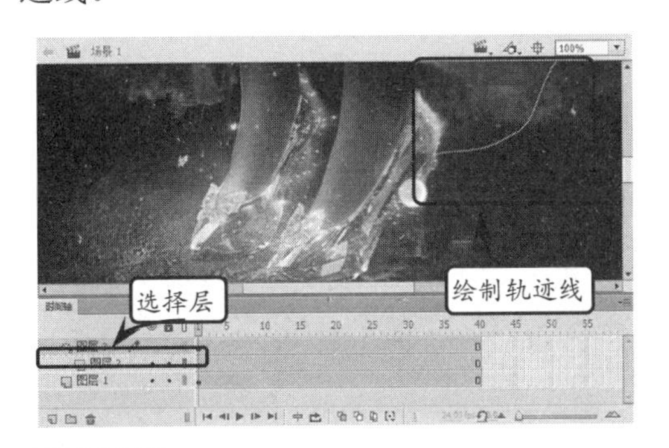

提　示

在之前的章节中，已介绍过引导层是一种特殊的图层。在发布的 Flash 影片中，引导层往往是不可见的。Flash 会自动把引导层隐藏。

将气泡所在的图层最后一帧转换为关键帧，分别将第一帧的气泡元件和最后一帧的气泡元件拖曳到运动轨迹线的两端，锁定引导层。

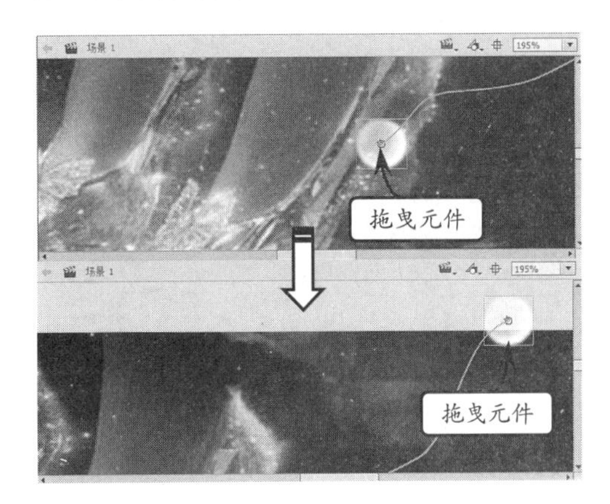

最后，选中气泡所在的图层中任意一个普通帧，执行【创建传统补间】命令，即可完成传统运动引导动画的制作。

提　示

在制作传统运动引导动画时，用户也可以在【属性】面板中为补间帧添加各种补间动作，包括缓动、旋转等。

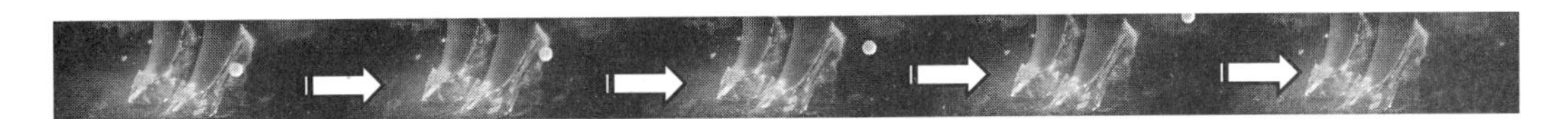

6.2.5 创建遮罩动画

遮罩动画是补间动画的一种特殊形式。在遮罩动画中，动画的各种普通层被覆盖在遮罩层下，只有被遮罩层中图像遮住的动画内容才能在影片中显示。

1. 制作普通遮罩动画

普通遮罩动画是指在遮罩层覆盖下的动画。在这些动画中，遮罩层是静止的，遮罩层下方的被遮罩层则是运动的。

制作遮罩动画，既可以用普通补间动画，也可以用传统补间动画。以普通补间动画为例，先制作一段场景自右向左平移的动画，作为遮罩动画的动画部分。

然后，即可隐藏动画所在的层，分别为影片导入背景、显示动画的元素等内容。

新建【遮罩】图层，在图层中绘制一个圆形作为遮罩图形，然后将其移动到动画上方。

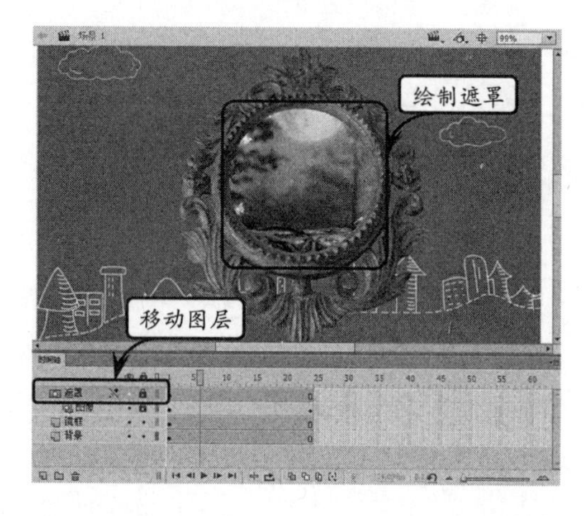

在【遮罩】图层的名称上方右击，执行【遮罩层】命令，Flash 将自动把其下方的【图像】图层纳入遮罩的范围中，完成动画制作。

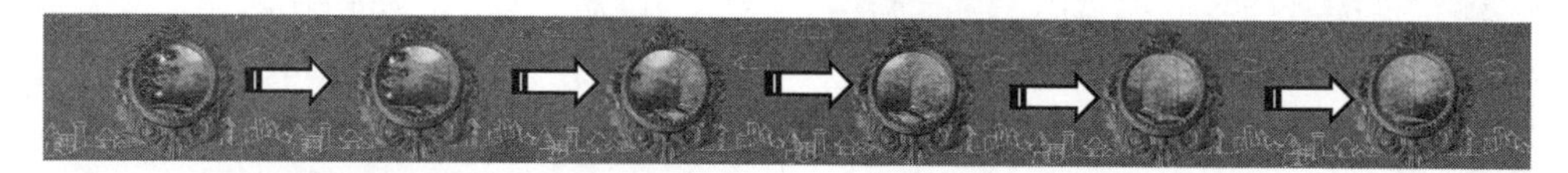

2. 制作遮罩层动画

遮罩层动画是指在遮罩层中发生的动画，即根据遮罩图形本身的动作而实现的动画。遮罩层动画的应用非常广泛，在网页中的各种水波荡漾、百叶窗等动画都是遮罩层动画。

提 示

与普通遮罩动画类似，遮罩层动画也是既可以使用普通补间动画，也可以使用传统补间动画。

制作遮罩层动画，需要先为 Flash 影片导入遮罩层动画的背景。

然后，即可在图像所在图层上方新建一个图层，并在图层中绘制一个用于遮罩的六边形。

提 示

遮罩层动画中遮罩层以补间形状动画居多。事实上遮罩层也可以用传统补间动画和普通补间动画来制作。

分别为【覆盖】和【背景】等两个图层插入一些普通帧，用于制作补间动画。在覆盖图层的最后一帧处右击，执行【转换为关键帧】命令，将其转换为关键帧。

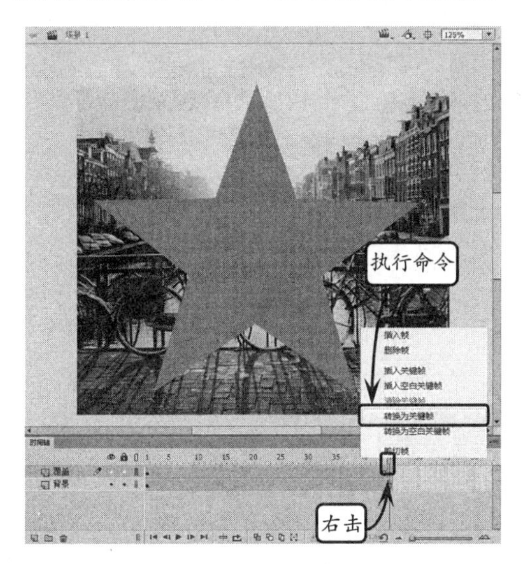

在【覆盖】图层最后一个关键帧处重新绘制一个矩形，矩形大小与影片的场景一致，并将整个场景完全覆盖。然后，即可选中【覆盖】图层任意一个普通帧，右击执行【创建补间形状】命令。

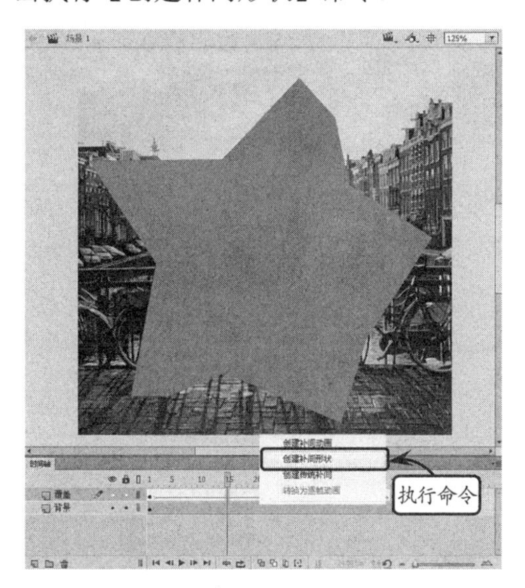

最后，将【覆盖】图层转换为遮罩层，完成遮罩层动画的制作。

提 示

普通遮罩动画与遮罩层动画的区别在于，普通遮罩层动画中，遮罩层不动，而遮罩层动画的遮罩层是动的。

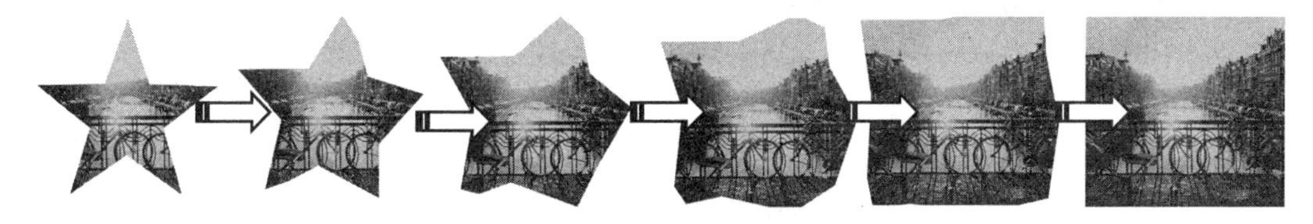

6.3 动画预设

动画预设是 Flash 中预配置的补间动画，可以将它们应用于舞台上的对象，以实现指定的动画效果，而无须用户重新设计。

1. 预览动画预设

Flash 随附的每个动画预设都可以在【动画预设】面板中查看其预览。这样，可以了解在将动画应用于 FLA 文件中的对象时所获得的结果。

执行【窗口】|【动画预设】命令，打开【动画预设】面板。然后，从该面板的列表中选择一个动画预设，即可在面板顶部的【预览】窗格中播放。

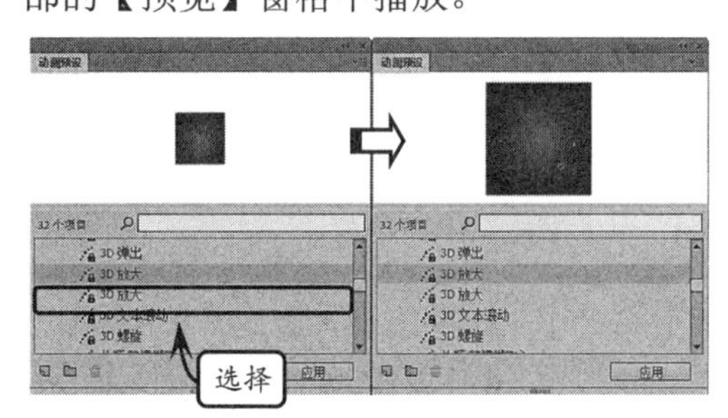

提 示

如果想要停止播放预览，可以在【动画预设】面板外单击。

2. 应用动画预设

在舞台上选择了可补间的对象（元件实例或文本字段）后，可单击【动画预设】面板中的【应用】按钮来应用预设。

每个对象只能应用一个预设，如果将第二个预设应用于相同的对象，则第二个预设将替换第一个预设。

注 意

一旦将预设应用于舞台上的对象后，在时间轴中创建的补间就不再与【动画预设】面板有任何关系了。

在舞台上选择一个可补间的对象。如果将动画预设应用于无法补间的对象，则会显示一个对话框，允许将该对象转换为元件。

提 示

每个动画预设都包含特定数量的帧。在应用预设时，在时间轴中创建的补间范围将包含此数量的帧。

在【动画预设】面板中选择一个预设，然后单击面板中的【应用】按钮，或者从面板菜单中执行【在当前位置应用】命令，即可将该动画预设应用到舞台中的元件实例。

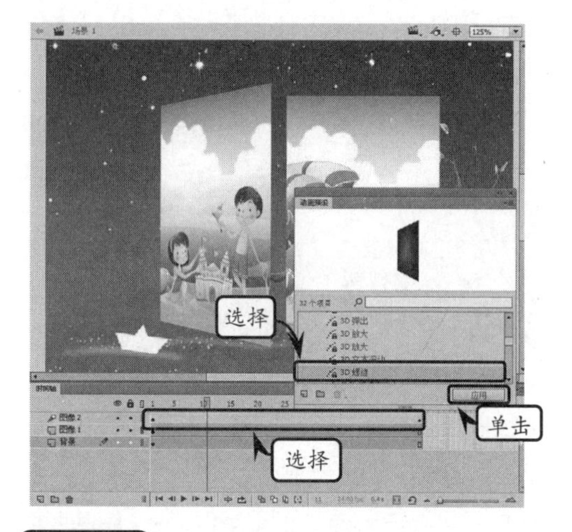

提 示

这样，动画在舞台上影片剪辑的当前位置开始。如果预设有关联的运动路径，该运动路径将显示在舞台上。

3. 将补间另存为自定义动画预设

如果创建自己的补间，或对从【动画预设】面板应用的补间进行更改，可将它另存为新的动画预设。新预设将显示在【动画预设】面板中的【自定义预设】文件夹中。

如果想要将自定义补间另存为预设，首先选择时间轴中的补间范围、舞台中应用了自定义补间的对象或舞台上的运动路径。

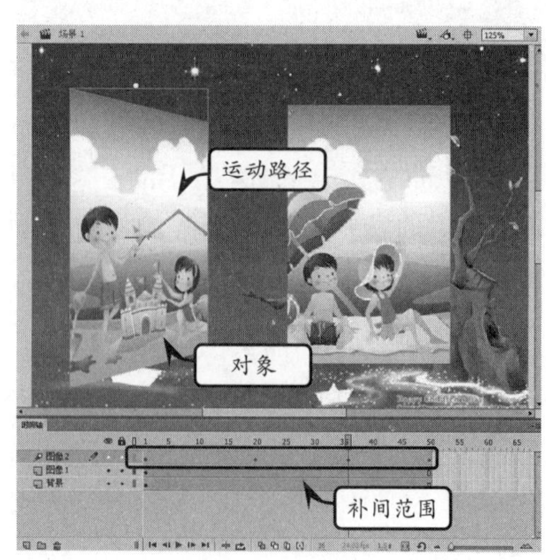

注 意

保存、删除或重命名自定义预设后无法撤销。

单击【动画预设】面板中的【将选区另存为预设】按钮，或者右击补间范围，从弹出的菜单中执行【另存为动画预设】命令，可将当前动画另存为新的动画预设。

提 示

Flash 会将动画预设另存为 XML 文件。

4. 导入动画预设

Flash 的动画预设都是以 XML 文件的形式存储在本地计算机中。导入外部的 XML 补间文件，可以将其添加到【动画预设】面板中。

单击【动画预设】面板右上角的选项按钮，在弹出的菜单中执行【导入】命令打开【打开】对话框。然后通过该对话框选择要导入的 XML 文件。

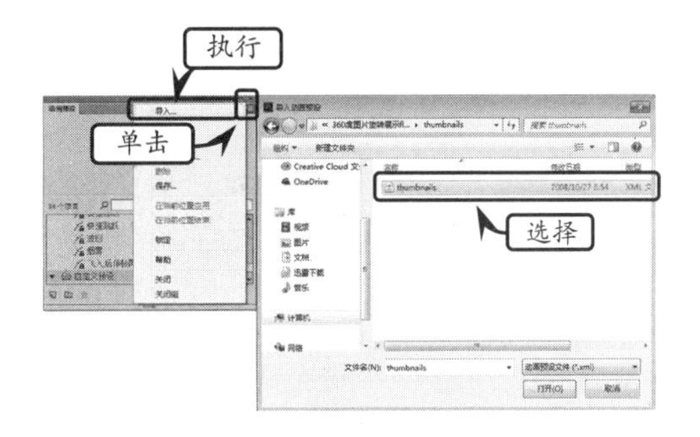

导入完成后，将会在【动画预设】面板中的【自定义预设】文件夹中显示刚才导入的自定义动画预设。

提 示

应用自定义动画预设与应用默认动画预设的方法相同。

6.4　课堂练习：设计水波荡漾动画

水波纹是由一圈一圈向外扩散的补间形状动画制作而成的。在 Flash 中通过绘制椭圆、使用【分离】命令，再运用【遮罩层】就可以制作一个水波荡漾的动画。

操作步骤：

1 新建空白文档，保存为“水波荡漾.fla”，再导入素材“山水.jpg”。然后，新建图层，复制【图层1】第1帧粘贴到【图层2】上。

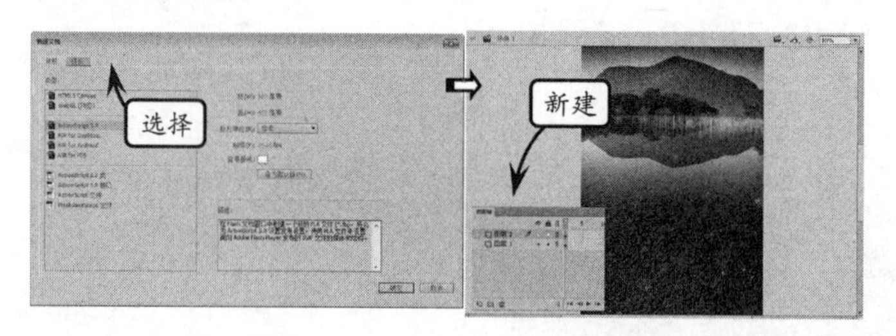

2 创建一个【水波纹】影片剪辑元件。选择【椭圆工具】在舞台中绘制一个无色填充的黑色椭圆。然后，在第30帧处插入关键帧，选择【任意变形工具】，按住Shift+Alt键拖动鼠标放大椭圆，再选择该图层所有帧创建补间形状动画。

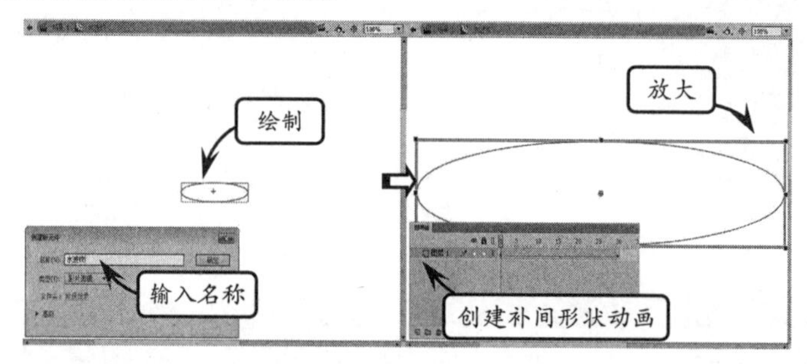

3 复制【图层 1】的所有帧，新建图层，并粘贴到第 5 帧。再新建一个图层，粘贴到第 6 帧。使用相同的方法新建 8 个图层，在新图层上每隔 5 帧粘贴一次。返回到舞台，隐藏【图层 1】，再选择【图层 2】，按快捷键 Ctrl+B 分离图像。然后，使用选择工具选中图像上半部按 Delete 键删除。

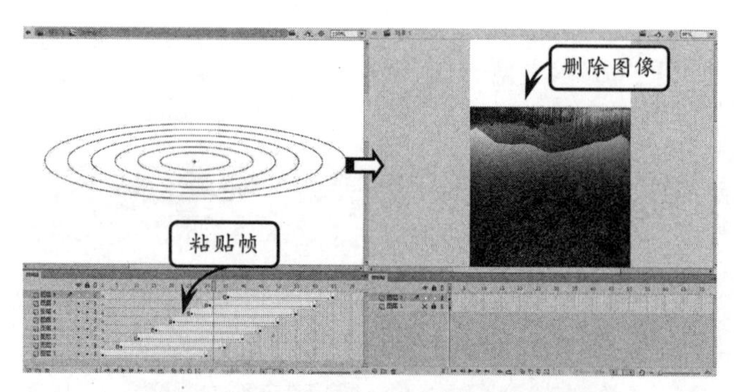

4 新建【遮罩】图层，选择【水波纹】影片剪辑元件拖到舞台中。然后，在【遮罩】图层上右击，执行【遮罩层】命令。

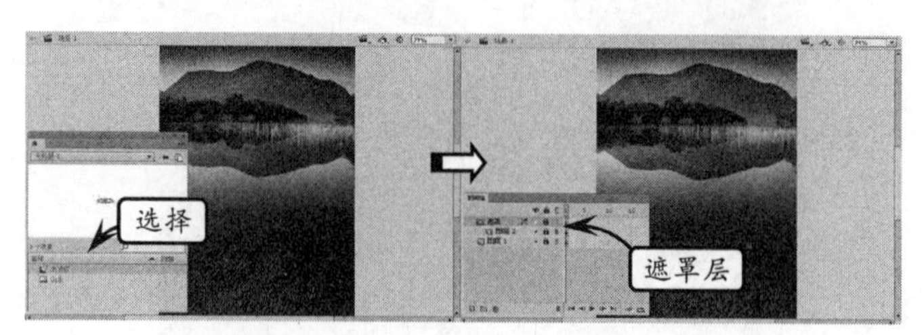

6.5 课堂练习：制作中国卷轴动画

卷轴动画一般是卷轴由左向右或由上向下滚动的动画效果。本例通过使用【矩形工具】绘制卷轴，并结合【渐变变形工具】调整卷轴的填充颜色。然后，添加【遮罩层】制作一个由上向下卷轴的动画。

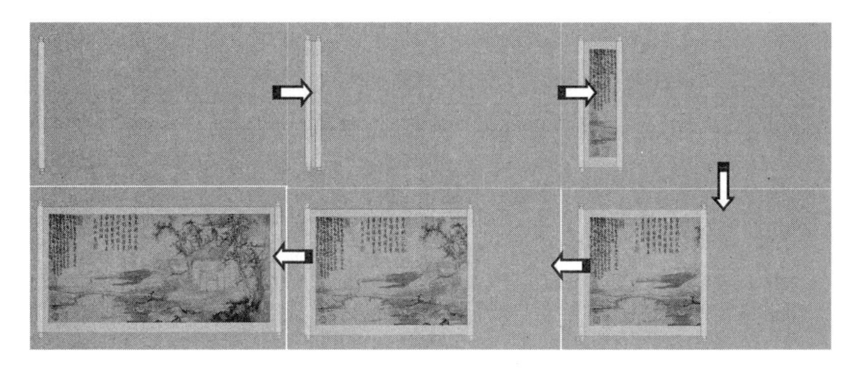

操作步骤：

1 新建 800×400 像素的空白文档，在舞台中绘制一张矩形“纸张”图形填充【径向渐变】颜料，并将其转换为图形【元件 2】，并将图层命名为“画”。

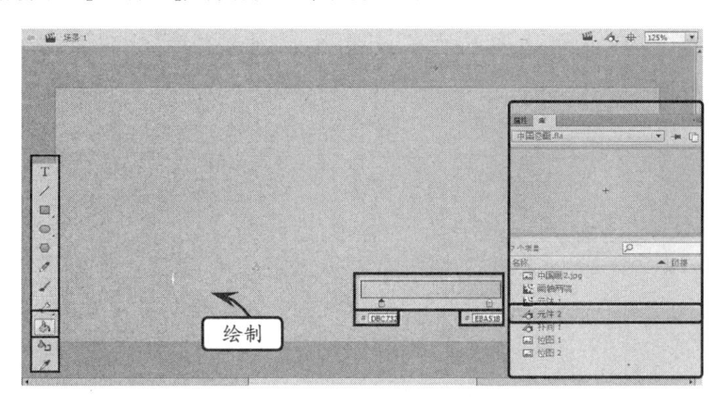

2 新建【画】图层，在舞台的中间导入一个图形，并将其转换为图形元件。

3 新建【画轴右端】图层，在画的右侧用【矩形工具】绘制一个“画轴”图形，并加以调整，然后将其转换为图形元件。

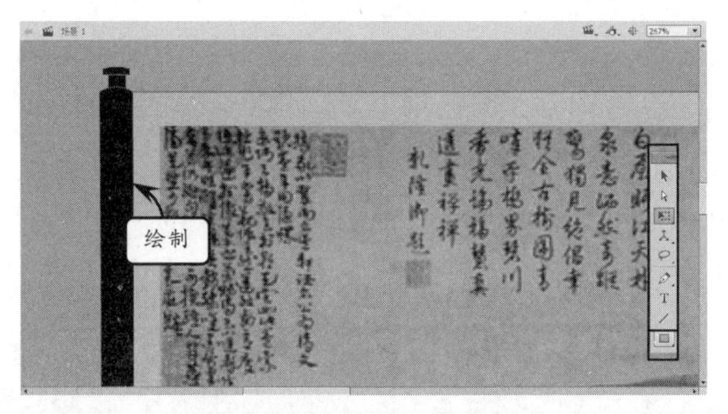

4 为【画轴右端】填充颜色，将【画轴右端】设置为线性渐变。

5 选中【画轴右端】并将其转换为影片元件，并命名为“画轴两端”。

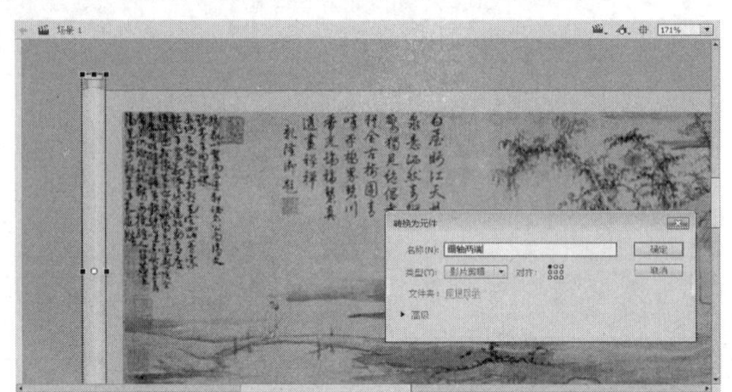

6 新建【遮罩图层】影片剪辑元件，在舞台中绘制一个与“画”一样大小的四边形，并为其填充浅黄色。

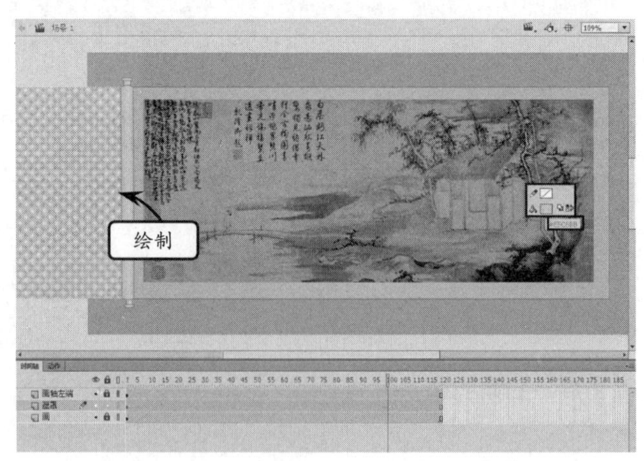

7 单击【遮罩】图层的第一帧创建补间动画，接着单击尾帧插入关键帧，然后使用【选择工具】在舞台中将在遮罩层中创建的矩形，向右拖动直至其完全将“画”遮盖。

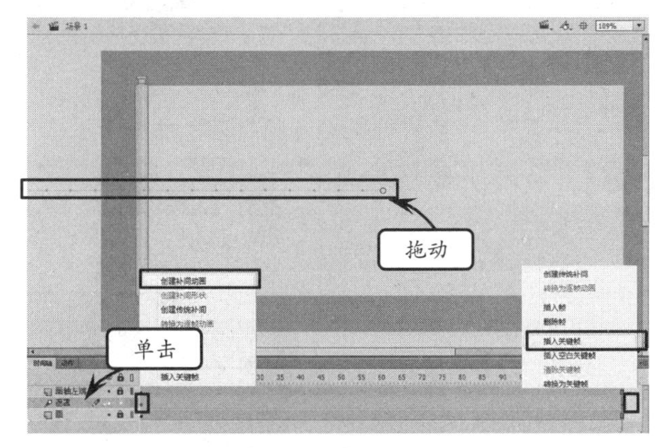

8 选中【遮罩】图层，单击右键，选择【遮罩层】命令。

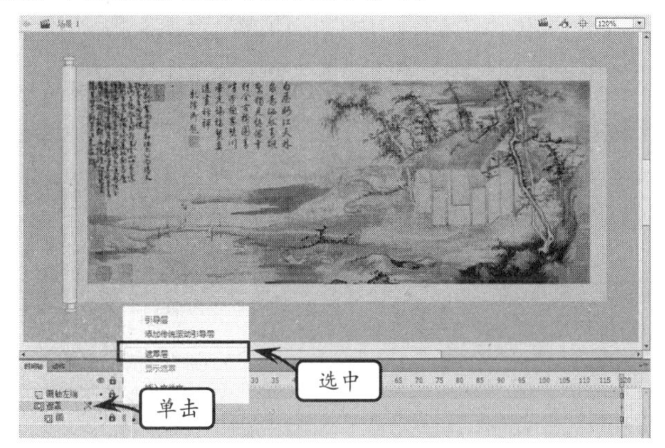

提　示

新建图层，在最后一帧中插入关键帧，并在【动作】面板中输入“stop();”代码。

9 在【画轴左端】图层新建一个【画轴右端】图层，单击【遮罩】图层的第一帧将其放在【创建补间动画】，接着单击尾帧插入关键帧，向右拖动“画”的最右端。

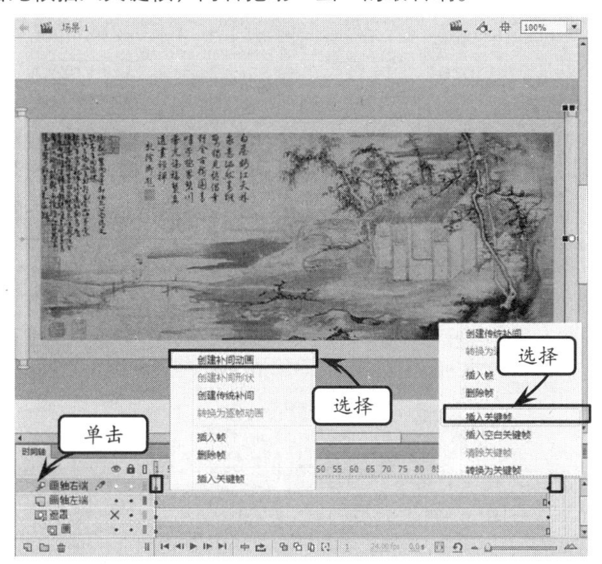

思考与练习

一、填空题

1．当创建逐帧动画时，每一帧都是__________帧。

2.Flash 包含三种补间动画，即______、__________和__________。

二、选择题

1．帧包括__________。

A．普通帧、关键帧、动作帧、空白关键帧

B．普通帧、关键帧、空白关键帧、过渡帧

C．普通帧、关键帧、空白帧、空白关键帧

D．动作帧、关键帧、空白关键帧、过渡帧

2．要使用实体、位图、文本块等元素创建形状补间动画，必须将它们__________。

A．组合　　B．分离

C．对齐　　D．变形

三、问答题

1．简述如何创建逐帧动画。

2．补间动画可以分为哪些类型？它们的主要作用分别是什么？区别又是什么？

四、操作练习

1．制作轮换图片动画

本练习首先创建两个图层，将两张图像分别放入两个图层内。然后，选择第二个图层新建一个遮罩层，并在遮罩层中使用【椭圆工具】绘制椭圆图形。最后，在遮罩层中创建补间动画，并执行【插入关键帧】|【位置】命令，完成该动画。

2．制作逐帧动画

逐帧动画就是对每一个帧的内容逐个编辑，然后按一定的时间顺序进行播放而形成的动画。本例主要导入“背景”图片，并扩展其背景图层内容，接着新建【图层 2】，然后使用【编辑多个帧】按钮或【编辑】|【全选】命令，选择【图层 2】中的所有帧内容，并调整其位置，最后测试效果即可。

第7章 创建对象动画

在 Flash 中，用户除了可创建基本的逐帧动画、传统补间动画和补间形状动画外，还可以创建基于面向对象技术的动画，该类型动画以元件对象为核心，通过更改对象的各种属性和关联性实现动画动作及动画的模块化。骨骼工具、正向运动和反向运动的实现，使得 Flash 在动画制作方面具有更加强大的功能。

本章就将介绍绘制基于对象的复杂形状，以及制作缓动动画、3D 动画、正向运动和反向运动动画的方法。

7.1 Flash 中的 3D 效果

为了使动画的内容表现得更加丰富、绚丽，在制作 Flash 时通常会为其添加一些特效。Flash 允许通过在舞台的 3D 空间中移动和旋转影片剪辑来创建 3D 效果。Flash 通过在每个影片剪辑实例的属性中包括 Z 轴来表示 3D 空间。通过沿着 Z 轴移动和旋转影片剪辑实例，可以向影片剪辑实例中添加 3D 透视效果。

提 示

在 3D 术语中，在 3D 空间中移动一个对象称为平移，在 3D 空间中旋转一个对象称为变形。在对影片剪辑应用了其中的任一效果后，Flash 会将其视为 3D 影片剪辑。

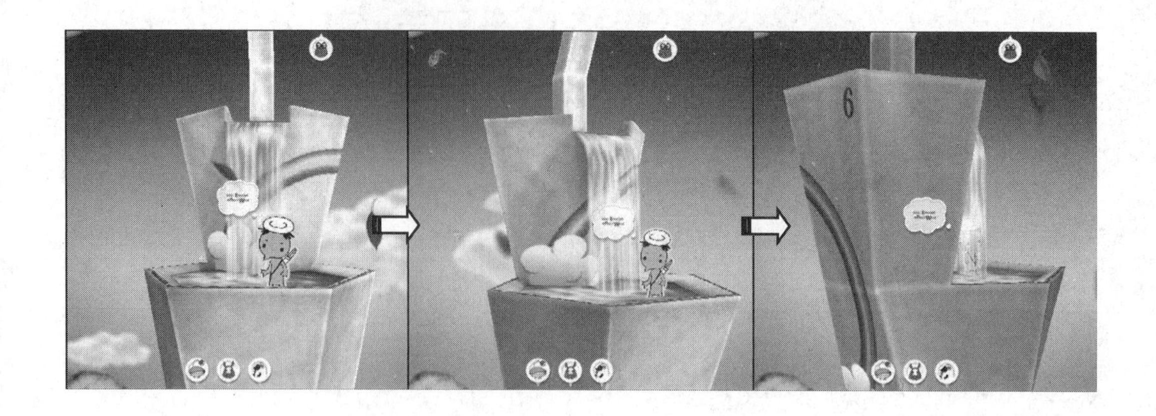

7.1.1 平移 3D 图形

使用【3D 平移工具】可以在 3D 空间中移动影片剪辑实例的位置，这样使影片剪辑实例看起来离观察者更近或更远。

单击【工具】面板中的【3D 平移工具】按钮，然后选择舞台中的影片剪辑实例。此时，该影片剪辑的 X、Y 和 Z 三个轴将显示在实例的正中间。其中，X 轴为红色、Y 轴为绿色，而 Z 轴为一个黑色的圆点。

【3D 平移工具】的默认模式是全局。在全局 3D 空间中移动对象与相对舞台移动对象等效；在局部 3D 空间中移动对象与相对父影片剪辑（如果有）移动对象等效。

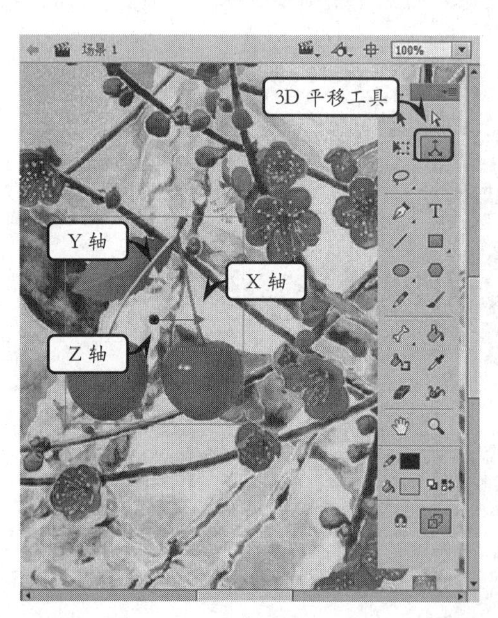

如果要切换【3D 平移工具】的全局模式和局部模式，可以在选择【3D 平移工具】的同时单击【工具】面板【选项】部分中的【全局】切换按钮。

提 示

在使用【3D 平移工具】进行拖动的同时按 D 键可以临时从【全局】模式切换到【局部】模式。

如果要通过【3D 平移工具】进行拖动来移动影片剪辑实例，首先将指针移动到该实例的 X、Y 或 Z 轴控件上，此时在指针的尾处将会显示该坐标轴的名称。

X 和 Y 轴控件是每个轴上的箭头。使用鼠标按控件箭头的方向拖动其中一个控件，即可沿所选轴（水平或垂直方向）移动影片剪辑实例。

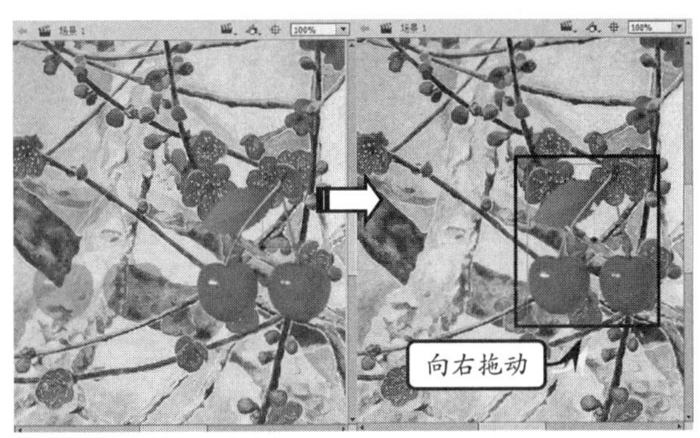

Z 轴控件是影片剪辑中间的黑点，上下拖动该黑点即可在 Z 轴上移动对象，此时将会放大或缩小所选的影片剪辑实例，以产生离观察者更近或更远的效果。

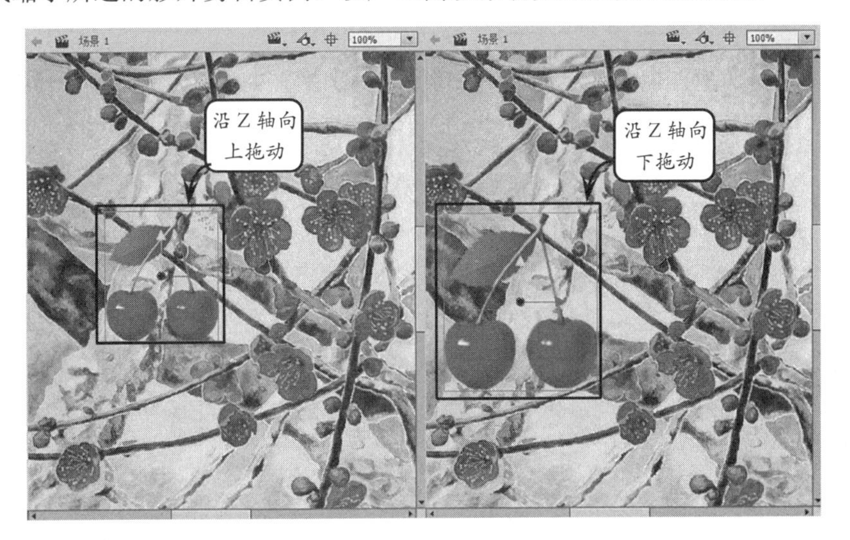

提　示

单击 Z 轴的小黑点向上拖动，可以缩小所选的影片剪辑实例；单击 Z 轴的小黑点向下拖动，可以放大所选的影片剪辑实例。

除此之外，在【属性】面板的【3D 定位和视图】选项中输入 X、Y 或 Z 的值，也可以改变影片剪辑实例在 3D 空间中的位置。

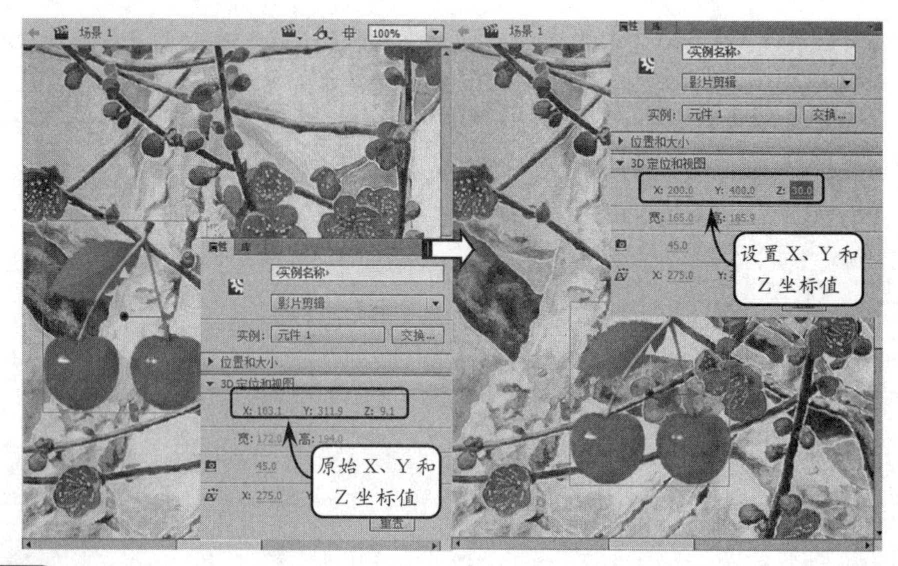

提 示

在 Z 轴上移动对象时，对象的外观尺寸将发生变化。外观尺寸在【属性】面板中显示为【3D 位置和视图】选项中的【宽度】和【高度】值。这些值是只读的。

在 3D 空间中，如果想要移动多个影片剪辑实例，可以使用【3D 平移工具】移动其中一个实例，此时其他的实例也将以相同的方式移动。

- 如果要在全局 3D 空间中以相同方式移动组中的每个实例，首先将【3D 平移工具】设置为【全局】模式，然后用轴控件拖动其中一个实例。按住 Shift 键并双击其中一个选中实例可将轴控件移动到该实例。
- 如果要在局部 3D 空间中以相同方式移动组中的每个实例，首先将【3D 平移工具】设置为【局部】模式，然后用轴控件拖动其中一个实例。按住 Shift 键并双击其中一个选中实例可将轴控件移动到该实例。

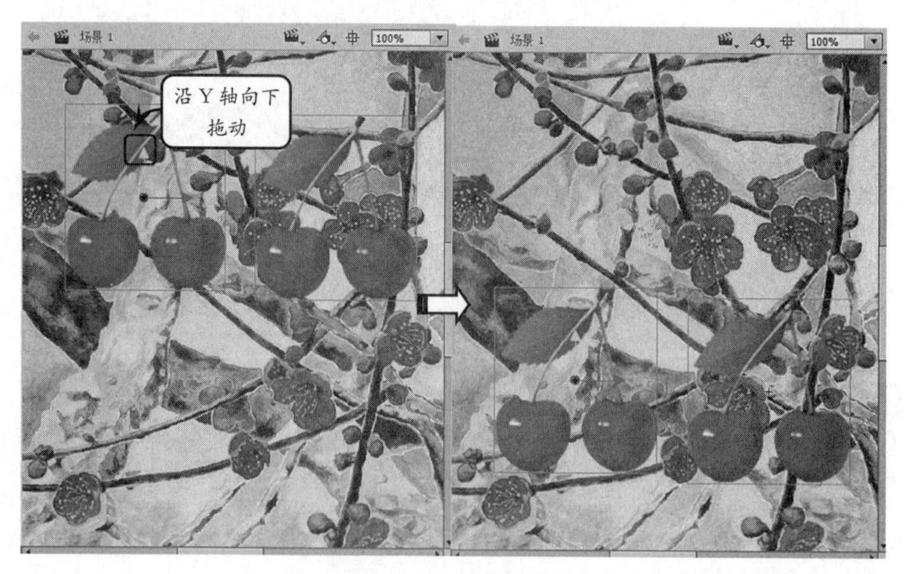

通过双击 Z 轴控件，也可以将轴控件移动到多个所选影片剪辑实例的中心。按住 Shift

键并双击其中一个实例，可将轴控件还原到该实例。

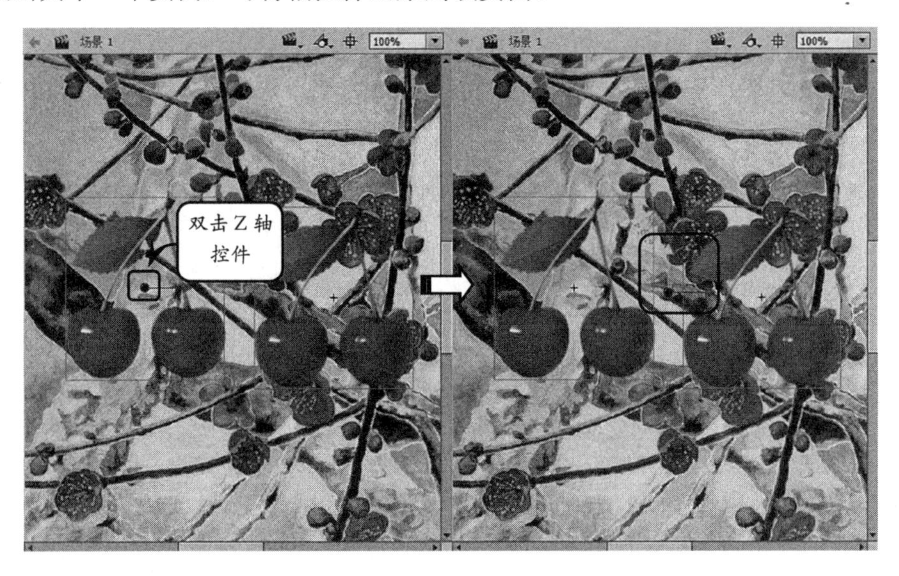

注　意

如果更改影片剪辑实例的Z轴位置，则该实例显示时也会改变其X轴和Y轴的位置。这是因为，Z轴上的移动是沿着从3D消失点（在3D元件实例【属性】面板中设置）辐射到舞台边缘的不可见透视线的结果。

7.1.2　旋转3D图形

使用【3D旋转工具】可以在3D空间中旋转影片剪辑实例，这样通过改变实例的形状，使之看起来与观察者之间形成某一个角度。

单击【工具】面板中的【3D旋转工具】按钮，然后选择舞台中的影片剪辑实例。此时，3D旋转控件出现在该实例之上。其中，X轴为红色、Y轴为绿色、Z轴为蓝色，使用橙色的自由旋转控件可同时绕X和Y轴旋转。

【3D旋转工具】的默认模式为全局。在全局3D空间中旋转对象与相对舞台移动实例等效；在局部3D空间中旋转实例与相对父影片剪辑（如果有）移动实例等效。如果要切换【3D旋转工具】的全局模式和局部模式，可以在选择【3D旋转工具】的同时

单击【工具】面板【选项】部分中的【全局】切换按钮。

如果要通过【3D 旋转工具】进行拖动来放置影片剪辑实例，首先将指针移动到该实例的 X、Y、Z 轴或自由旋转控件上，此时在指针的尾处将会显示该坐标轴的名称。

提 示

在使用【3D 旋转工具】进行拖动的同时按 D 键可以临时从【全局】模式切换到【局部】模式。

拖动一个轴控件可以使所选的影片剪辑实例绕该轴旋转，例如，左右拖动 X 轴控件可以绕 X 轴旋转；上下拖动 Y 轴控件可以绕 Y 轴旋转。

拖动 Z 轴控件可以使影片剪辑实例绕 Z 轴旋转进行圆周运动；而拖动自由旋转控件（外侧橙色圈），可以使影片剪辑实例同时绕 X 和 Y 轴旋转。

在舞台上选择一个影片剪辑，3D 旋转控件将显示为叠加在所选实例上。如果这些控件出现在其他位置，可以双击该控件的中心点以将其移动到选定实例的正中心。

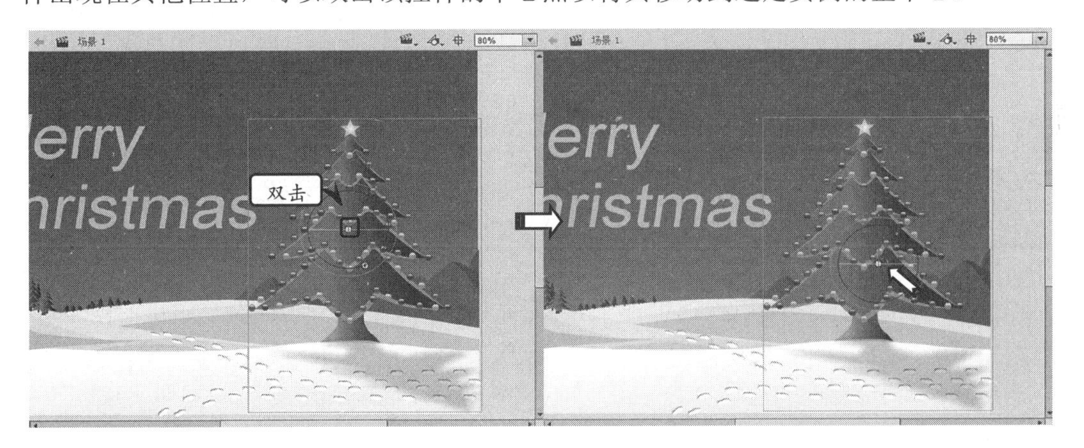

如果想要相对于影片剪辑实例重新定位旋转控件的中心点，可以单击并拖动中心点至任意位置。这样，在拖动 X、Y、Z 轴或自由拖动控件时，将使实例绕新的中心点旋转。例如，将旋转控件的中心点拖动至影片剪辑实例的左下角，然后逆时针拖动 Z 轴控件，即可以新的中心点旋转。

执行【窗口】|【变形】命令，打开【变形】面板。然后，选择舞台上的一个影片剪

辑实例，在【变形】面板【3D 旋转】选项中输入 X、Y 和 Z 轴的角度，也可以旋转所选的实例。

在舞台中选择多个影片剪辑实例，3D 旋转控件将显示为叠加在最近所选的实例上。然后，使用【3D 旋转工具】旋转其中任意一个实例，其他的实例也将以相同的方式旋转。

选择舞台上的所有影片剪辑实例，通过双击 Z 轴控件，可以让中心点移动到影片剪辑组的中心。按住 Shift 键并双击其中一个实例，可将轴控件还原到该实例。

所选实例的旋转控件中心点的位置在【变形】面板中显示为【3D 中心点】，可以在【变形】面板中修改中心点的位置。例如，设置影片剪辑组旋转控件的中心点 X 为 599.3；

Y 为 150；Z 为 50。

7.1.3 调整透视角度

FLA 文件的透视角度属性控制 3D 影片剪辑视图在舞台上的外观视角。

增大或减小透视角度将影响 3D 影片剪辑的外观尺寸及其相对于舞台边缘的位置。增大透视角度可使影片剪辑对象看起来更接近观察者；减小透视角度属性可使对象看起来更远。此效果与通过镜头更改视角的照相机镜头缩放类似。

透视角度属性会影响应用了 3D 平移或旋转的所有影片剪辑。默认透视角度为 55°视角，值的范围为 1° ～180° 。

如果要在【属性】面板中查看或设置透视角度，必须在舞台上选择一个 3D 影片剪辑。此时，对透视角度所做的更改将在舞台上立即可见。

例如，在【属性】面板的【透视角度】选项中输入透视角度为 115，或拖动文本以更改透视角度为 115。

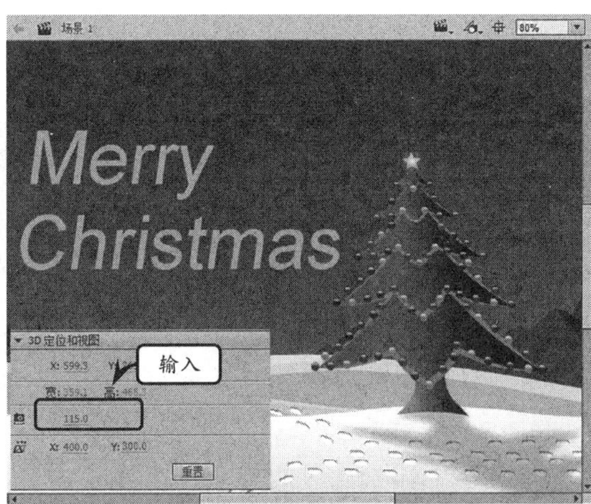

注　意

透视角度在更改舞台大小时自动更改，以便 3D 对象的外观不会发生改变。可以在【文档属性】对话框中关闭此行为。

7.1.4 调整消失点

FLA 文件的消失点属性控制舞台上影片剪辑对象的 Z 轴方向。FLA 文件中所有影片剪辑的 Z 轴都朝着消失点后退。

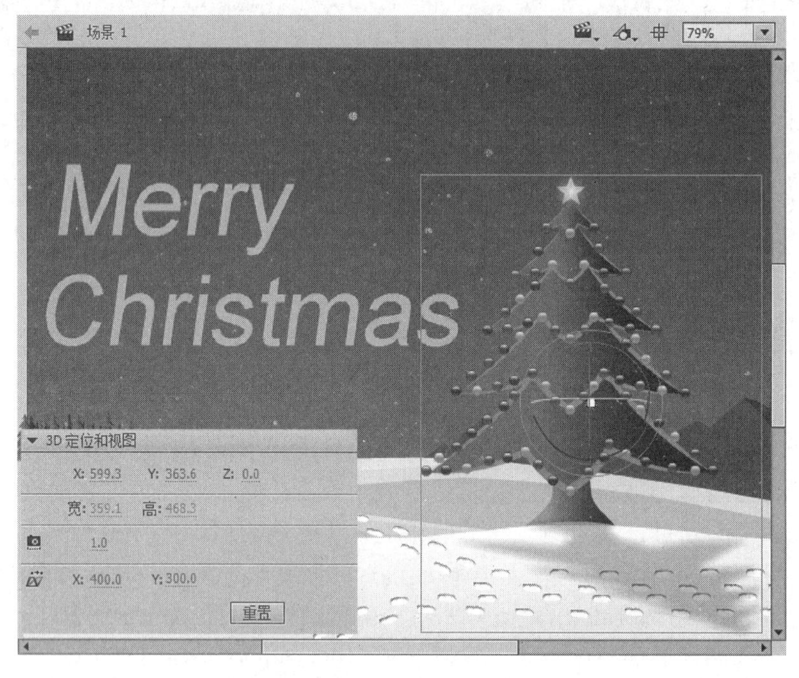

通过重新定位消失点，可以更改沿 Z 轴平移对象时对象的移动方向。通过调整消失点的位置，可以精确控制舞台上 3D 对象的外观和动画。

例如，将消失点定位在舞台的左上角（0,0），则增大影片剪辑的 Z 属性值可使影片剪辑远离观察者并向着舞台的左上角移动。因为消失点影响所有影片剪辑，所以更改消失点也会更改应用了 Z 轴平移的所有影片剪辑的位置。

消失点是一个文档属性，它会影响应用了 Z 轴平移或旋转的所有影片剪辑，不会影响其他影片剪辑。消失点的默认位置是舞台中心。如果要在【属性】面板中查看或设置消失点，必须在舞台上选择一个影片剪辑实例。

7.2　骨骼和运动学

骨骼动画技术是一种依靠运动学原理建立的、应用于计算机动画的新兴技术。在动画设计软件中，运动学系统分为正向运动学和反向运动学两种。正向运动学指的是对于有层级关系的对象来说，父对象的动作将影响到子对象，而子对象的动作将不会对父对象造成任何影响。开发这种技术的目的是模拟各种动物和机械的复杂运动，使动画中的角色动作更加逼真、符合真实的形象。

在介绍骨骼动画之前，首先要了解正向运动学和反向运动学。

7.2.1　添加 IK 骨骼

在早期的 Flash 版本中，并不支持骨骼功能，因此，大多数反向运动必须依靠用户手工进行设置或依靠第三方插件（例如著名的 MOHO 插件等）来完成。

在 Flash 中，提供了全新的骨骼功能，帮助用户制作各种复杂的动作动画，节省了用户大量的手工调节工作时间。

首先，在 Flash 影片中绘制需要制作反向动画的各种对象，并分别将其转换为影片剪辑元件。例如，绘制一个插画风格的女白领，分别将其手、前臂和后臂作为子对象、父对象和祖父对象等。

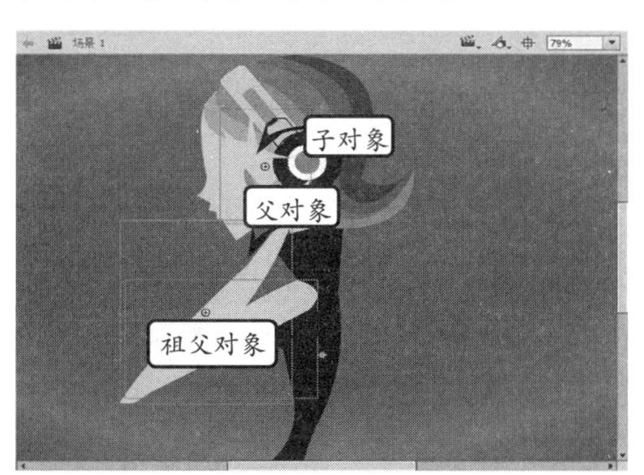

然后，选择作为祖父对象的后臂，在【工具】面板中选择【骨骼工具】，在身体和前臂处添加骨骼。

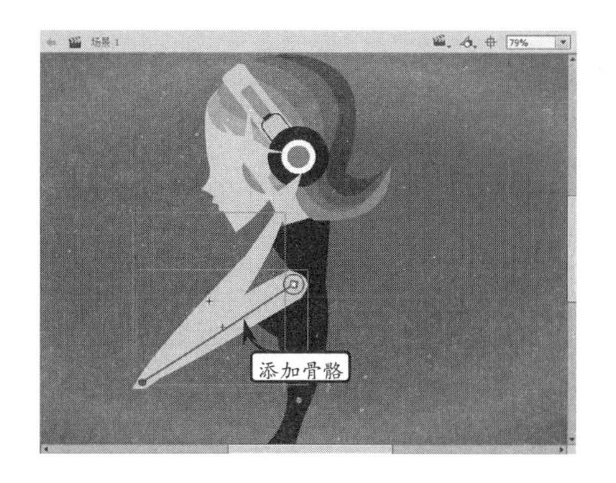

用同样的方式，选中前臂，继续为角色添加手部子对象的骨骼，完成祖父对象、父对象到子对象之间的骨骼连接。

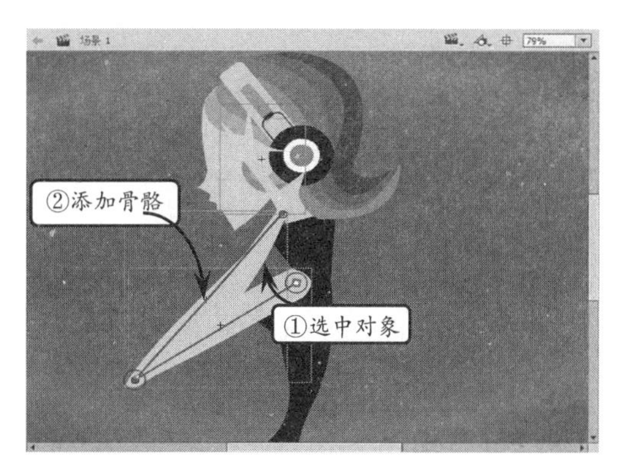

提　示

在上面的例子中，角色的双手具有两个骨骼，因此其每一只手的相互间运动互不影响。使用鼠标可以方便地拖曳角色的双手，做出各种复杂的动作。

7.2.2 选择与设置骨骼速度

在 Flash 中，不仅允许用户为 Flash 元件添加骨骼，还提供了便捷的骨骼选定工具，帮助用户方便地选择已添加的骨骼。

除此之外，Flash 还提供了 IK 骨骼速度的设置项目，帮助用户建立更加完善的骨骼运动系统。

1. 快速选择骨骼

Flash 提供了便捷的骨骼选定工具，允许用户选择同级别以及不同级别的各种骨骼组件，帮助用户设置骨骼组件的属性。

在 Flash 影片中，使用鼠标单击任意一组骨骼，然后，即可在【属性】面板中通过骨骼级别按钮切换选择其他骨骼。

提　示

在 Flash 中，骨骼本身的颜色将与其所在的图层轮廓颜色一致。而选定的骨骼则将是这个轮廓颜色的相反色。

根据骨骼的级别，可以使用的 IK 骨骼级别按钮主要包括如下 4 种。

IK 骨骼级别按钮	作　　用
←	选择上一个同级 IK 骨骼
→	选择下一个同级 IK 骨骼
↓	选择子级 IK 骨骼
↑	选择父级 IK 骨骼

2. 设置骨骼运动速度

在默认情况下，连接在一起的 IK 骨骼，其子级和父级的相对运动速度是相同的。也就是说，子级对象旋转多少角度，父级对象也会进行相同角度的同步旋转。

然而在自然界中，各种动物进行的反向运动往往是异步的。例如，人类的小腿以膝关节为中心旋转时，大腿往往只旋转很小的角度。

因此，如果用户需要逼真地模拟动物的运动，还需要设置 IK 骨骼的反向运动速度。在 Flash 影片中，选择父级 IK 骨骼。在【属性】面板中，即可设置【速度】为 10%。

同理，用户也可以设置子级 IK 骨骼

的相对运动速度，使子级 IK 骨骼与父级 IK 骨骼之间的异步运动差更大。

注 意

在【属性】面板中的【速度】设置是一种相对速度。因此，将父级骨骼的【速度】减小与将子级骨骼的【速度】增大，其效果是相同的。

7.2.3 联系方式与约束

在之前的章节中，已介绍了添加 IK 骨骼和设置 IK 骨骼的速度等属性。

Flash 的 IK 骨骼功能十分强大，除了允许设置速度外，还允许用户启用多种连接方式以及约束骨骼运动的幅度等。

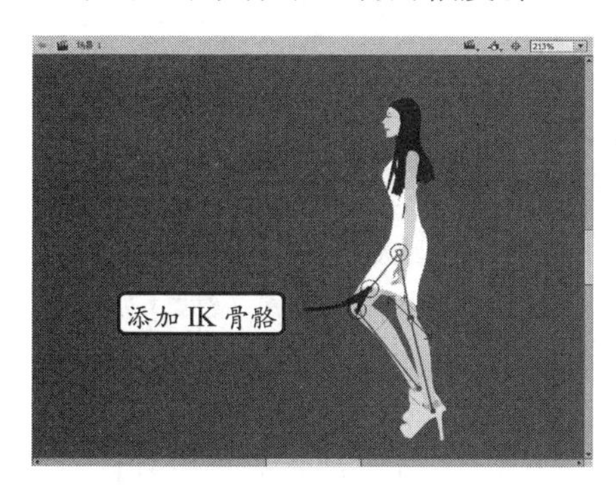

在 Flash 中绘制角色，并将角色的躯干、大腿、小腿和双脚分别转换为元件，然后即可为角色添加骨骼，以设置连接方式与约束。

1．启用/禁用连接方式

Flash 的 IK 骨骼主要有三种连接方式，即旋转、水平平移和垂直平移等。在默认的情况下，新建的 IK 骨骼往往只开启了旋转的连接方式，只能根据骨骼的节点进行旋转。

如果用户需要开启水平平移或垂直平移，以及关闭默认的旋转连接，则可通过【属性】面板中的相应选项卡进行设置。

例如，关闭旋转连接，为角色开启水平平移连接，则用户可以先选择角色的 IK 骨骼，然后，在【属性】面板中的【连接：旋转】选项卡中单击【启用】的复选框，将对号消除。

然后，再在【属性】面板中的【连接：X 平移】选项卡中单击【启用】复选框，保持选中，最后，即可操作角色的这一骨骼，进行水平平移运动。

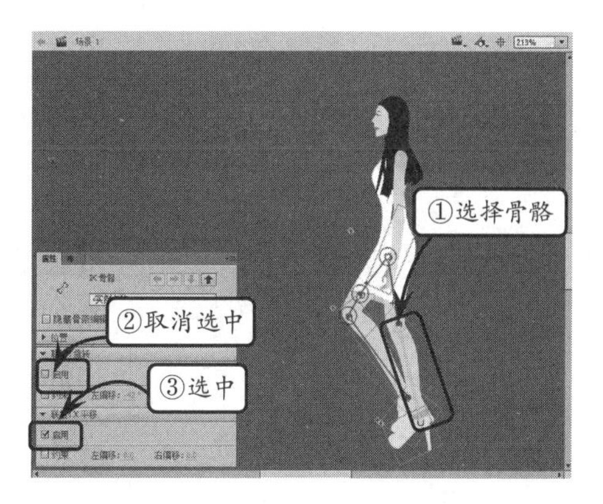

用同样的方式，用户也可选择 Y 平移的启用，为骨骼添加垂直平移的连接。

2．约束骨骼

在默认情况下，已连接的骨骼是可以以任意的幅度进行运动的。例如，旋转的接方式可以 360° 旋转，而水平平移和垂直平移可以平移到舞台的任意位置。

Flash 在【属性】面板中提供了设置的选项，允许用户约束骨骼平移的幅度，以限制骨骼的运动。

例如，约束旋转的骨骼，可以在 Flash 文档中选择已添加的旋转连接方式的骨骼，然后，即可在【属性】面板中打开【连接：旋转】选项卡，选中【约束】复选框，在右侧的输入文本框中设置骨骼旋转的最小角度和最大角度。

在为骨骼设置约束后，骨骼之间的连接节点就会由圆形变为约束的角度，两个骨骼直角的夹角将无法超过该角度。

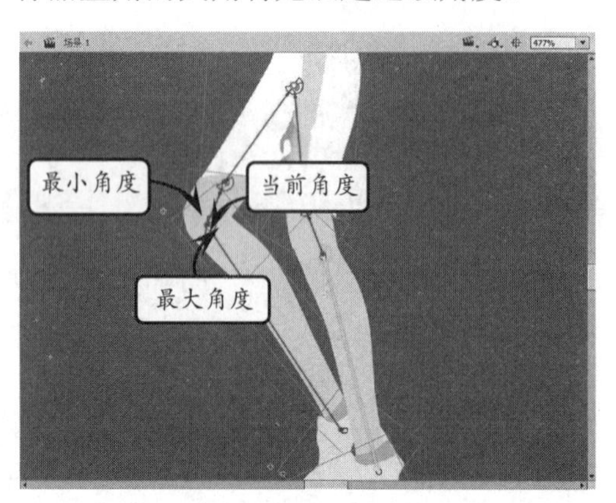

7.2.4 IK形状

IK骨骼不仅可应用于影片剪辑元件，也可应用于各种 Flash 绘制形状中。在为形状添加 IK 骨骼后，Flash 将自动把普通的绘制形状转换为 IK 形状。通过为矢量图形添加 IK 骨骼，可以方便地对各种绘制形状进行变形操作。

IK 形状是由矢量图形和 IK 骨骼组成的。以一个蝴蝶翅膀为例，先绘制蝴蝶的两只翅膀矢量图形，然后选中一只蝴蝶翅膀，即可使用【骨骼工具】为这只蝴蝶翅膀添加 IK 骨骼，将其转换为 IK 形状。

用同样的方式，为蝴蝶的另一只翅膀添加骨骼，然后，即可使用鼠标拖曳骨骼，控制蝴蝶的翅膀变形。

7.2.5 IK骨骼动画

IK 骨骼是制作各种复杂形变动画的有效工具。使用 IK 骨骼，可以控制 Flash 影片剪辑元件、IK 图形等各种对象的动作，免去用户绘制逐帧动画的麻烦。

IK 骨骼动画就是使用【骨骼工具】将各种影片剪辑元件连接在一起，然后控制影片剪辑元件的旋转和位移，形成动画。

制作 IK 骨骼动画，既可以使用普通的补间动画，也可以使用传统补间动画等，同时，也可为 IK 骨骼动画应用引导层和遮罩层。

例如，制作一个饮酒的女性，首先，在 Flash 文档中绘制桌椅、女性的身体、后臂、前臂、手和酒杯等图形，然后，即可将这些图形转换为元件。

选择【骨骼工具】，自女性的身体开始，制作IK骨骼，将女性身体、后臂、前臂、手和酒杯用骨骼连接起来。

为每一节 IK 骨骼设置约束的角度，以防止骨骼的旋转过于灵活。

在【时间轴】面板中选中名为“骨架_1”的骨骼图层中第 50 帧，右击，执行【插入帧】命令，插入骨骼动作的普通帧。

提　示

用户也可以直接执行【插入姿势】命令，插入关键帧。

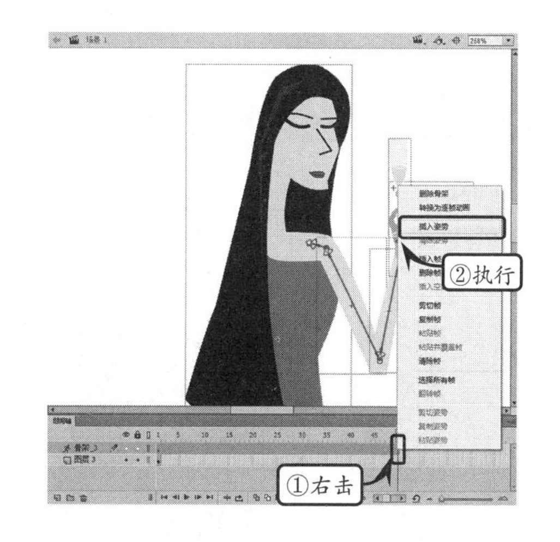

再次选中第 50 帧，右击，执行【插入姿势】命令，插入一个骨骼动作的关键帧。

在第 50 帧中调节各骨骼的位置，将酒杯对准女性的口部，即可完成饮酒的动画。

7.3　课堂练习：制作世界名车 3D 广告

Flash 的 3D 动画制作功能，可以制作多种元件的 3D 运动动画。同时，也可将多个元件拼接成一个立体图形，然后再制作关于该立体图形的 3D 旋转动画。

本节将把 6 张同样大小的正方形图像拼接为立体图形，再制作关于该立体图形的旋转动画。

操作步骤：

1　在 Flash 中执行【文件】|【新建】命令，在【新建文档】对话框中选择 ActionScript 3.0 选项，单击【确定】按钮，创建空白 Flash 文档。右击影片空白处，执行【文档属性】命令，在弹出的【文档属性】对话框中，设置影片的【尺寸】为 550px × 400px。

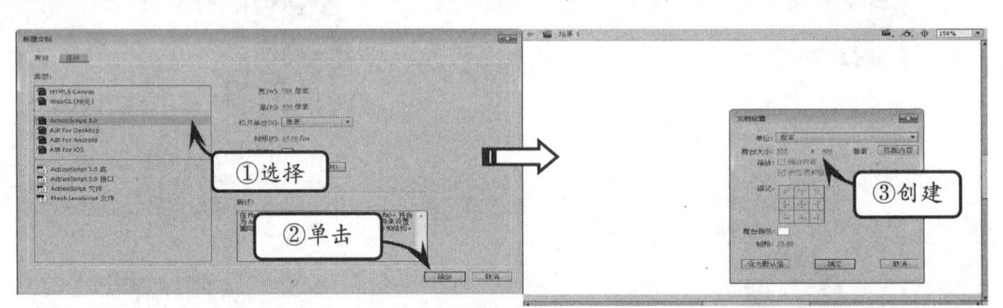

2　执行【文件】|【导入】|【导入不到库】命令，打开名为“bg.jpg”的外部库文档。将外部库文档中的所有位图图像以及影片剪辑元件拖曳到当前库中，然后将名为“背景”的位图图像拖曳到舞台中，作为影片的背景图像。然后，新建【图层 2】，同理将 87.psd 元件拖曳到舞台的下方。

3 选中 logo 元件，然后在【属性】|【滤镜】中单击【添加滤镜】按钮，为元件添加【发光】滤镜和【渐变斜角】滤镜，并设置这些滤镜的属性。

4 新建【图层 3】，然后新建影片剪辑元件，双击元件进入其编辑状态。然后，将【汽车 1】元件拖曳到元件中。为元件新建【图层 2】，再将【汽车 2】元件拖曳到【图层 2】中。最后，在【属性】面板中设置这两个元件的 3D 位置。

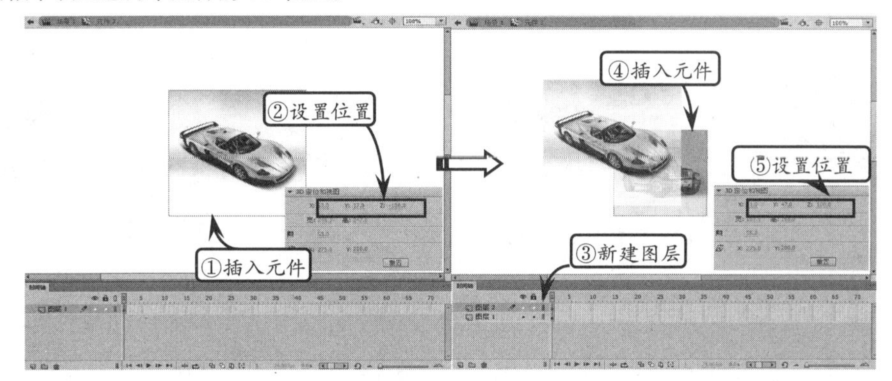

5 用同样的方式，分别建立【图层 3】到【图层 6】等 4 个图层，然后分别将名为“汽车 3”“汽车 4”“汽车 5”和“汽车 6”的影片剪辑元件拖曳到舞台中。在【变形】面板中设置这些元件的 3D 旋转角度，然后再在【属性】面板中设置元件的 3D 位置。

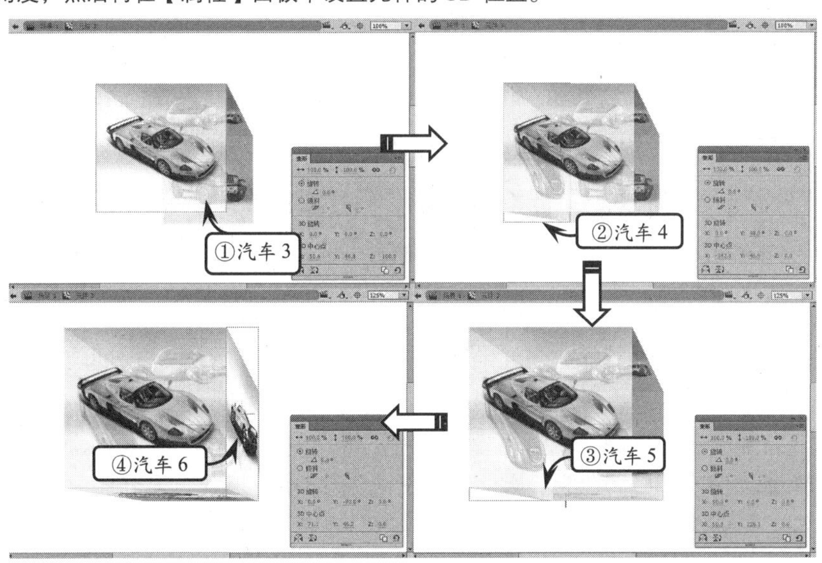

6 单击【场景】工具栏中的【场景 1】按钮，退出元件的编辑状态。在【时间轴】面板中分别单击【图层 1】、【图层 2】和【图层 3】的第 193 帧，右击为其添加普通帧。然后，选中 cube 文件所在的【图层 3】，右击，执行【创建补间动画】命令，以及【3D 补间】命令。然后，右击【图层 3】的第 193 帧，插入【旋转】的关键帧。

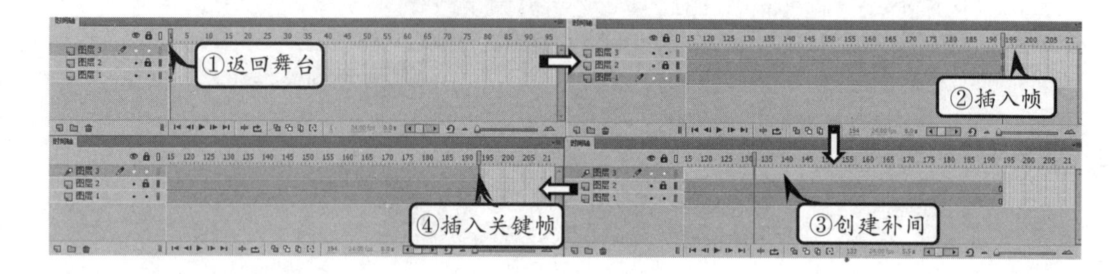

7 打开【动画编辑器】面板，在【旋转 Y】所在的行中选择第 49 帧，右击，执行【插入关键帧】命令，设置【值】为 360°。然后，再选择【旋转 Y】所在行中的第 97 帧，右击，执行【插入关键帧】命令，设置【值】为 0°。

8 用同样的方法，在【动画编辑器】面板【旋转 X】所在的行中第 97 帧处右击，执行【插入关键帧】命令，然后再选择第 145 帧，设置【旋转 X】的值为 360°，即可完成动画制作。

7.4 课堂练习：制作祥龙飞舞动画

IK 骨骼在动画制作中具有很多强大的功能，其不仅可以制作关于骨骼的补间动画，还可以制作具有交互性和约束性的骨骼动画。在为骨骼添加约束后，可以限制骨骼的动作幅度，使动画更加逼真。

本节将为多个影片剪辑元件添加 IK 骨骼，将其连接在一起，然后为骨骼添加约束，限制骨骼的旋转角度。最后，为骨骼的末尾添加鼠标按下、鼠标弹起、鼠标滑开的事件，控制龙的各骨骼运动情况。

操作步骤：

1 在 Flash 中执行【文件】|【新建】命令，在【新建文档】对话框中选择 ActionScript 3.0 选项，单击【确定】按钮，创建一个空白 Flash 文档。然后，右击舞台，执行【文档属性】命令，在弹出的【文档属性】对话框中设置影片的【尺寸】为 770px × 300px，背景颜色为橙色（#FF6633）。

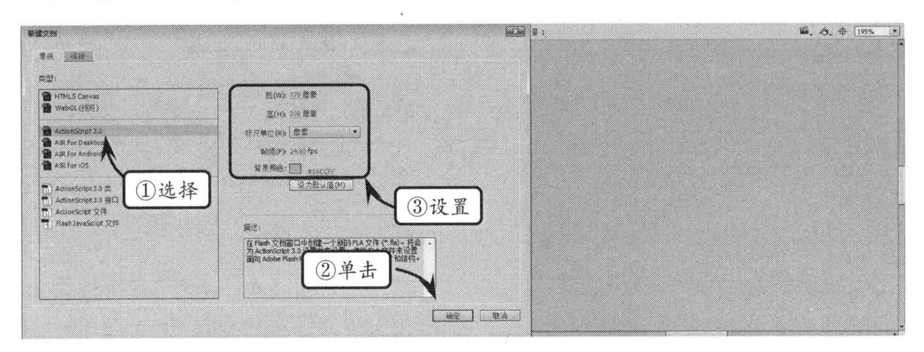

2 执行【文件】|【导入】|【打开外部库】命令，分别打开“云彩.fla”和“金龙.fla”等外部库文件，将外部库中的元件拖曳到影片的【库】面板中。

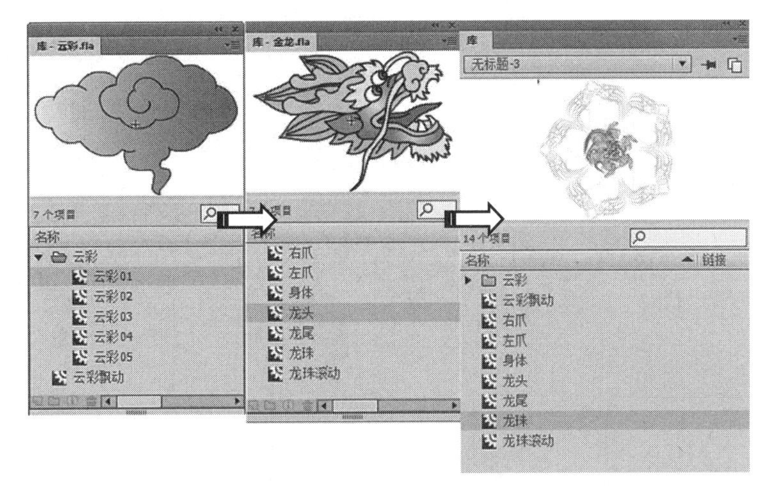

3 选中云彩元件，将其拖曳到舞台中，设置元件的坐标。然后，新建图层，分别将龙的各部分元件拖曳到舞台中，并排列好顺序。最后，将龙珠所在的龙珠元件拖曳到舞台中，放到龙头的口部。

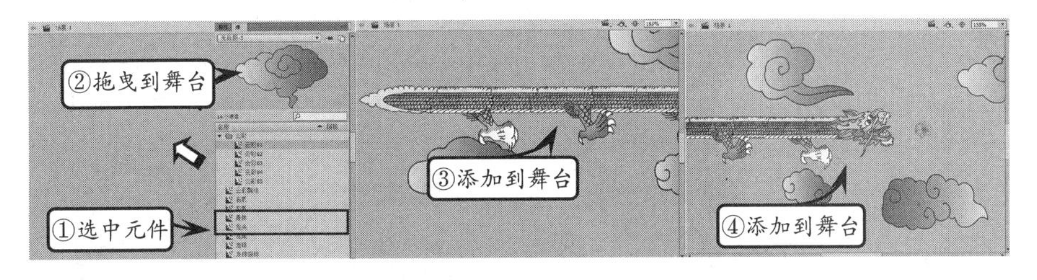

4 在【工具】面板中选择【骨骼工具】，然后，选中龙尾元件，为龙尾元件和其右侧的肢干元件身体添加 IK 骨骼。然后，用同样的方式，将组成龙的各元件用 IK 骨骼连接起来。

5 在完成添加骨骼的工作后，即可在【工具】面板中单击【选择工具】，选中头部龙头元件和龙珠元件之间连接的骨骼，然后在【属性】面板中打开【连接：旋转】选项卡，选中【约束】，设置【右偏移】为 90。用同样的方式，设置每一个 IK 骨骼的约束。

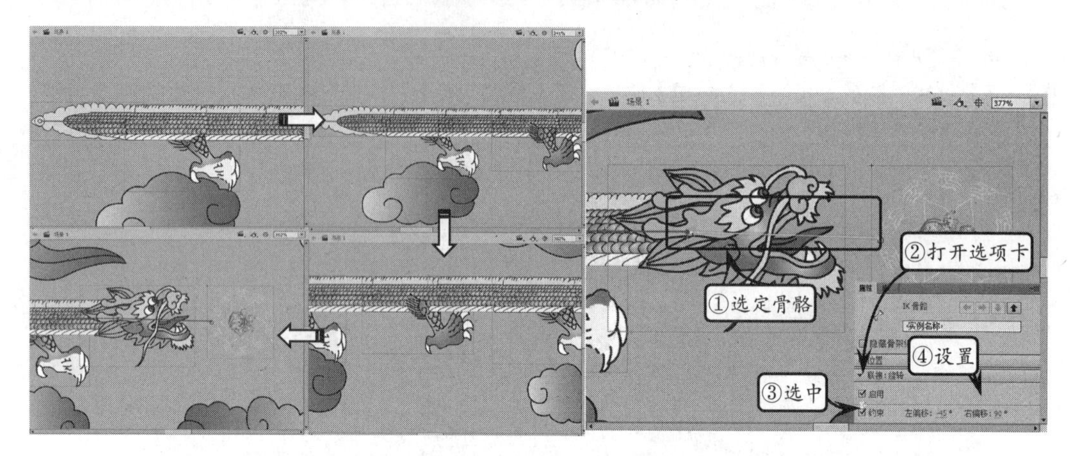

6 选择 IK 骨骼所在的图层，然后在【属性】面板中设置【选项】|【类型】为【运行时】。单击龙珠，在【属性】面板中设置其实例名称为“ball”。然后，选中已无元件的图层 1 中的第 1 帧，执行【窗口】|【动作】命令，在弹出的【动作-帧】面板中输入控制的 ActionScript 脚本。

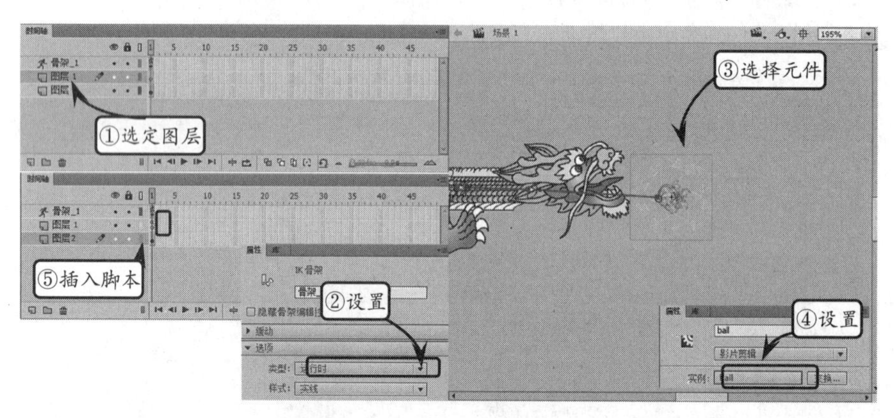

代码如下：

```
ball.addEventListener(MouseEvent.MOUSE_DOWN,moveBall);
//为龙珠添加鼠标按下事件的监听，调用 moveBall 函数
ball.addEventListener(MouseEvent.MOUSE_OUT,putBall);
//为龙珠添加鼠标滑开事件的监听，调用 putBall 函数
ball.addEventListener(MouseEvent.MOUSE_UP,putBall);
//为龙珠添加鼠标弹起事件的监听，调用 putBall 函数
function moveBall(event:MouseEvent=null):void{
  //自定义 moveBall 函数，函数参数为鼠标事件，默认值为空
  ball.startDrag();
  //为龙珠的元件应用拖曳方法
}
function putBall(event:MouseEvent=null):void{
  //自定义 putBall 函数，函数参数为鼠标事件，默认值为空
```

```
    ball.stopDrag();
    //为龙珠的元件应用停止拖曳的方法
}
```

思考与练习

一、填空题

1. 使用__________和__________工具沿着影片剪辑实例的Z轴移动和旋转影片剪辑实例，可以向影片剪辑实例中添加3D透视效果。

2. 通过__________可以更加轻松地创建人物动画，如胳膊、腿和面部表情。

二、选择题

1. 使用以下哪个工具可以在3D空间中旋转影片剪辑？__________

A. 选择工具　B. 缩放工具
C. 3D平移工具　D. 3D旋转工具

2. 向元件实例或形状添加骨骼时，Flash将实例或形状以及关联的骨架移动到时间轴中的新图层，此新涂层称为__________。

A. 姿势层　B. 遮罩层
C. 引导层　D. 普通层

三、简答题

1. 如何为舞台中的对象制作3D效果？

2. 使用【骨骼工具】如何制作人物走动的动画？

四、操作练习

1. 制作3D旋转相册

使用Flash的3D功能，不仅可以帮助用户将某些元件按照3D的方式放置到舞台中，还可以控制各种元件进行3D的动作。本练习需要使用到3D旋转、3D平移等和3D的补间动画，制作一个3D旋转的相册。

2. 制作人物奔跑动画

使用IK骨骼功能，可以方便地模拟各种动物和机械的运动，制作出逼真的动画，同时，IK骨骼还可以节省用户大量绘制逐帧动画的时间，提高设计动画的效率。本练习首先绘制人物的各个部分，包括头、胳膊、手、身体、腿和脚等，并转换为影片剪辑元件。然后，使用【骨骼工具】进行连接，制作一个人物跑步的动画。

第 8 章

ActionScript 入门

ActionScript 是 Flash Player 和 Adobe AIR 运行时环境的编程语言。通过 ActionScript 脚本语言，在 Flash 应用程序中可以实现交互、数据处理以及其他许多功能。ActionScript 脚本语言允许读者向应用程序添加复杂的交互性、播放控制和数据显示。可以使用【动作】面板、【脚本】窗口或外部编辑器在创作环境内添加 ActionScript。

本章详细了解一下 ActionScript 脚本内容，并为后面创建实例打下一定的基础，也为读者更好地学习 Flash 深入的知识进行铺垫。

8.1 ActionScript 编程基础

ActionScript 3.0 的脚本编写功能超越了 ActionScript 的早期版本。它旨在方便创建拥有大型数据集和面向对象的可重用代码库的高度复杂应用程序。虽然 ActionScript 3.0 对于在 Adobe Flash Player 中运行的内容并不是必需的，但它通过使用 AVM2 虚拟机改善其性能。

8.1.1 ActionScript 概述

ActionScript 是由 Flash Player 和 AIR 中的 AVM2 虚拟机执行的。ActionScript 代码通常由编译器（如 Flash 或 Flex 的内置编译器、Flex SDK 中提供的编辑器）编译为“字节代码格式”（一种计算机能够理解的编程语言）。字节码嵌入在 SWF 文件中，SWF 文件由 Flash Player 和 AIR 执行。

1．ActionScript 3.0 更新内容

对于了解面向对象编程基础的用户，看到 ActionScript 3.0 程序代码，会感到并不陌生。因为，它提供了可靠的编程模型，并较早期 ActionScript 版本改进了一些重要功能。

其改进的功能如下所示。

- ❑ 将 AVM1 虚拟机更新为 AVM2 虚拟机，并且使用全新的字节代码指令集，可使性能显著提高。
- ❑ 更新编译器代码库，在优化方面比早期编译器版本要好。
- ❑ 扩展并改进的应用程序编程接口（API），拥有对对象的低级控制和真正意义上的面向对象的模型。
- ❑ 基于 ECMAScript for XML（E4X）规范的 XML API。E4X 是 ECMAScript 的一种语言扩展，它将 XML 添加为语言的本机数据类型。
- ❑ 更新了基于文档对象模型（DOM），如第 3 级事件规范的事件模型。

2. ActionScript 的使用方法

对于已经熟悉 Flash 前期版本的读者，可能了解在文档中添加 ActionScript 脚本的方法。但对于初学 Flash 的读者，还不清楚如何使用 ActionScript 脚本语言。下面列出几种使用 ActionScript 的方法：

1）使用【脚本助手】模式

可以在不亲自编写代码的情况下将 ActionScript 添加到 FLA 文件。例如，执行【窗口】|【动作】命令，并弹出【动作】面板。然后，单击【脚本助手】按钮 脚本助手 ，输入每个动作所需的参数。但是，用户必须了解所使用的函数，不必学习语法。

2）使用【行为】面板

使用行为可以在不编写代码的情况下，将代码添加到文件中。行为是针对常见任务预先编写的脚本。例如，执行【窗口】|【行为】命令，即可弹出【行为】面板（或按 F9 键）。然后在【行为】面板中添加需要配置的行为内容。但是，行为仅对 ActionScript 2.0 及更早版本可用。

3）自己编写代码

用户还可以在【动作】面板中，编写自己的 ActionScript 程序。这样，可以更灵活地控制文档中的对象，但要求用户熟悉 ActionScript 语言。

4）使用特定组件功能

组件是预先构建的影片剪辑，可帮助用户实现复杂的功能。组件可以是简单的用户界面控件（如复选框），也可以是复杂的控件（如滚动窗格）。用户还可以自定义组件的功能和外观，并可下载其他开发人员创建的组件。大多数组件要求用户自行编写一些 ActionScript 代码来触发或控制组件。

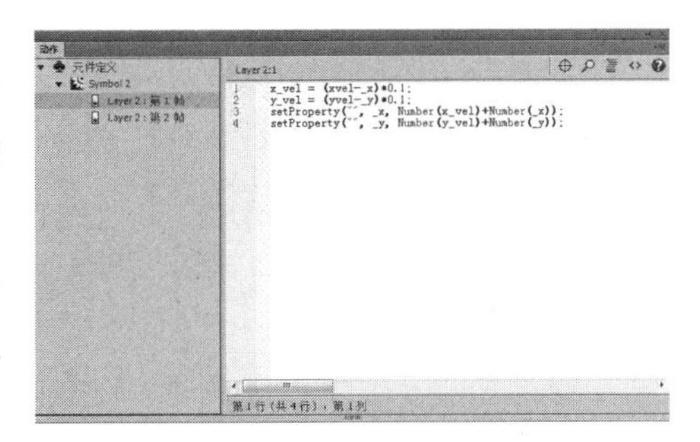

8.1.2 使用【动作】面板

【动作】面板是用于编辑 ActionScript 代码的工作环境，可以将脚本代码直接建嵌入到 FLA 文件中。【动作】面板由三个窗格构成：【动作】工具箱（按类别对 ActionScript 元素进行分组）、脚本导航器（快速地在 Flash 文档中的脚本间导航）和【脚本】窗格（可以在其中输入 ActionScript 代码）。

```
ActionScript:1
27  var playPosition:int;
28  //实例化当前播放进度定位
29  var musicVolume:Number=0.5;
30  //实例化当前音量值
31  var pBarInterval:uint;
32  //实例化定时在刷新进度条的计时函数编号
33  loadXMLList();
34  //执行加载XML列表的函数
35  setTextStyle();
36  //执行定义文本样式的函数
37  buttonsSet();
38  //执行定义按钮属性的函数
39  function setTextStyle():void {
40      //定义文本样式的函数
41      //定义文本样式----------------
42      textStyle.size=12;
43      textStyle.font="微软雅黑";
44      textStyle.leftMargin=5;
45      textStyle.rightMargin=5;
46      //定义文本样式结束------------
47      volumeInfo.setStyle("textFormat",textStyle);
第 1 行（共 357 行），第 1 列
```

使用【脚本】窗格可以创建导入应用程序的外部脚本文件。这些脚本可以是 ActionScript、Flash Communication 或 Flash JavaScript 文件。

如果同时打开多个外部文件，文件名将显示在文档的标题栏位置。而打开多个图层中的代码时，则在【脚本】窗格底部显示该选项卡名称。而在该窗格的顶部显示为脚本工具箱内容，可以简化用户在编辑 ActionScript 代码时的工作。

图　标	名　称	含　义
	查找	查找并替换脚本中的文本
	插入目标路径	（仅限【动作】面板）帮助用户为脚本中的某个动作设置绝对或相对目标路径
	自动套用格式	设置脚本代码的格式，以实现正确的编码语法和更好的可读性
	展开全部	展开当前脚本中所有折叠的代码
	帮助	显示【脚本】窗格中所选 ActionScript 元素的参考信息
	面板菜单	（仅限【动作】面板）包含适用于【动作】面板的命令和首选参数。

8.1.3　调试 ActionScript 3.0 程序

Flash 包括一个单独的 ActionScript 3.0 调试器，它与 ActionScript 2.0 调试器的操作稍有不同。ActionScript 3.0 调试器仅用于 ActionScript 3.0 FLA 和 AS 文件。FLA 文件必须将发布设置设为 Flash Player 9。

1. 测试影片

在【动作】面板的【脚本】中输入脚本代码后，执行【调试】|【调试影片】命令，则将弹出 Flash Player 播放器。并在【时间轴】面板位置显示【编译器错误】选项卡，并显示错误报告。这是针对于内嵌式 ActionScript 3.0 脚本代码调试的一种方法。

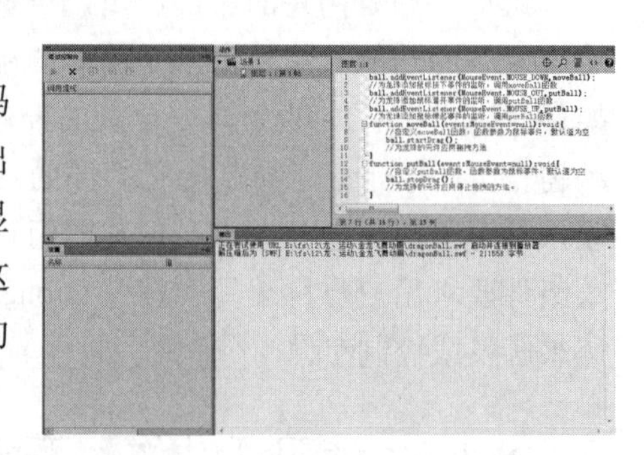

2. 通过调试模式

调试外部的.as 文件，则将切换至【调试】工作区。此时，将启动 ActionScript 3.0

调试会话，同时 Flash 将启动 Flash Player 并播放 SWF 文件。调试版 Flash 播放器从 Flash 创作应用程序窗口的单独窗口中播放 SWF。

在 ActionScript 3.0 调试器中，包括【动作】面板、【调试控制台】面板、【输出】面板和【变量】面板。【调试控制台】面板显示调用堆栈并包含用于跟踪脚本的工具。【变量】面板显示当前范围内的变量及其值，并允许用户自行更新这些值。

开始调试会话的方式取决于正在处理的文件类型。Flash 启动调试会话时，将为会话导出的 SWF 文件中添加特定信息。此信息允许调试器提供代码中遇到错误的特定行号。调试会话期间，Flash 遇到断点或运行时错误时将中断执行 ActionScript 代码。

8.1.4 面向对象编程概述

面向对象的编程是一种组织程序代码的方法，它将代码划分为对象，即包含数据和功能的单个元素。通过使用面向对象的方法来组织程序，可以将特定数据（如唱片标题或歌手名字等音乐信息）及其关联的通用功能或动作（如“播放此歌手的所有歌曲”）组合在一起。这些项目将合并为一个项目，即对象（如“唱片”）。

能够将这些数据和功能捆绑在一起会带来很多好处，其中包括只需跟踪单个变量而非多个变量、将相关功能组织在一起，以及能够以更接近实际情况的方式构建程序。

实际上，面向对象的编程包含两个部分。一部分是程序设计策略和技巧（通常称为面向对象的设计），另一部分是在给定编程语言中提供的实际编程结构，以便使用面向对象的方法来构建程序。例如，OOP 中有以下常见任务。

（1）定义类。

（2）创建属性、方法以及 get 和 set 存取器（存取器方法）。

（3）控制对类、属性、方法和存取器的访问。

（4）创建静态属性和方法。

（5）创建与枚举类似的结构。

（6）定义和使用接口。

（7）处理继承（包括覆盖类元素）。

8.2 ActionScript 语法基础

ActionScript 3.0 与其他编程语言或者脚本语言一样，都有着其语法规则。但用户不必担心，所有语言之间的规则都有着相同之处，只要有一种语言的基础，学习语法就比较轻松。

8.2.1 常用编程元素

首先，对计算机程序的概念及其用途有一个概念性的认识是非常有用的。计算机程序主要包括以下两个方面。

（1）程序是计算机执行的一系列指令或步骤。

（2）每一步最终都涉及对某一段信息或数据的处理。

通常认为，计算机程序只是用户提供给计算机并让它逐步执行的指令列表。每个单独的指令都称为语句。并且，在 ActionScript 中编写的每个语句的末尾都有一个分号。

1. 点语法

在 ActionScript 代码中，可以看到许多语句中使用点。那么，点的主要作用是什么呢？其实，点（.）运算符用来访问对象的属性和方法，主要用于几个方面：第一，可以采用对象后面跟点运算符的属性名称或者方法名称，引用对象的属性或者方法；第二，可以使用点运算符表示包路径；第三，可以使用点运算符描述所显示对象的路径。

2. 语句中标点符号的含义

除了点运算符以外，在 ActionScript 代码中还会常见到分号（;）、逗号（,）、冒号（:）、小括号（( )）、中括号（[ ]）和大括号（{ }）。这些标点符号在代码中，都有着各自不同的作用，可以帮助定义数据类型、终止语句或者构建代码块等。

名 称	含 义
分号	在 ActionScript 语句中，可以用分号（;）表示语句的结束
逗号	在 ActionScript 语句中，主要用逗号（,）分隔参数。如函数的参数、方法的参数等
冒号	在 ActionScript 语句中，要用冒号（:）为变量指定数据类型
小括号	在 ActionScript 语句中，小括号有三种用法：其一，在表达式中用于改变优先运算；其二，在关键字后面，表示函数、方法等；其三，在数组中，使用小括号可以定义数组的初始值
中括号	在 ActionScript 语句中，中括号（[ ]）用于数组的定义和访问
大括号	在 ActionScript 语句中，大括号（{ }）主要用于编程语言程序控制、函数或者类中

3. 注释

在编写 ActionScript 时，通常为便于用户或者其他人员阅读代码，可以在代码行之间插入注释。因此，注释是使用一些简单易懂的语言对代码进行简单的解释的方法。注释语句在编译过程中，并不会进行求值运算。

在前面介绍过，在【脚本】窗格的工具栏中包含【应用块注释】和【应用行注释】两个按钮。通过这两个按钮可以在代码中添加行注释或者块注释（多行注释）。

1）单行注释

在一行中的任意位置放置两个斜杠来指定单行注释。计算机将忽略斜杠后直到该行末尾的所有内容。

2）多行注释

多行注释包括一个开始注释标记（/*）、注释内容和一个结束注释标记（*/）。无论注释跨多少行，计算机都将忽略开始标记与结束标记之间的所有内容。

注释的另一种常见用法是临时“禁用”一行或多行代码。例如，在测试代码过程中，可以为一行代码语句或者多行代码语句添加注释，这样计算机将不执行所注释的代码。

8.2.2 变量和常量

在几乎所有的语言中，都存在变量和常量这两个概念。它们是程序中不可缺少的内容，是计算机中数据的代名词。下面来了解一下这两个概念。

1. 变量

变量表示计算机内存中的值。在编写语句来操作值时，编写变量名来代替值；只要计算机看到程序中的变量名，就会查看变量在内存中所存储的值。

为便于理解，在数学中，假定 X=30 和 Y=20 时，X+Y 等于 50。我们完全可以将 X 和 Y 理解为变量。

在 ActionScript 3.0 中，一个变量实际上包含三个不同部分。

（1）变量的名称；

（2）可以存储在变量中的数据的类型；

（3）存储在计算机内存中的实际值。

在 ActionScript 中创建变量时，应指定该变量要保存的数据的特定类型；此后，程序的指令只能在该变量中存储该类型的数据，可以使用与该变量的数据类型关联的特定特性来操作值。在 ActionScript 中，若要创建一个变量（称为声明变量），应使用 var 语句：

```
var value1:Number;
```

该语句可以理解为：创建一个名为 value1 的变量，该变量仅保存 Number 数据（“Number”是在 ActionScript 中定义的一种特定数据类型）。例如，还可以立即给变量赋值：“var value2:Number = 17;”。

另外，在一个影片剪辑元件、按钮元件或文本字段放置在舞台上时，可以在【属性】检查器（【属性】检查器泛指【属性】面板）中为它指定一个实例名称。在后台，Flash 将创建一个与该实例名称同名的变量，可以在 ActionScript 代码中使用该变量来引用该舞台项目。

2. 常量

常量也是表示计算机内存中具有指定数据类型的值。但是，在 ActionScript 应用程序运行期间只能为常量赋值一次。一旦为某个常量赋值之后，该常量的值在整个应用程序运行期间都保持不变。常量声明语法与变量声明语法相同，只不过是使用 const 关键字而不使用 var 关键字：

```
const SALES_TAX_RATE:Number =5.17;
```

常量定义的值，如果在整个项目中使用常量表示该值，则只需在一个位置（常量声明）更改该值，无须像使用硬编码字面值那样在不同位置更改该值。

8.2.3 数据类型

在 ActionScript 3.0 中，声明一个变量或常量时，必须指定其数据类型。ActionScript 的数据按照其结构可以分为基元数据类型、核心数据类型和内置数据类型。

1. 基元数据类型

基元数据是 ActionScript 最基础的数据类型。所有 ActionScript 程序操作的数据都是由基元数据组成的。基元数据包括 7 种子类型。

数据类型	含　义
Boolean	一种逻辑数据，其值为 True（真）或 False（假）
Number	用来表示所有的数字，包括整数、无符号整数以及浮点数。Number 使用 64 位双精度格式存储数据，其最小值和最大值分别存放在 Number 对象的 Number.MIN_VALUE 和 Number.MAX_VALUE 属性中
int	一种整数数据类型。其用于存储-2 147 483 648～2 147 483 647 之间的所有整数
uint	表示无符号的整数（非负整数）。其取值范围为 0～4 294 967 295 之间的所有正整数。uint 型数据的默认值也是 0
NULL	一种特殊的数据类型。其值只有一个，即 null，代表空值
String	表示一个 16 位字符的序列。字符串在数据的内部存储为 Unicode 字符，并使用 UTF-16 格式
void	变量也只有一个值，即 undefined，其代表无类型的变量。void 型变量仅可用作函数的返回类型。无类型变量是指缺乏类型注释或者使用星号（*）作为类型注释的变量

2. 核心数据类型

除了基元数据外，ActionScript 还提供了一些复杂的核心数据类型。核心数据主要包括 Object（对象）、Array（数组）、Date（日期）、Error（错误对象）、Function（函数）、RegExp（正则表达式对象）、XML（可扩充的标记语言对象）和 XMLList（可扩充的标记语言对象列表）等。

其中，最常用的核心数据即 Object。Object 数据类型是由 Object 类定义的。Object 类用作 ActionScript 中的所有类定义的基类。

3. 内置数据类型

大部分内置数据类型以及程序员定义的数据类型都是复杂数据类型。例如，下面列出一些常用的复杂数据类型。

（1）MovieClip：影片剪辑元件。

（2）TextField：动态文本字段或输入文本字段。

（3）SimpleButton：按钮元件。

经常用作数据类型的同义词的两个词是类和对象。类仅仅是数据类型的定义——好比用于该数据类型的所有对象的模板，例如“所有 Example 数据类型的变量都拥有这些特性：A、B 和 C”。相反，对象仅仅是类的一个实际的实例；可将一个数据类型为 MovieClip 的变量描述为一个 MovieClip 对象。

8.2.4 运算符与表达式

运算符是一种特殊的函数，它们具有一个或多个操作数并返回相应的值。操作数是运算符用作输入的值（通常为值、变量或表达式）。例如，在下面的代码中，将加法运算符（+）和乘法运算符（*）与三个字面值（实指具体的值）操作数（2、3 和 4）结合使用来返回一个值。赋值运算符（=）随后使用此值将返回值 14 赋给变量 sumNumber。

```
var sumNumber:uint = 2 + 3 * 4; //uint = 14
```

运算符可以是一元、二元或三元的。一元运算符采用一个操作数。例如，递增运算符（++）就是一元运算符，因为它只有一个操作数。二元运算符采用两个操作数。例如，除法运算符（/）有两个操作数。三元运算符采用三个操作数。例如，条件运算符（?:）采用三个操作数。

有些运算符是重载的，这意味着其行为因传递给它们的操作数的类型或数量而异。例如，加法运算符（+）就是一个重载运算符，其行为因操作数的数据类型而异。如果两个操作数都是数字，则加法运算符会返回和值。如果两个操作数都是字符串，则加法运算符会返回这两个操作数连接后的结果。下面的示例代码说明运算符的行为如何因操作数而异。

```
trace(5 + 5);          //10
trace("5" + "5");      //55
```

运算符的行为还可能因所提供的操作数的数量而异。减法运算符（-）既是一元运算符又是二元运算符。例如，对于减法运算符，如果只提供一个操作数，则该运算符会对操作数求反并返回结果；如果提供两个操作数，则减法运算符返回这两个操作数的差。

```
trace(-5);             //-5
trace(10 - 2);         //8
```

1. 主要运算符

主要运算符包括那些用来创建 Array 和 Object 值、对表达式进行分组、调用函数、实例化类实例以及访问属性的运算符。

下表列出了所有主要运算符，它们具有相同的优先级。属于 E4X 规范的运算符用（E4X）来表示。

运算符	含义	运算符	含义
[ ]	初始化数组	{x:y}	初始化对象
( )	对表达式进行分组	f(x)	调用函数
new	调用构造函数	x.y x[y]	访问属性
<></>	初始化 XMLList 对象（E4X）	@	访问属性（E4X）
::（双冒号）	限定名称（E4X）	..（两点）	访问子级 XML 元素（E4X）

2．后缀运算符

后缀运算符只有一个操作数，它递增（++）或递减（--）该操作数的值，它们具有更高的优先级和特殊的行为。在将后缀运算符用作较长表达式的一部分时，先返回表达式的值后处理后缀运算符。例如，下面的代码演示了如何在值递增之前返回表达式 xNum++的值。

```
var xNum:Number = 0;
trace(xNum++);  //0
trace(xNum);    //1
```

3．一元运算符

一元运算符只有一个操作数。这一组中的递增运算符（++）和递减运算符（--）是前缀运算符，这意味着它们在表达式中出现在操作数的前面。前缀运算符与它们对应的后缀运算符不同，因为递增或递减操作是在返回整个表达式的值之前完成的。例如，下面的代码演示如何在递增值之后返回表达式 ++xNum 的值：

```
var xNum:Number = 0;
trace(++xNum);  //1
trace(xNum);    //1
```

下表列出了所有的一元运算符，它们具有相同的优先级。

运算符	含义	运算符	含义
++	递增（前缀）	--	递减（前缀）
+	一元 +	-	一元 - （非）
!	逻辑“非”	~	按位“非”
delete	删除属性	typeof	返回类型信息
void	返回未定义值		

4．乘法运算符

乘法运算符有两个操作数，执行乘、除或求模计算。所有的乘法运算符，具有相同的优先级，如乘法（*）、除法（/）和求模（%）。

5．加法运算符

加法运算符有两个操作数，分别执行加法或减法计算。所有加法运算符，具有相同的优先级，如加法（+）和减法（-）。

6．按位移位运算符

按位移位运算符有两个操作数，将第一个操作数的各位按第二个操作数指定的长度移位。所有按位移位运算符，具有相同的优先级，如按位左移位（<<）、按位右移位（>>）和按位无符号右移位（>>>）。

7．关系运算符

关系运算符有两个操作数，它比较两个操作数的值，然后返回一个布尔值。下表列出了所有关系运算符，它们具有相同的优先级。

运算符	含　义	运算符	含　义
<	小于	>	大于
<=	小于或等于	>=	大于或等于
as	检查数据类型	in	检查对象属性
instanceof	检查原型链	is	检查数据类型

8．等于运算符

等于运算符有两个操作数，它比较两个操作数的值，然后返回一个布尔值。下表列出了所有等于运算符，它们具有相同的优先级。

运算符	含　义	运算符	含　义
==	等于（两个等号(=)）	!=	不等于
===	全等（三个等号(=)）	!==	不全等

9．按位逻辑运算符

按位逻辑运算符有两个操作数，执行位级别的逻辑运算。按位逻辑运算符具有不同的优先级；如按位“与”（&）、按位“异或”（^）和按位“或”（|），优先级递减。

10．逻辑运算符

逻辑运算符有两个操作数，这类运算符返回布尔结果。逻辑运算符具有不同的优先级；如逻辑“与”（&&）和逻辑“或”（||），优先级递减。

11．条件运算符

条件运算符是一个三元运算符，也就是说它有三个操作数。条件运算符（?:）是应用 if…else 条件语句的一种简化方式，如“5>3?a=5:b=3;”，则结果将 a 赋值为 5。

12．赋值运算符

赋值运算符有两个操作数，它根据一个操作数的值对另一个操作数进行赋值。下表列出了所有赋值运算符，它们具有相同的优先级。

运算符	含　义	运算符	含　义
=	赋值	*=	乘法赋值
/=	除法赋值	%=	求模赋值
+=	加法赋值	-=	减法赋值
<<=	按位左移位赋值	>>=	按位右移位赋值
>>>=	按位无符号右移位赋值	&=	按位“与”赋值
^=	按位“异或”赋值	|=	按位“或”赋值

那么，在多个运算符混合使用时，则表达式必须按照下列一定的顺序进行计算：主要运算符→后缀运算符→一元运算符→乘法运算符→加法运算符→按位移位运算符→关系运算符→等于运算符→按位逻辑运算符→逻辑运算符→条件运算符→赋值运算符。

8.2.5 应用函数

函数是执行特定任务并可以在程序中重复使用的代码块。如果要使用自定义的函数，首先用户需要定义函数，可以将要实现功能的代码放置在该函数体中。当定义完成后，调用该函数即可实现预设的功能。

1. 定义函数

在 ActionScript 3.0 中可以通过两种方法来定义函数：使用函数语句和使用函数表达式。

1）函数语句

函数语句是在严格模式中定义函数的首选方法。函数语句以 function 关键字开头，其使用语法如下所示。

```
function 函数名(参数列表):数据类型
{
  代码块
}
```

其中，函数名用来说明函数的功能，因此，函数名的命名最好能够表达要实现的功能。例如，playMovie 表示播放影片，toString 表示转换为字符串类型，nextFrame 表示跳转到下一帧，getTime 表示获取时间。

2）函数表达式

第二种方法是结合使用赋值语句和函数表达式，函数表达式有时也称为函数值或匿名函数。这是一种较为繁杂的方法。带有函数表达式的赋值语句是以 var 关键字开头，其使用语法如下所示。

```
var 函数名:Function = function(参数列表)
{
  代码块
}
```

例如，使用函数表达式声明一个 myFun 函数，该函数用来输出传递进来的两个参数的参数值，代码如下所示。

```
var myFun:Function = function (str1:String,str2:String)
{
  trace(str1+str2);
}
```

函数表达式是表达式，而不是语句。因此，函数表达式不能独立存在，而函数语句则可以。函数表达式只能用作语句（通常是赋值语句）的一部分。

2. 调用函数

通过使用后跟小括号（()）的函数标识符可以调用函数，其中需要把传递给函数的任何参数都包含在小括号中。调用函数的最常用形式为：

```
函数名(参数)
```

例如，使用小括号（()）调用 myMsg()函数，该函数会在【输出】面板中输出“这是无参函数”字符串，代码如下所示。

```
function myMsg():void
{
  trace("输出内容");
}
myMsg();  //调用 myMsg()函数
```

如果要从函数中返回值，则必须使用 return 语句，该语句后要跟返回的表达式或值。例如，下面的代码返回一个表示参数的表达式。

```
function myNum(baseNum:int):int{
  return (baseNum * 5);  //返回表达式
}
```

使用 return 语句还可以中断函数的执行，这个方式经常会用在判断语句中。如果某条件为 false，则不执行后面的代码，直接返回。

```
function myNum(baseNum:*):void{
//创建 myNum()函数
  var bool:Boolean = baseNum is Number;
  if (!bool){
    return;           //终止执行函数
  }
  trace("传递的参数值为数字型数据。");
}
myNum("function");  //不输出字符串
myNum(123445);      //输出字符串
```

上面的代码将 baseNum 作为函数的参数。在函数体中，首先判断参数值的数据类型是不是数字型。如果不是数字型，则利用 return 语句直接退出该函数，后面的代码就不会被执行。

3．函数参数

如果需要通过函数的参数实现数据交换，必须在定义函数时，为函数指定要接收的参数列表，以及这些参数的类型；而且，在调用函数时要指定匹配的参数列表，即实际参数的个数、类型和顺序要与形式参数的个数、类型和顺序保持一致。

1）按值或按引用传递参数

在许多编程语言中，一定要了解按值传递参数与按引用传递参数之间的区别；这种区别会影响代码的设计方式。按值传递意味着将参数的值复制到局部变量中以便在函数内使用。按引用传递意味着将只传递对参数的引用，而不传递实际值。这种方式的传递不会创建实际参数的任何副本，而是会创建一个对变量的引用并将它作为参数传递，并且会将它赋给局部变量以便在函数内部使用。局部变量是对函数外部的变量的引用，它使用户能够更改初始变量的值。

在 ActionScript 3.0 中，所有的参数均按引用传递，因为所有的值都存储为对象。但是，属于基元数据类型（包括 Boolean、Number、int、uint 和 String）的对象具有一些特殊运算符，这使它们可以像按值传递一样工作。

例如，下面的代码创建一个名为 pass()的函数，该函数定义 xParam 和 yParam 两个参数，其类型为 int。这些参数与在 pass ()函数体内声明的局部变量类似。

```
function pass(xParam:int, yParam:int):void
{
    xParam++;
    yParam++;
    trace(xParam, yParam);
}
var xValue:int = 10;
var yValue:int = 15;
trace(xValue, yValue);//输出结果 10 和 15
pass(xValue, yValue); //函数内部输出结果 11 和 16
trace(xValue, yValue);//再次输出结果 10 和 15
```

在 passPrimitives()函数内部， xParam 和 yParam 的值递增，但这不会影响 xValue 和 yValue 的值。

2）默认参数值

如果在调用具有默认参数值的函数时省略了具有默认值的参数，那么，将使用在函数定义中为该参数指定的值。所有具有默认值的参数都必须放在参数列表的末尾。

例如，下面的代码创建一个具有三个参数的函数，其中的两个参数具有默认值。当仅用一个参数调用该函数时，将使用这些参数的默认值。

```
function default (x:int, y:int = 3, z:int = 5):void
{
trace(x, y, z);
}
```

```
default (1);    //输出结果1 3 5
```

在将参数传递给某个函数时，可以使用 arguments 对象来访问有关传递给该函数的参数的信息。arguments 对象的一些重要方面包括：arguments 对象是一个数组，其中包括传递给函数的所有参数；arguments.length 属性报告传递给函数的参数数量；arguments.callee 属性提供对函数本身的引用，该引用可用于递归调用函数表达式。

下面的示例（仅在标准模式下进行编译）使用 arguments 数组及 arguments.length 属性来跟踪传递给 traceArgArray() 函数的所有参数。

```
function traceArgArray(x:int):void
{
for (var i:uint = 0; i < arguments.length; i++)
    {
        trace(arguments[i]);
    }
}
traceArgArray(1, 2, 3);
//输出结果 output:
//输出结果 1
//输出结果 2
//输出结果 3
```

arguments.callee 属性通常用在匿名函数中以创建递归。可以使用它来提高代码的灵活性。如果递归函数的名称在开发周期内的不同阶段会发生改变，而且使用的是 arguments.callee （而非函数名），则不必花费精力在函数体内更改递归调用。

如果在函数声明中使用 ... (rest)参数，则不能使用 arguments 对象。而必须使用为参数声明的参数名来访问参数。还应避免将“arguments”字符串作为参数名，因为该字符串会遮蔽 arguments 对象。

8.3 语句体结构

ActionScript 语言遵循了结构化的设计方法，将一个复杂的程序划分为若干个功能相对独立的代码模块。程序可以根据事件的触发来决定调用，并执行某一个模块的代码。

8.3.1 条件语句

ActionScript 3.0 提供了三个可用来控制程序流的基本条件语句。

1. if…else 语句

使用 if…else 条件语句可以测试一个条件，如果该条件存在，则执行一个代码块，如果该条件不存在，则执行替代代码块。例如，判断 x 值是否超过 20，如果是，则生成一个 trace()函数，如果不是则生成另一个 trace()函数，代码如下。

```
if (x > 20)
```

```
{
    trace("x is > 20");}
else{
    trace("x is <= 20");}
```

2．if…else if 语句

可以使用 if…else if 条件语句测试多个条件。例如，下面的代码不仅测试 x 的值是否超过 20，还测试 x 的值是否为负数。

```
if (x > 20)
{
    trace("x is>20");}
else if (x < 0)
{
    trace("x is negative");}
```

如果 if 或 else 语句后面只有一条语句，则无须用大括号括起该语句。但是，建议用户始终使用大括号，因为以后在缺少大括号的条件语句中添加语句时，可能会出现意外的行为。

3．switch 语句

如果多个执行路径依赖于同一个条件表达式，则 switch 语句非常有用。该语句的功能与一长段 if…else if 系列语句类似，但是更易于阅读。switch 语句不是对条件进行测试以获得布尔值，而是对表达式进行求值并使用计算结果来确定要执行的代码块。代码块以 case 语句开头，以 break 语句结尾。

例如，每当星期六时，可以休息。下面的 switch 语句基于由 Date.getDay()方法返回的日期值输出星期几来判断是休息还是工作：

```
var someDate:Date = new Date();
var dayNum:uint = someDate.getDay();
switch(dayNum)
{
case 6:
    trace("休息");
    break;
default:
    trace("工作");
    break;
}
```

8.3.2 循环语句

通过循环语句中的一系列值或变量，来反复执行该循环体中特定的代码块。并且，代码块之间的语句用大括号({ })来括起。

1．for 语句

使用 for 循环可以循环访问某个变量以获得特定范围的值。必须在 for 语句中提供三个表达式：一个设置了初始值的变量；一个用于确定循环何时结束的条件语句；一个在每次循环中都更改变量值的表达式。

例如，下面的代码循环 5 次。变量 i 的值从 0 开始到 4 结束，并计算从 0 到 4 的和赋予 i，再输出 i 的值。

```
var i:int;
for (i = 0; i < 5; i++)
    {
        i=i+i;
    }
trace(i);
```

2．for…in 语句

for…in 循环访问对象属性或数组元素。例如，可以使用 for…in 循环来循环访问通用对象的属性（不按任何特定的顺序来保存对象的属性，因此属性可能以看似随机的顺序出现）。

```
var myObj:Object = {x:20, y:30};
for (var i:String in myObj)
{
    trace(i + ": " + myObj[i]);
}
//输出结果 output:
//输出结果 x: 20
//输出结果 y: 30
```

如果对象是自定义类的一个实例，则除非该类是动态类，否则将无法循环访问该对象的属性。即便对于动态类的实例，也只能循环访问动态添加的属性。

3．for each…in 语句

for each…in 循环用于循环访问集合中的项，这些项可以是 XML 或 XMLList 对象中的标签、对象属性保存的值或数组元素。如下面这段摘录的代码所示，可以使用 for each…in 循环来循环访问通用对象的属性，但是与 for…in 循环不同的是，for each…in 循环中的迭代变量包含属性所保存的值，而不包含属性的名称。

```
var myObj:Object = {x:20, y:30};
for each (var num in myObj)
{
    trace(num);
}
//输出结果 20
```

```
//输出结果 30
```

4. while 语句

while 循环与 if 语句相似，只要条件为 true，就会反复执行。例如，下面的代码通过循环语句输出变量 i 的值。

```
var i:int = 0;
while (i < 5)
{
    trace(i);
    i++;
}
```

使用 while 循环（而非 for 循环）的一个缺点是编写 while 循环更容易导致无限循环。如果遗漏递增计数器变量的表达式，则 for 循环示例代码将无法编译；而 while 循环示例代码将能够编译。若没有用来递增 i 的表达式，循环将成为无限循环。

5. do…while 语句

do…while 循环是一种 while 循环，保证至少执行一次代码块，这是因为在执行代码块后才会检查条件。下面的代码显示了 do…while 循环的一个简单示例，该示例在条件不满足时也会生成输出结果。

```
var i:int = 5;
do
{
    trace(i);
    i++;
} while (i < 5);
//输出结果 5
```

8.4 面向对象编程基础

在 ActionScript 3.0 中，对象只是属性的集合。这些属性是一些容器，除了保存数据，还保存函数或其他对象。以这种方式附加到对象的函数称为方法。

8.4.1 处理对象

在面向对象的编程中，程序指令划分为不同的对象——代码分组为功能块，因此相关类型的功能或相关的信息会组合到一个容器中。

事实上，如果已经在 Flash 中处理过元件，那么用户应已习惯于使用对象了。假定定义了一个影片剪辑元件。比如绘制一个矩形，将该元件的副本放在了舞台上。从严格意义上来说，该影片剪辑元件也是 ActionScript 中的一个对象；即 MovieClip 类的一个实例。

在 ActionScript 面向对象的编程中，任何类都可以包含三种类型的特性：属性、方法和事件。这些元素共同用于管理程序使用的数据块，并用于动作的执行顺序等。

1．属性

属性表示某个对象中绑定在一起的若干数据块中的一个。Song 对象可能具有名为 artist 和 title 的属性；MovieClip 类具有 rotation、x、width 和 alpha 等属性。例如，以下代码表示名为 square 的 MovieClip 对象的 x 坐标移动到 100 个像素处。

```
square.x = 100;
```

还可以将该对象的比例进行调整，如更改 square MovieClip 的水平缩放比例，以使其宽度为原始宽度的 1.5 倍。

```
square.scaleX = 1.5;
```

2．方法

方法是指可以由对象执行的操作。例如，如果在 Flash 中使用时间轴上的几个关键帧和动画制作了一个影片剪辑元件，则可以播放或停止该影片剪辑，或者指示它将播放头移到特定的帧。下面的代码指示名为 shortFilm 的 MovieClip 开始播放，以及停止播放。

```
shortFilm.play();
shortFilm.stop();
```

通过上述内容，依次写下对象名（变量）、句点、方法名和小括号来访问方法，这与属性类似。小括号是指示要调用方法（即指示对象执行该操作）的方式。有时，为了传递执行动作所需的额外信息，将值（或变量）放入小括号中。有些方法（如 play()和 stop()）自身的意义已非常明确，因此不需要额外信息。但书写时仍然带有小括号。

3．事件

事件是所发生的 ActionScript 能够识别并可响应的事情（保持运行、等待用户输入或等待其他事件发生等）。许多事件与用户交互有关，如单击按钮或按键盘上的键，但也有其他类型的事件。例如，加载外部图像，有一个事件可让用户知道图像何时加载完毕。

那么，如何处理事件呢？一般用于指定为响应特定事件而应执行的特定操作的技术称为事件处理。在编写执行事件处理的代码时，用户需要识别三个重要元素：事件源（发生该事件的是哪个对象）、事件（将要发生什么事情）、响应（希望执行哪些步骤）。无论处理什么事件，都会包括这三个元素。

```
function eventResponse(eventObject:EventType):void
{
    //输出响应内容
}
eventSource.addEventListener(EventType.EVENT_NAME,eventResponse);
```

在上述代码中，定义一个函数，用于指定为响应事件而要执行的动作的方法。然后，调用源对象的 addEventListener()方法，指定事件调用该函数，以便当该事件发生时，执行该函数的操作。

8.4.2 类

类是对象的抽象表示形式。类用来存储有关对象可保存的数据类型及对象可表现的行为的信息。尤其在编写较大的程序时，使用类可以更好地控制对象的创建方式以及对象之间的交互方式。

ActionScript 的类分为两种：公共类和自定义类。其中，公共类（自带的类）有数百种，可应用于多个方面。而自定义类则通常由用户自行编写，以实现某方面的功能。

一个自定义类通常包括类名和类体，类体又包含类的属性和方法等几个部分。

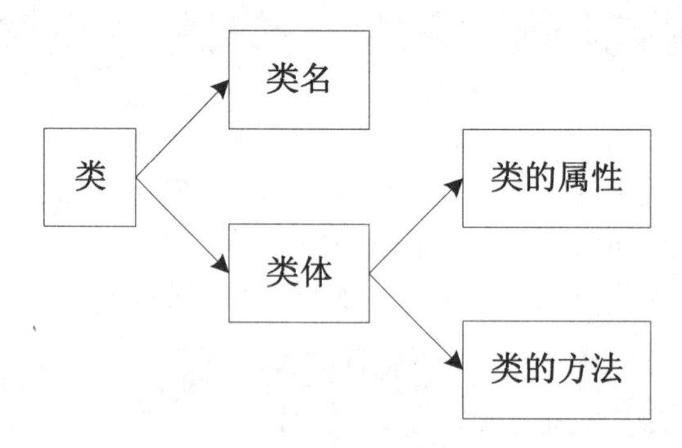

1. 类定义

ActionScript 3.0 类定义使用的语法与 ActionScript 2.0 类定义使用的语法相似。正确的类定义语法中要求 class 关键字后跟类名。类体要放在大括号（{}）内，且放在类名后面。例如，下面的代码创建名为 MyClass 的类，其中包含名为 visible 的变量。

```
public class MyClass
{
    var visible:Boolean = true;
}
```

2. 类属性

在 ActionScript 3.0 中，可使用以下 4 个属性之一来修改类定义。

属 性	定 义	属 性	定 义
动态	允许在运行时向实例添加属性	final	不得由其他类扩展
internal	对当前包内的引用可见（默认）	公共	对所有位置的引用可见

使用 internal 以外的每个属性时，必须显式包含该属性才能获得相关的行为。例如，如果定义类时未包含 dynamic 属性（attribute），则不能在运行时向类实例中添加属性（property）。通过在类定义的开始处放置属性，可显式地分配属性，如下面的代码所示。

```
dynamic class Shape {}
```

3. 类体

类体放在大括号内，用于定义类的变量、常量和方法。下面的示例显示 Adobe Flash Player API 中 Accessibility 类的声明。

```
public final class Accessibility
{
    public static function get active():Boolean;
    public static function updateProperties():void;
}
```

还可以在类体中定义命名空间。下面的示例说明如何在类体中定义命名空间，以及如何在该类中将命名空间用作方法的属性。

```
public class SampleClass
{
    public namespace sampleNamespace;
    sampleNamespace function doSomething():void;
}
```

ActionScript 3.0 不但允许在类体中包括定义，还允许包括语句。如果语句在类体中但在方法定义之外，这些语句只在第一次遇到类定义并且创建了相关的类对象时执行一次。

8.4.3 包和命名空间

包和命名空间是两个相关的概念。使用包，可以通过有利于共享代码并尽可能减少命名冲突的方式将多个类定义捆绑在一起。使用命名空间，可以控制标识符（如属性名和方法名）的可见性。无论命名空间位于包的内部还是外部，都可以应用于代码。包可用于组织类文件，命名空间可用于管理各个属性和方法的可见性。

1. 包

在 ActionScript 3.0 中，包是用命名空间实现的，但包和命名空间并不同义。在声明包时，可以隐式创建一个特殊类型的命名空间并保证它在编译时是已知的。

包的代码通常需要写到扩展名为.as 的文本文件中。声明一个包，其代码如下所示。

```
package  samples {//声明包
  public class Examplefile//创建公共类Examplefile
  {
    function Examplefile()//创建主函数Examplefile
  }
}
```

许多开发人员可能会将类放在包的顶级。但是，ActionScript 3.0 不但支持将类放在包的顶级，还支持将变量、函数甚至语句放在包的顶级。此功能的一个高级用法是，在包的顶级定义一个命名空间，以便它对于该包中的所有类均可用。但是，请注意，在包的顶级只允许使用两个访问说明符：public 和 internal。Java 允许将嵌套类声明为私有，而 ActionScript 3.0 则不同，它既不支持嵌套类也不支持私有类。

2. 导入包

如果用户想使用位于某个包内部的特定类，则必须导入该包或该类。前面所定义的 Examplefile 类为例，如果该类位于名为 samples 的包中，那么，在使用 Examplefile 类之前，必须使用下列导入语句之一。

```
import samples.*;
或
import samples. Examplefile;
```

通常，import 语句越具体、越详细越好，这样，避免导致意外的名称冲突。还必须将定义包或类的源代码放在类路径内部。类路径有时称为生成路径或源路径。

在正确地导入类或包之后，可以使用类的完全限定名称（samples. Examplefile），也可以只使用类名称本身（Examplefile）。当同名的类、方法或属性会导致代码不明确时，完全限定的名称非常有用，但是，使用完全限定的名称会导致代码冗长。

创建包时，该包的所有成员的默认访问说明符是 internal，这意味着，默认情况下，包成员仅对其所在包的其他成员可见。如果希望某个类对包外部的代码可用，则必须将该类声明为 public。例如，下面的包包含 SampleCode 类：

```
package samples
{
    public class SampleCode {}
}
```

3. 命名空间

通过命名空间可以控制所创建的属性和方法的可见性。一般将 public（公共）、private（私有）、protected（受保护的）、internal（内部的）视为内置的命名空间。

要了解命名空间的工作方式，有必要先了解属性或方法的名称总是包含两部分：标识符和命名空间。标识符通常被视为名称。例如，下面的类定义中的标识符是 number1_space 和 number2_space ()。

```
class Examplefile
{
    var number1_space:String;
    function number2_space () {
    trace(s number1_space + " from number2_space ()");
    }
}
```

只要定义不以命名空间属性开头，会用默认 internal 命名空间限定其名称。这意味着，这些定义仅对同一个包中的调用方可见。如果编译器设置为严格模式，则编译器会发出一个警告，指明 internal 命名空间将应用于没有命名空间属性的任何标识符。

为了确保标识符可在任何位置使用，必须在标识符名称的前面明确加上 public 属性。使用命名空间时，应遵循以下三个基本步骤。

第一， 必须使用 namespace 关键字来定义命名空间。例如，定义 version1 命名空间：

```
namespace version1;
```

第二，在属性或方法声明中，使用命名空间（而非访问控制说明符）来应用命名空间。下面的示例将一个名为 myFunction()的函数放在 version1 命名空间中：

```
version1 function myFunction() {}
```

第三，在应用了该命名空间后，可以使用 use 指令进行引用，也可以使用一个命名空间来限定标识符的名称。下面的示例通过 use 指令来引用 myFunction() 函数：

```
use namespace version1;
myFunction();
```

命名空间中包含一个名为统一资源标识符（URI）的值，该值有时称为命名空间名称。使用 URI 可确保命名空间定义的唯一性。可通过使用以下两种方法之一来声明命名空间定义，以创建命名空间：像定义 XML 命名空间那样使用显式 URI 定义命名空间；省略 URI。

```
namespace flash_proxy = "http://www.adobe.com/flash/proxy";
```

URI 用作该命名空间的唯一标识字符串。如果省略 URI，则编译器将创建一个唯一的内部标识字符串来代替 URI。

```
namespace flash_proxy;
```

在定义了命名空间（具有 URI 或没有 URI）后，就不能在同一个作用域内重新定义该命名空间。如果尝试定义的命名空间以前在同一个作用域内定义过，则将生成编译器错误。

如果在某个包或类中定义了一个命名空间，则该命名空间可能对于此包或类外部的代码不可见，除非使用了相应的访问控制说明符。

8.5 课堂练习：大家一起填

在除法运算中包含两种情况：一种是能整除；另一种不能整除，就不会产生余数。在本练习中，通过 ActionScript 与 Flash 组件结合使用，可以实现用户输入两个操作数，通过单击按钮计算出其余数。

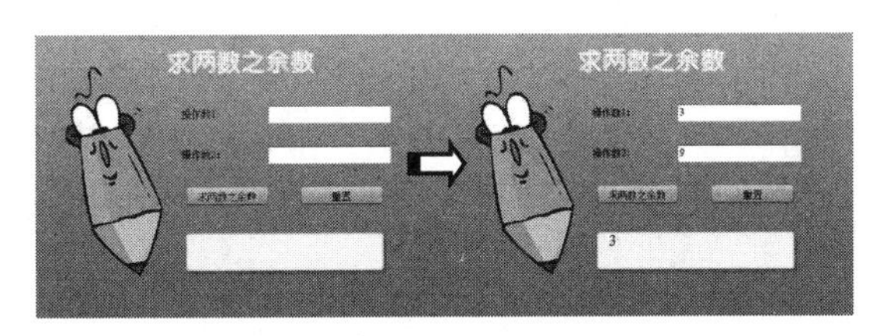

操作步骤：

1 新建文档，在【文档设置】对话框中设置舞台的【尺寸】为 500×350 像素。单击【矩形工具】按钮，在【颜色】面板中选择【颜色类型】为【线性渐变】，并设置蓝色渐变。然后，在舞台中绘制一个矩形。

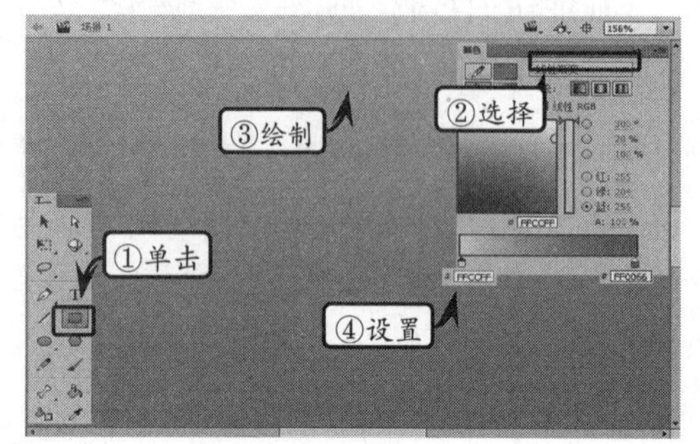

2 执行【文件】|【导入】|【导入到舞台】命令，将铅笔.pong 素材图像导入到舞台。然后新建图层，使用【文本工具】在舞台的顶部输入“求两数之余数”文字，并在【属性】检查器中设置其系列、大小等参数。

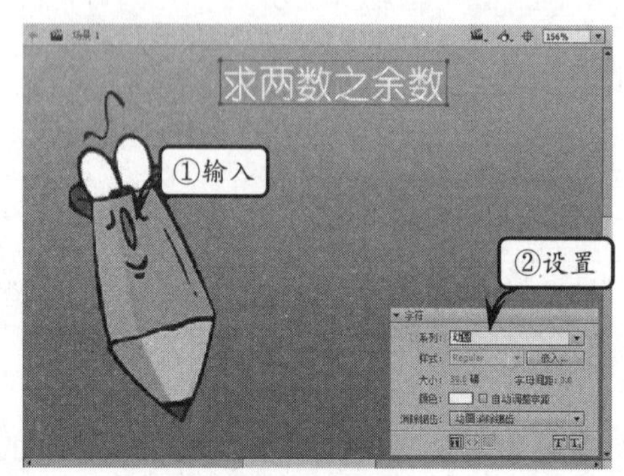

3 选择文字，单击【属性】检查器中底部的【添加滤器】按钮，在弹出的菜单中执行【发光】命令，为其添加发光滤器。然后，在【滤镜】选项中设置【强度】为 300%，【颜色】为【白色】(#FFFFFF)。

4 新建图层，执行【窗口】|【组件】命令，打开【组件】面板，将 Label 组件拖入到舞台中。然后，在【属性】检查器中设置其实例名称为“num1”；【组件参数】选项中 text 参数值为“操作数 1”。

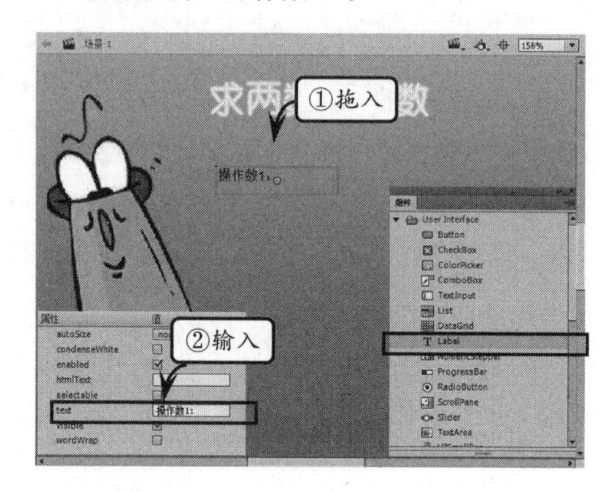

5 在【组件】面板中选择 TextInput 组件。并将其拖入到舞台中 Label 组件的右侧。然后，在【属性】检查器中设置其实例名称为“tx1”；【宽】为 150。

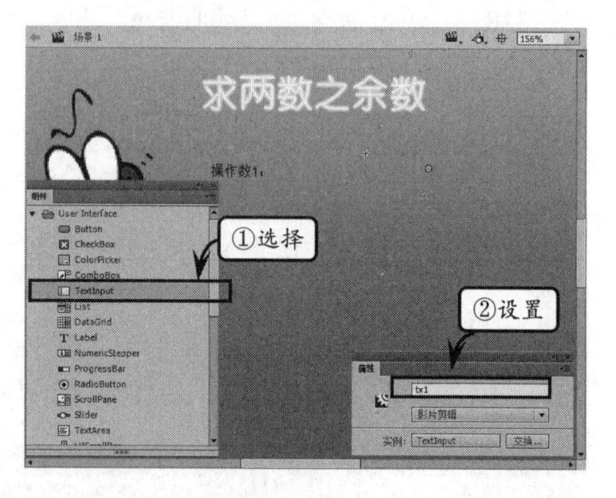

6 在舞台中分别再拖入 Label 组件和 TextInput 组件。然后，在【属性】检查器中设置 Label 组件的实例名称为“num1”；text 参数值为“操作数 2;”，设置 TextInput 组件的实例名称为“tx2”；【宽】为 150。

7 在【组件】面板中选择 Button 组件，并将其拖入到舞台中，在【属性】检查器中设置其实例名称为“yes”；label 参数值为“求两数之余数”。

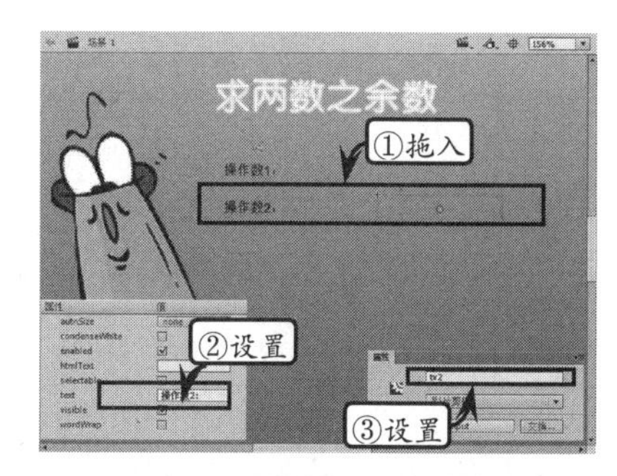

8 然后，在其右侧再拖入一个 Button 组件，在【属性】检查器中设置其实例名称为“rest”；label 参数值为“重置”。

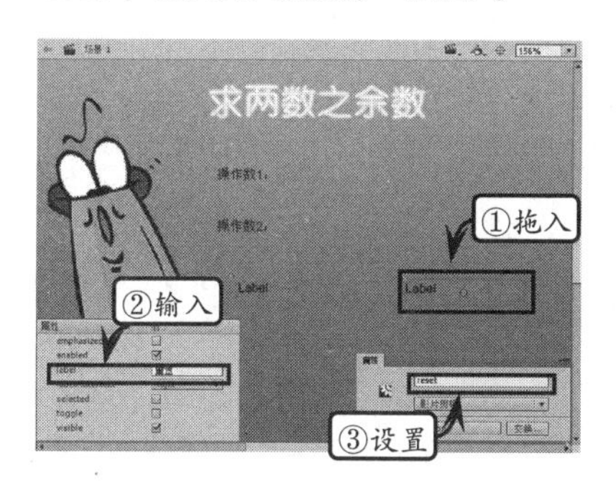

9 新建图层，使用【矩形工具】在舞台中绘制一个笔触为绿色（#00FF00），填充颜色为黄色（#FFFF00）的圆角矩形的上面拖入一个 Label 组件，在【属性】检查器中设置实例名称为“tx3”。

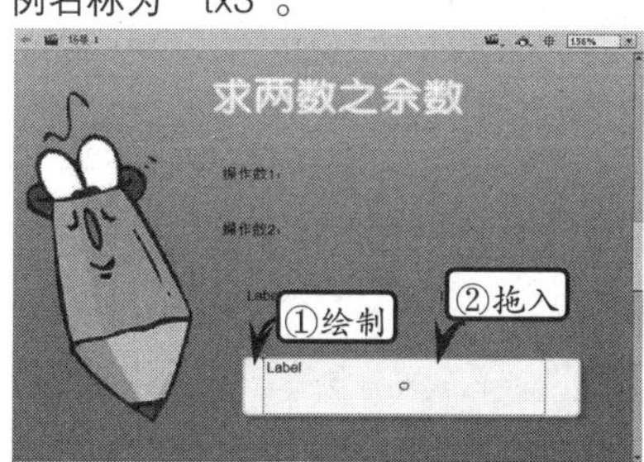

10 新建图层，右击第一帧，在弹出的菜单中选择【动作】命令，打开【动作】面板。然后，通过 ActionScript 脚本代码创建文本式样，为组件实例设置样式属性。

```
var tf:TextFormat=new TextFormat();
//创建文本样式 tf
tf.size=12;
//设置文字大小为 12
var df:TextFormat=new TextFormat();
//创建文本样式 df
df.size=20;
//设置文字大小为 20
num1.setStyle("textFormat",tf);
//实例名称为 num1 的组件读取样式 tf
num2.setStyle("textFormat",tf);
//实例名称为 num2 的组件读取样式 tf
yes.setStyle("textFormat",tf);
//实例名称为 yes 的组件读取样式 tf
reset.setStyle("textFormat",tf);
//实例名称为 reset 的组件读取样式 tf
tx1.setStyle("textFormat",tf);
//实例名称为 tx1 的组件读取样式 tf
tx2.setStyle("textFormat",tf);
//实例名称为 tx2 的组件读取样式 tf
tx3.setStyle("textFormat",df);
//实例名称为 tx3 的组件读取样式 df
```

11 为实例名称为 yes 和 reset 的 Button 组件添加侦听鼠标单击事件，当事件发生时分别调用 buttonclick1()和 buttonclick2()函数，用于计算两个操作数的余数和清空文本字段中的内容。

```
function buttonclick1(event:Mouse
Event):void {
//创建名称为 buttonclick1 的函数
    var a:int=int(tx1.text);
    //将组件 tx1 中的内容转换为整数类
    //型并赋值给变量 a
    var b:int=int(tx2.text);
    //将组件 tx2 中的内容转换为整数类
    //型并赋值给变量 b
    var c:int=a%b;
    //将变量 a 与变量 b 相除求得的余数
    //赋值给变量 c
    tx3.text=String(c);
```

```
        //将变量 c 转换为字符串类型并在组
        //件 tx3 中显示
    }
    yes.addEventListener(MouseEvent.
    CLICK, buttonclick1);
    //侦听实例名称为 yes 的鼠标单击事件并
    //调用 buttonclick1 事件
    function  buttonclick2(event:Mouse
    Event):void {
    //创建名称为 buttonclick2 的函数
        tx1.text="";
        //组件 tx1 中显示为空
        tx2.text="";
        //组件 tx2 中显示为空
        tx3.text="";
        //组件 tx3 中显示为空
    }
    reset.addEventListener(MouseEvent.
    CLICK, buttonclick2);
    //侦听实例名称为 reset 的鼠标单击事件
    //并调用 buttonclick2 事件
```

8.6 课堂练习：粉红计算器

在 Windows 操作系统中，已经集成了计算器程序，用户可以通过该程序进行四则运算。本练习将使用 ActionScript 3.0 语言制作一个简单的计算器程序，可以实现两个操作数之间的加、减、乘和除。

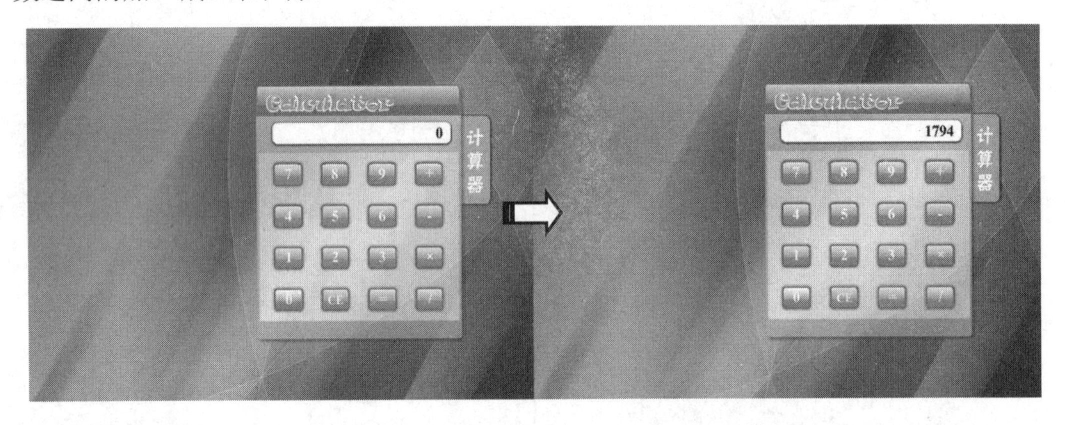

操作步骤：

1 新建 700×500 像素的空白文档，将素材图像导入到【库】面板中，并将背景图像拖入到舞台中。然后，使用【矩形工具】绘制一大一小两个矩形，将其转换为影片剪辑元件，并在【属性】面板中设置 Alpha 值为 65%。

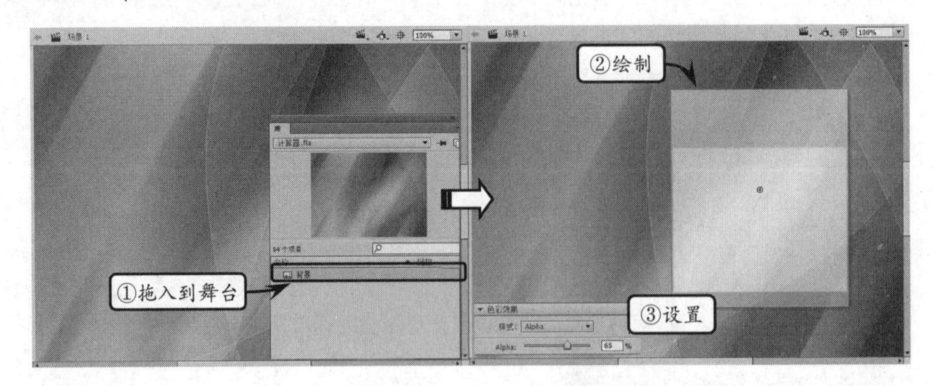

2 新建【标签】影片剪辑元件，在舞台中绘制一个圆角矩形，删除其左侧部分区域，并输入“计算

器”文字。然后返回场景，将该影片剪辑元件拖到计算器背景的右侧，在【属性】面板中为其添加【投影】滤镜。

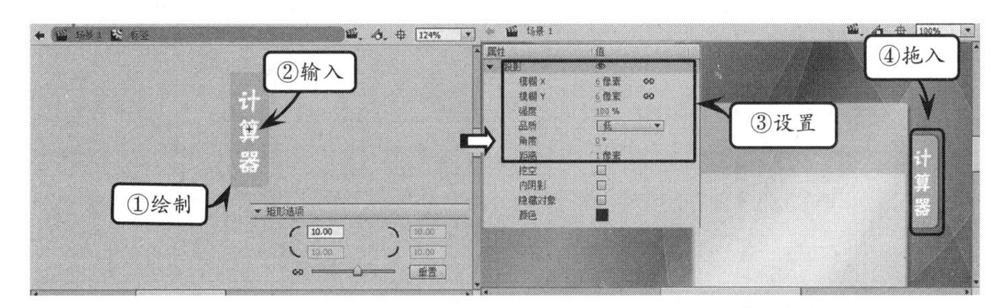

3 新建【标题栏】影片剪辑元件，选择【矩形工具】，在【属性】面板中设置【笔触】为 2；【笔触颜色】为粉色（#FF33FF），在舞台中绘制一个渐变圆角矩形。然后新建图层，在圆角矩形上面输入“Calculator”文字，并为其添加白色、2 像素粗的描边。

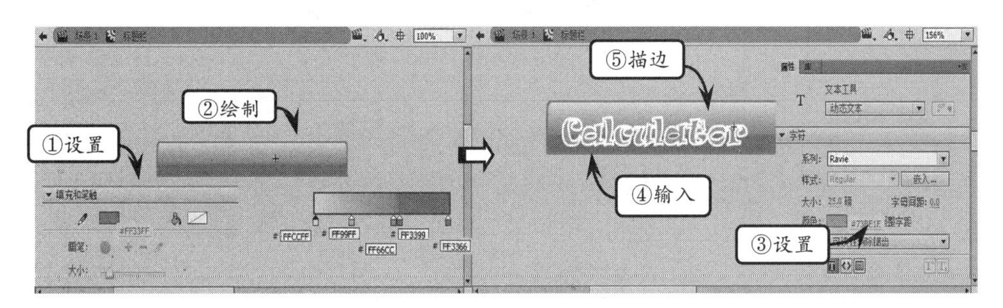

4 返回场景，新建【标题栏】图层，将【标题栏】影片剪辑元件拖到计算器背景的顶部。新建【文本输入框】影片剪辑元件，在舞台中绘制一个白色的圆角矩形。使用【文本工具】T 在该矩形上面创建一个动态文本，设置其【实例名称】为“numinput”，并输入默认值为 0。

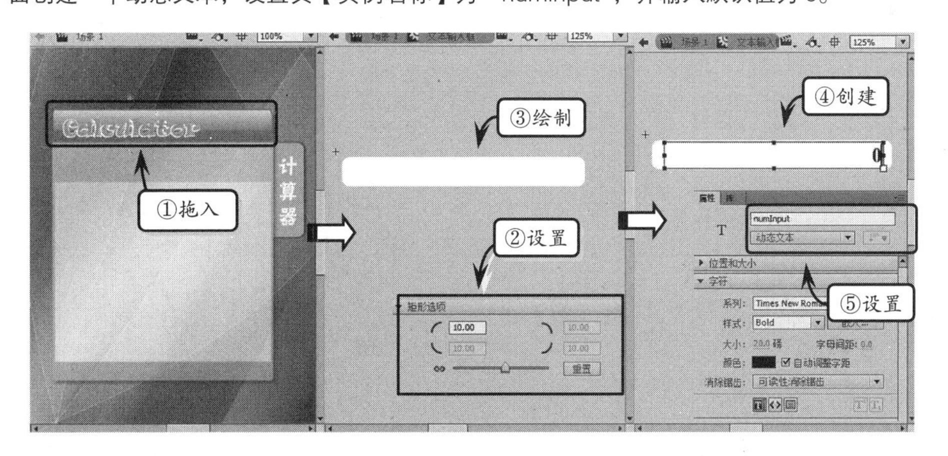

5 返回场景。新建图层，将【文本输入框】影片剪辑元件拖到【标题栏】的下面，并设置其【实例名称】为“input”。然后，在【属性】面板中为其添加【投影】滤镜，并设置【模糊 X】和【模糊 Y】为 6 像素；【角度】为 90°；【距离】为 1 像素。

6 新建【按钮-0 (初始)】影片剪辑元件，使用【矩形工具】绘制一个边角半径为 5 像素的圆角矩形，为其填充从浅到深的棕色渐变，并输入数字 0。然后新建【按钮-0 (经过)】影片剪辑元件，绘制一个相同大小的圆角矩形，为其填充从浅到深的绿色渐变，同样也输入数字 0。

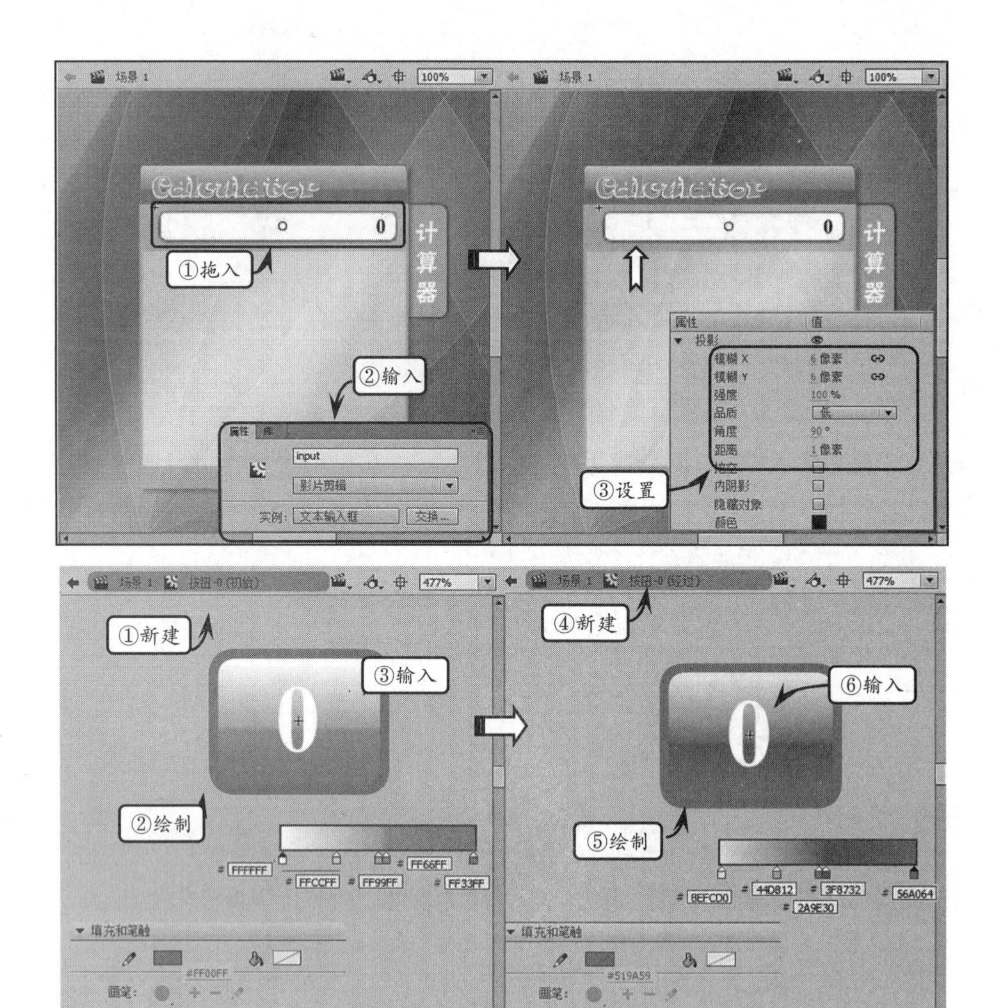

7 新建【按钮–0】按钮元件，在【弹起】状态帧处将【按钮–0 (初始)】影片剪辑元件拖到舞台中，并设置其【水平居中分布】和【垂直对齐】。然后分别在【指针经过】和【按下】状态帧处插入空白关键帧，并在相同的位置上拖入【按钮–0 (经过)】影片剪辑元件。

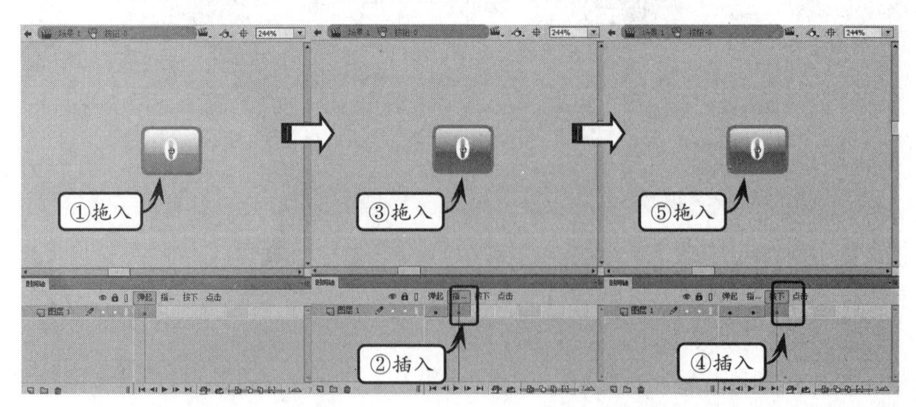

8 返回场景。将【按钮–0】按钮元件拖到计算器背景的左下角，并设置其【实例名称】为“num_0”。使用相同的方法，制作计算器中其他的按钮元件，将其拖到舞台中的相应位置，并设置实例名称。

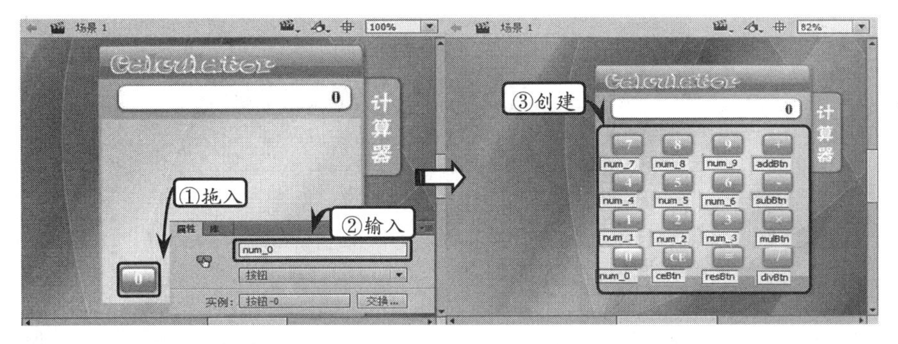

9 新建名称为“AS”的图层，打开【动作】面板。通过 new 运算符创建一个名称为“arr”的数组，并指定该数组包含 16 个元素。然后，将计算器的各个按钮元件存储到该数组的各个元素中。

```
var arr:Array = new Array(16);
//创建名称为 arr 的数组
arr[0] = num_0;
arr[1] = num_1;
arr[2] = num_2;
arr[3] = num_3;
arr[4] = num_4;
arr[5] = num_5;
arr[6] = num_6;
arr[7] = num_7;
arr[8] = num_8;
arr[9] = num_9;
arr[10] = ceBtn;
arr[11] = addBtn;
arr[12] = subBtn;
arr[13] = mulBtn;
arr[14] = divBtn;
arr[15] = resBtn;
//将按钮元件存储到 arr 数组的元素中
```

10 通过 for 语句侦听数字按钮元件的鼠标单击事件，当事件发生时调用 showNum()函数。该函数可将被单击按钮相应对的数字显示在文本框中，并存储操作数 1 和操作数 2 到 num1 和 num2 变量中。

```
var num1:int = 0;
var num2:int = 0;
//声明存储操作数 1 和操作数 2 的数值型变量，并设置初始值
var textNum1:String="";
var textNum2:String="";
//声明存储操作数 1 和操作数 2 的字符型变量，并设置初始值
var bool:Boolean = false;
//用于判断是操作数 1 还是操作数 2
for(var i:int = 0;i<=9;i++){
  var mc:SimpleButton = arr[i];
  mc.addEventListener(MouseEvent.CLICK,showNum);
  //侦听按钮元件的鼠标单击事件，当事件发生时调用 showNum()函数
}
```

```
function showNum(event:MouseEvent):void{
  var mc:SimpleButton = event.target as SimpleButton;  //获取事件目标对象
  var numStr:String = String(mc.name).charAt(4);
  //获取按钮元件名称的第 4 个字符，即按钮相对应的数字
  if(bool==false){
  //当 bool 为假时，即设置操作数 1
    textNum1 = textNum1 + numStr;
    input.numInput.text = textNum1;
    //在文本框中显示操作数 1
    num1 = int(textNum1);
  }else{
    textNum2 = textNum2 + numStr;
    input.numInput.text = textNum2;
    //在文本框中显示操作数 2
    num2 = int(textNum2);
  }
}
```

11 侦听运算符按钮元件的鼠标单击事件，当事件发生时调用 oper()函数。该函数将会根据所单击的按钮元件指定运算符，并对操作数 1 和操作数 2 进行相应的运算，将结果显示在计算器的文本框中。

```
var operator:String;  //存储运算符的变量
addBtn.addEventListener(MouseEvent.CLICK,oper);
subBtn.addEventListener(MouseEvent.CLICK,oper);
mulBtn.addEventListener(MouseEvent.CLICK,oper);
divBtn.addEventListener(MouseEvent.CLICK,oper);
//侦听运算符按钮元件鼠标单击事件
function oper(event:MouseEvent):void{
  bool = true;
  //当 bool 变量为 true 时，即单击按钮生成的数字为操作数 2
  var mc:SimpleButton = event.target as SimpleButton;
  var str:String = String(mc.name);
  //获取被单击按钮的名称，并转换为字符串型数据

  //根据按钮元件名称指定相应的运算符
  switch(str){
    case "addBtn":
    //当被单击按钮的名称为“addBtn”，即要进行加法运算
      operator = "+";  //指定加法运算符
      if(num2 != 0){
      //如果操作数 2 不为 0，即存在用户指定的操作数 2
        num1 = num1 + num2;
        //将操作数 1 和操作数 2 进行加法运算
        clearNum2();
        //调用 clearNum2()函数显示运算结果，并初始化操作数 2
      }
      break;
    …
```

```
    }
  }
  function clearNum2():void{
    input.numInput.text = String(num1);
    //将计算结果显示在文本框中
    num2 = 0;
    textNum2 = "";
    //初始化操作数 2
    bool = true;
  }
```

12 侦听【等于】按钮元件的鼠标单击事件，当事件发生时调用 toResult()函数。该函数根据 operator 变量存储的运算符，对操作数 1 和操作数 2 进行相应的四则运算，并将运算结果显示在计算器的文本框中。

```
  resBtn.addEventListener(MouseEvent.CLICK,toResult);
  //侦听【等于】按钮元件的鼠标单击事件，当事件发生时调用 toResult()函数
  function toResult(event:MouseEvent):void{
    bool = false;
    switch(operator){
    //根据 opreator 变量中存储的运算符进行相应的四则运算
      case "+":  //如果变量的值为“+”
        num1 = num1 + num2;
        //将操作数 1 和操作数 2 进行加法运算
        break;
      case "-":  //如果变量的值为“-”
        num1 = num1 - num2;
        //将操作数 1 和操作数 2 进行减法运算
        break;
      case "*":  //如果变量的值为“*”
        num1 = num1 * num2;
        //将操作数 1 和操作数 2 进行乘法运算
        break;
      case "/":  //如果变量的值为“/”
        num1 = num1 / num2;
        //将操作数 1 和操作数 2 进行除法运算
        break;
    }
    num2 = 0;
    textNum2 = "";
    //初始化操作数 2
    input.numInput.text = String(num1);
    //将运算结果显示在计算器的文本框中
  }
```

13 侦听 CE 按钮元件的鼠标单击事件，当事件发生时调用 clearNum()函数。该函数用于初始化计算器的参数，包括存储字符串型操作数的变量、存储数值型操作数的变量和文本框显示的内容。

```
  ceBtn.addEventListener(MouseEvent.CLICK,clearNum);
  //侦听 CE 按钮元件的鼠标单击事件，当事件发生时调用 clearNum()函数以初始化计算器参数
```

```
function clearNum(event:MouseEvent):void{
  bool = false;
  input.numInput.text = "0";
  //指定计算器文本框的内容为“0”
  textNum1 = "";
  textNum2 = "";
  //初始化存储字符串型操作数的变量
  num1 = 0;
  num2 = 0;
  //初始化存储数值型操作数的变量
}
```

思考与练习

一、填空题

1．ActionScript 3.0 脚本语言是一种__________的、基于__________执行的__________。

2．ActionScript 的语句流程主要包括__________、__________和__________等三种。

二、选择题

1．以下哪种数据类型可用于显示一段字符？__________

A．uint　　B．String

C．Boolean　　D．void

2．以下哪种语句可以循环遍历 XML 中的对象？__________

A．do…while 语句

B．for each…in 语句

C．for…in 语句

D．while 语句

三、简答题

1．简述实例化对象的两种方法。

2．简述按位运算所包含的运算方法及其使用方式。

四、操作练习

1．使用数学常数

在 ActionScript 中，允许用户使用 Math 对象的公共常量数学常数，其主要包含 8 种常数。

常量名	说明
Math.E	自然对数的底的数学常数 e 的近似值
Math.LN10	10 的自然对数的数学常数 ln10 的近似值
Math.LN2	2 的自然对数的数学常数 log2 的近似值
Math.LOG10E	数学常数 e 以 10 为底的对数的常数 $\ln_{10}e$ 的近似值
Math.LOG2E	数学常数 e 以 2 为底的对数的数学常数 $\log_2 e$ 的近似值
Math.PI	圆周率常数π的近似值
Math.SQRT1_2	数字 1/2 的平方根的近似值
Math. SQRT2	数字 2 的平方根的近似值

使用以上的各种常数，用户无须输入数值或进行运算即可进行各种特殊运算。例如，求圆的周长，设圆半径为 30px，则可使用 Math.PI 公共常量，代码如下。

```
Trace(40*Math.PI);
```

2．其他常用数学方法

使用 Math 对象，用户除了可获取一些公共常量外，还可通过 Math 对象的方法进行其他的数学运算，包括求绝对值、计算三角函数、整数运算等。例如，使用 Math 对象的方法获取数字 0～100 之间任意一个整数，需要使用 Math.random()等方法进行计算，代码如下。

```
Trace(Math.round(Math.round(Mat
h.random()*100);
```

第 9 章

处理声音

作为一种多媒体应用平台，Flash 除了允许用户绘制和制作各种图形图像内容外，还允许用户为影片添加音频、视频等多媒体内容，使影片内容更加丰富多彩。在用户完成 Flash 动画影片的制作后，还可以将 Flash 影片导出为多种格式的文档，以在各种环境下应用。

本章将介绍有关导入音频、视频以及对发布 Flash 文档的优化、预览等操作方法与技巧，即多媒体与后期制作的技术。

9.1 应用音频

在 Flash 中，为影片添加声音可以使内容更加丰富多彩。声音除了对动画起到辅助说明的作用外，背景音乐还可以为画面烘托气氛。导入音频后，用户可以自定义其开始播放和结束播放的时间，也可以通过按钮组件等对音频进行操作和控制。

9.1.1 导入声音文件

Flash 提供多种使用声音的方式，可以使声音独立于时间轴连续播放，也可以使用时间轴将动画与音轨保持同步。

Flash 的声音分为事件声音和音频流两种类型。事件声音必须完全下载后才能开始播放，除非明确停止，否则它将一直连续播放；而音频流在前几帧下载了足够的数据后就开始播放，可以与时间轴同步以便在网站中播放。

1. 声音的采样比率

Flash 可以导入采样比率为 11kHz、22kHz 或 44kHz 的 8 位或 16 位的声音。如果声音的记录格式不是 11kHz 的倍数，那么它将重新采样。在导出时，Flash 会把声音转换成采样比率较低的声音。

由于声音在存储和使用时需要占用大量的磁盘空间和内存，所以在向 Flash 中添加声音效果时，最好导入 16 位 22kHz 单声道声音。

2. 导入外部声音

用户可以将外部的声音文件导入到 Flash 的【库】面板中，在文档中使用该声音。

首先执行【文件】|【导入】|【导入到库】命令，打开【导入到库】对话框。然后，选择并打开所需的声音文件，即可将其添加到【库】面板中。

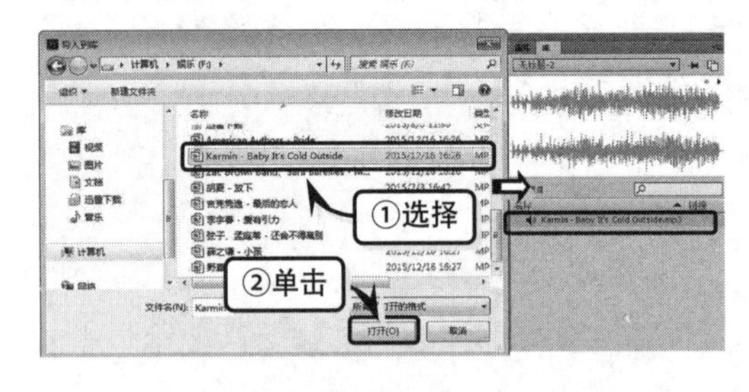

9.1.2 添加音频

将声音从【库】面板中添加到影片中并放置在单独的图层后，用户便可聆听声音的原始效果。

如果想让声音变得更加优美，可以通过【属性】面板中的【声音】选项，为声音制作淡入淡出或者音量由高到低等效果。除此之外，还可以控制声音在某时播放或停止。

1. 为影片添加声音

为影片添加声音，不仅可以丰富其内容，还可以在欣赏画面时聆听优美的音乐。

首先将声音文件导入到【库】面板中。执行【插入】|【图层】命令，为声音创建一个新的图层。然后，将声音文件从【库】面板中拖入到舞台，即可在当前的图层中添加声音。

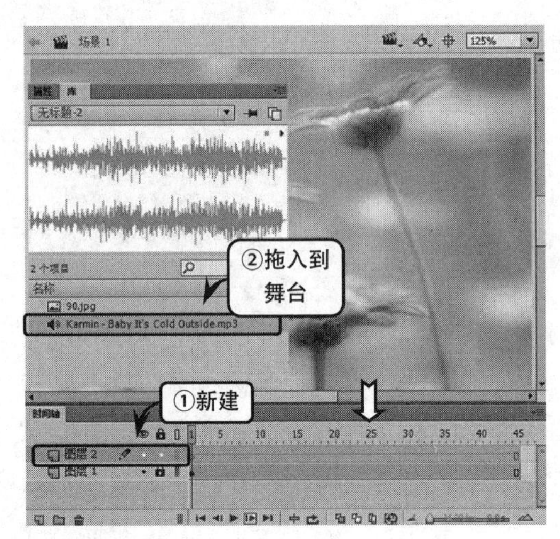

提示

用户可以将多个声音放在同一个图层上，也可以放在包含其他对象的图层上。但是，对于初学者来说，建议将每个声音放在一个独立的图层上，使每个图层作为一个独立的声音通道。当播放影片时，所有层上的声音混合在一起。

2. 声音控制区

在时间轴上，选择图层 2 中包含声音文件的任意一帧，然后在【属性】面板中即可显示声音的控制区域。

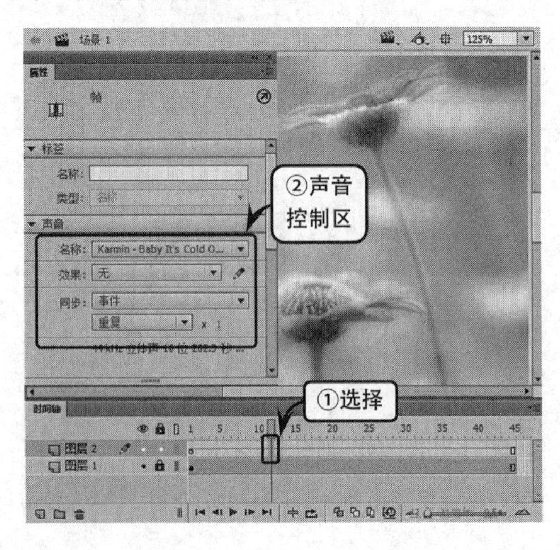

在【效果】下拉列表框中可以为音频添加预设的效果，如左声道、淡入、淡出等。另外，还可以通过【编辑封套】对话框自定义所需的声音效果。

【效果】下拉列表框中各个选项的详细介绍如下。

- ❑ **无**　不对声音文件应用效果，并可以删除以前应用的效果。
- ❑ **左声道**　仅播放左声道的声音。此时单击【编辑】按钮，可打开【编辑封套】对话框，在上面一个波形预览窗口（左声道）中的直线位于最上面，表示左声道以最大的声音播放，而下面一个波形预览窗口（右声道）的直线位于最下面，表示右声道不播放。

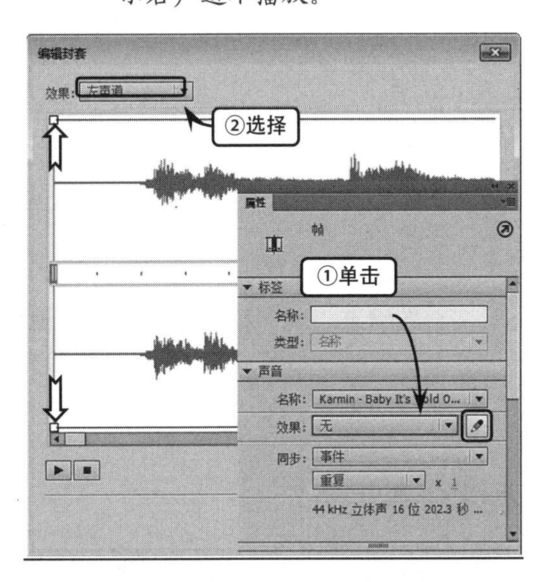

- ❑ **右声道**　仅播放右声道的声音，选择该项，则右声道会以最大声音播放，左声道不播放，这时的波形预览窗口与选择左声道时正好相反。
- ❑ **从左到右淡出**　把声音从左声道切换到右声道，这时左声道的声音逐渐减小，而右声道的声音逐渐增大。

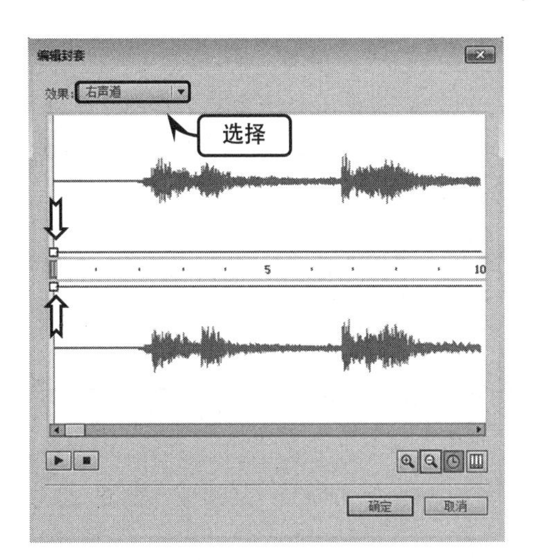

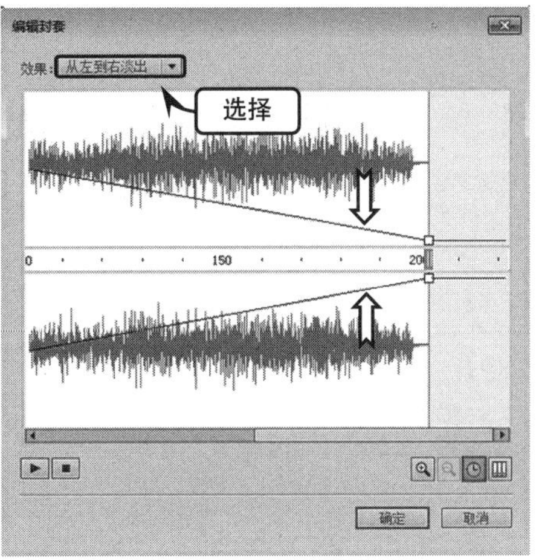

- ❑ **从右到左淡出**　把声音从右声道切换至左声道，这时右声道的声音逐渐减小，而左声道的声音逐渐增大。

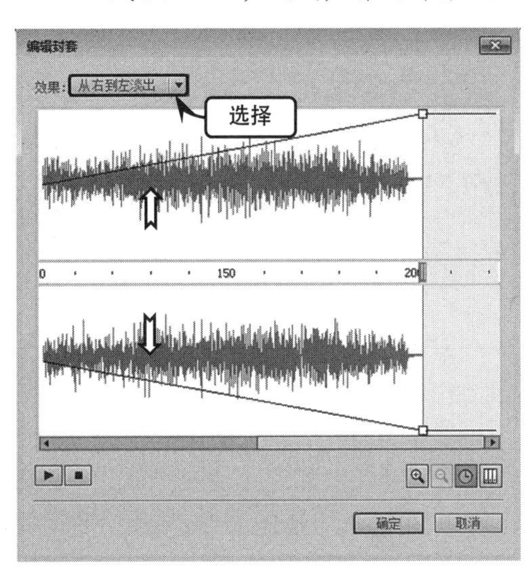

- ❑ **淡入** 在声音播放过程中逐渐增大声音，选择该项，声音在开始时没有，然后逐渐增大，当达到最大时保持不变。

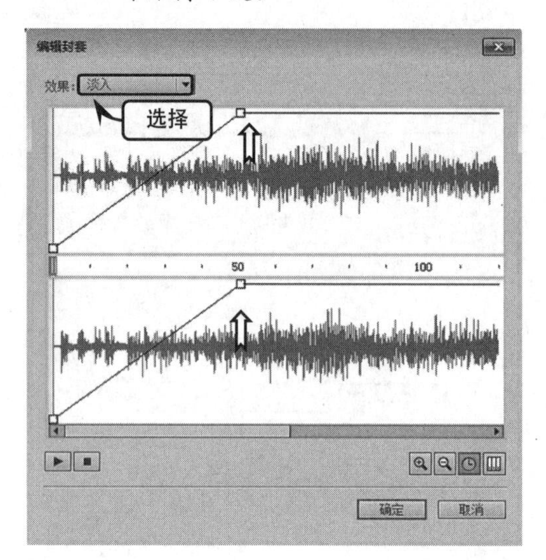

- ❑ **淡出** 在声音播放过程中逐渐减小声音，选择该项，在开始一段时间声音不变，随后声音逐渐减小。

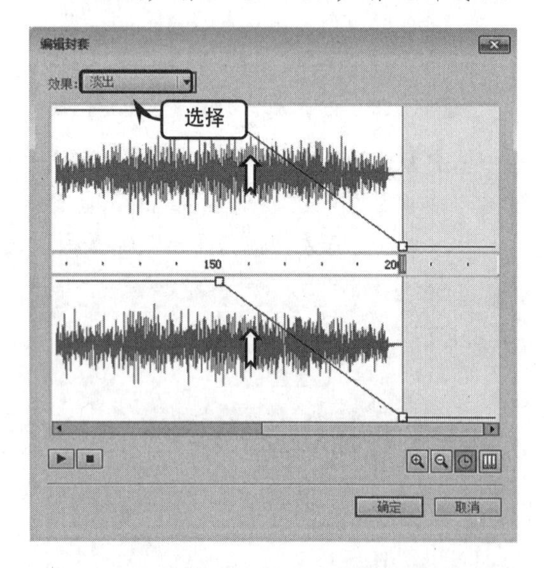

- ❑ **自定义** 允许使用【编辑封套】创建自定义的声音淡入和淡出点。

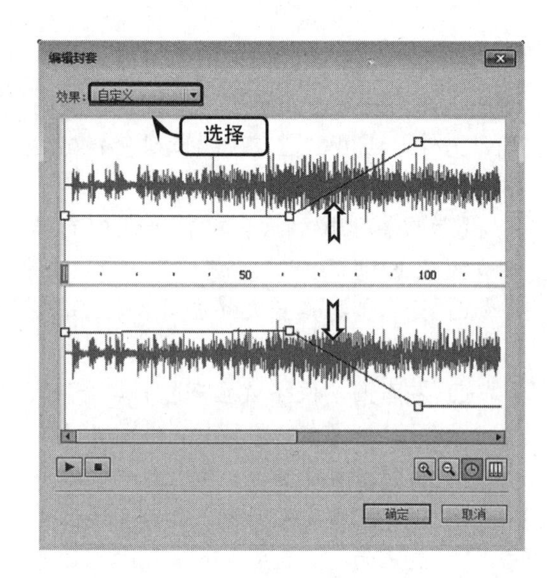

在【属性】面板中的【同步】下拉列表框中，可以设置声音的同步方式，同时也能够控制在动画中播放声音的起始时间，包括如下选项。

- ❑ **事件** 使声音与某个事件同步发生。当动画播放到事件的开始关键帧时，声音就开始播放。它将独立于动画的时间线播放，并完整地播放完整个声音文件。
- ❑ **开始** 与【事件】方式相同，区别是如果这些声音正在播放，就要创建一个新的声音实例，并开始播放。
- ❑ **停止** 停止声音的播放。
- ❑ **数据流** 使声音和影片同步，以便在网站上播放影片。Flash 将调整影片的播放速度使它和流方式声音同步。

注 意

如果使用 MP3 声音作为音频流，则必须重新压缩声音，以便能够导出。可以将声音导出为 MP3 文件，所用的压缩设置与导入它时的设置相同。

3. 编辑音频

在 Flash 中，使用【编辑封套】对话框可以对基本的声音进行控制，如定义声音的播放起点、声音的大小以及声音的长短等。

打开【编辑封套】对话框，在音频时

间线上，拖动起点和终点游标，可以改变音频的起点和终点。

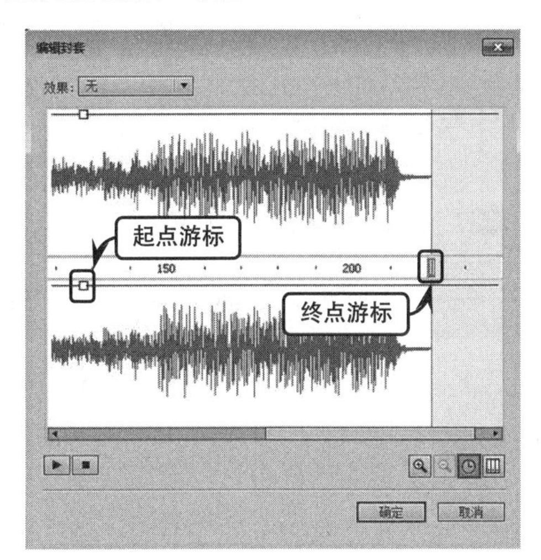

如果要改变音频的幅度，可以单击幅度包络线来创建控制柄，然后拖动幅度包络线上的控制柄，即可改变音频上不同点的高度。

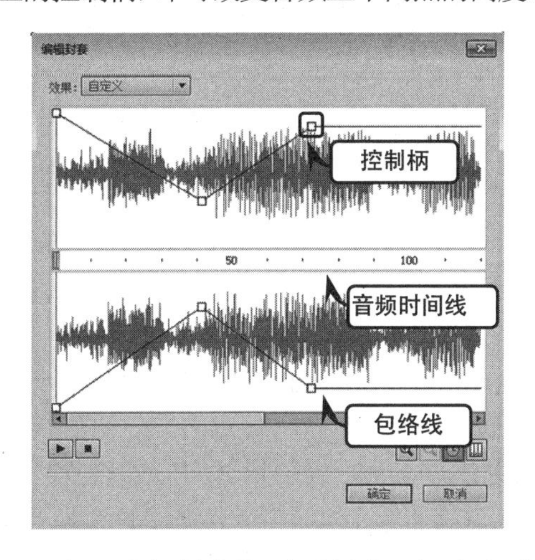

在【编辑封套】对话框中，还包括许多按钮，它们的含义及功能如下所示。

图标	名　称	功　能
■	停止声音	终止播放
▶	播放声音	测试效果
🔍	放大	放大窗口内音频的显示
🔍	缩小	缩小窗口内音频的显示
🕒	秒	时间线以秒为单位进行显示
▥	帧	时间线以帧为单位进行显示

提　示

包络线表示声音播放时的音量。最多可以创建6个控制柄。如果要删除控制柄，可以将其拖出窗口。

4．为按钮添加声音

为按钮元件添加声音，首先要进入该元件的编辑环境，可以在任意空白关键帧上添加声音，它对应于要添加声音的按钮状态。

在默认情况下，只有【弹起】状态帧是空白关键帧。如果需要在其他状态帧上添加声音，则首先要添加空白关键帧或关键帧。

例如，在按下按钮时播放声音。首先进入按钮元件的编辑环境，新建一个图层，用于放置声音。

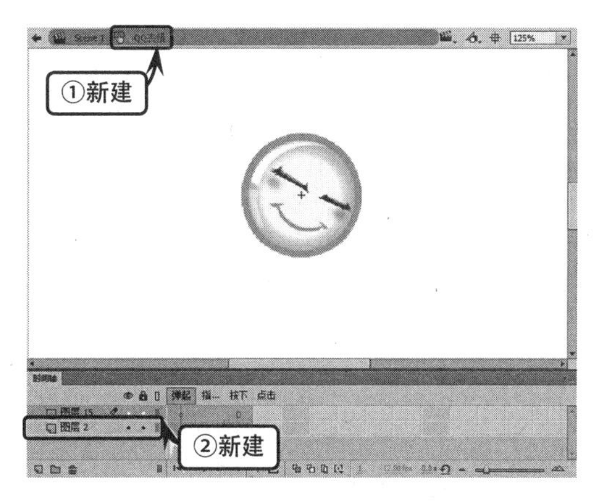

然后，在【按下】状态帧处插入空白关键帧，将声音文件从【库】面板中拖入到舞台中，即可使按钮在按下时播放声音。

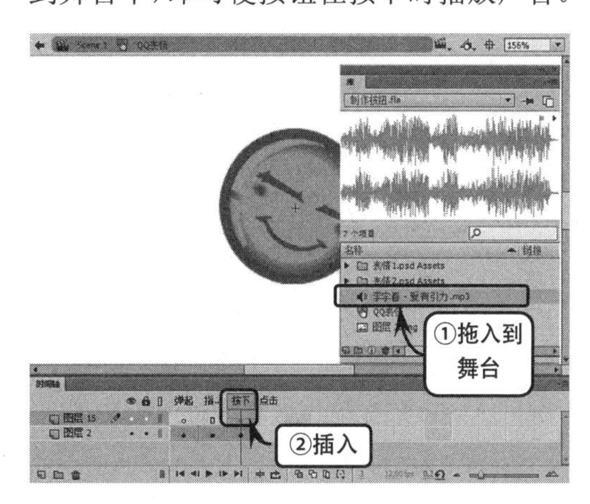

提　示

当【图层 1】上存在帧时，新建图层中也会相应地存在空白帧，所以在为【按下】帧添加声音时，【点击】帧会附属于前一帧的属性，也会具有声音。为了避免这一情况发生，则需要在【点击】帧处插入空白关键帧。

9.1.3 压缩并输出音频

在将声音导入到 Flash 后，其文件体积将相应地增大。此时，为了尽可能减小文件的大小，而又不影响声音的质量，可以采用将声音文件压缩的方法来实现。

在 Flash 中，如果需要设置单个声音的导出属性，可以在【库】面板中，双击声音元件的图标，打开【声音属性】对话框。

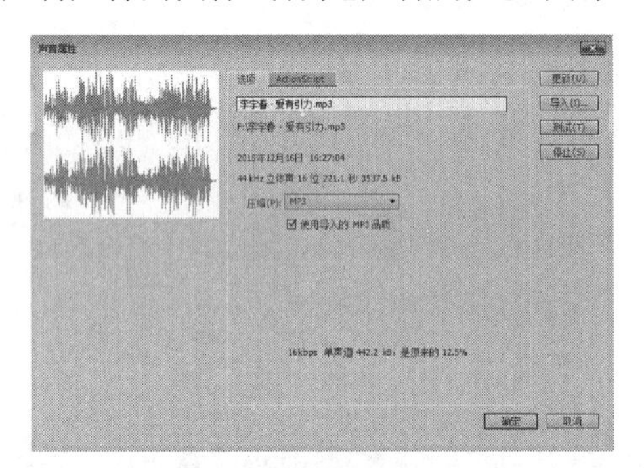

使用【声音属性】对话框可以设置单个音频的输出质量，如果声音文件已经在外部编辑过，则单击【更新】按钮。

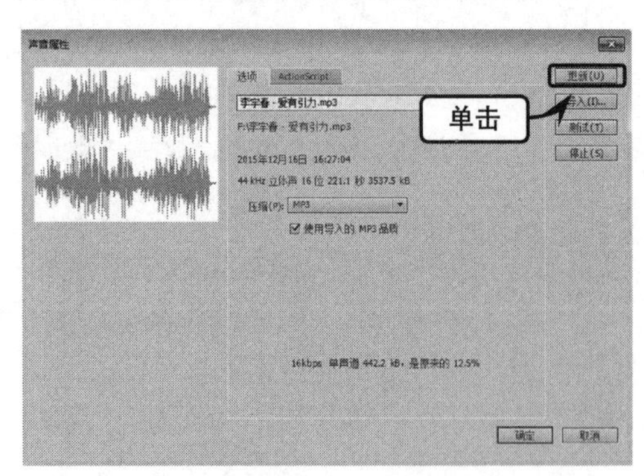

如果没有定义个别音频和输出属性，Flash 将会按照【发布设置】对话框中的设置来发布动画音频。

执行【文件】|【发布设置】命令，在弹出的对话框中打开 Flash 选项卡，即可查看音频文件的默认输出设置。

单击【音频流】或【音频事件】右侧的【设置】按钮，即可打开【声音设置】对话框。在该对话框中可以设置音频文件的压缩方式、比特率、品质等。

在【声音属性】对话框的【压缩】下拉列表框中，各压缩方式的功能介绍如下。

1. ADPCM

该选项用于设置 8 位或者 16 位声音数据的压缩。例如，导出单击按钮这样的短声音时，就可以使用 ADPCM 设置。

在【压缩】列表框中选择 ADPCM 时，则会显示采样率、ADPCM 位等选项。

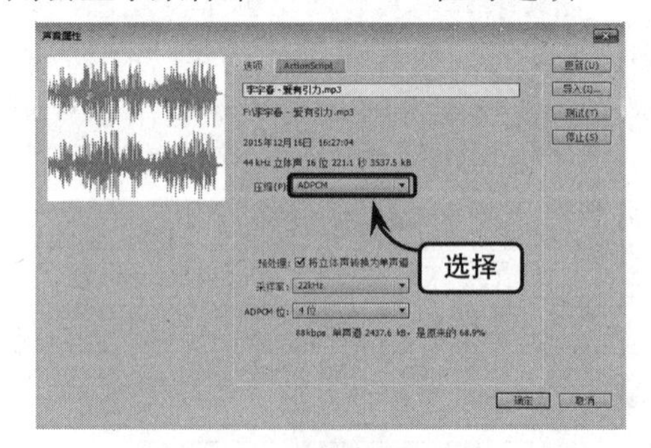

压缩率越高，采样频率越低，相应的动画文件就越小，但音质也相对较差，因

此必须经过多次尝试才能找到最佳的平衡效果。

ADPCM 压缩方式的各个选项介绍如下。

- ❑ 启用【将立体声转换为单声道】复选框，可以将混合立体声转换为单声。
- ❑ 【采样率】下拉列表框用于控制声音的保真度和文件大小。其包括如下选项：5kHz 是最低的可接受标准；对于音乐短片，11kHz 是最低的建议声音品质；22kHz 是用于网页回放的常用选择；44kHz 是标准的 CD 音频比率。
- ❑ ADPCM 位决定在 ADPCM 编码中使用的位数。其中，2 位是最小值，其音效最差；5 位是最大值，其音质最好。

注 意

Flash 不能改进音频的质量。如果导入音频是 11kHz 的单声音频，则输出时就算将其采样率设置为 44kHz 立体声，输出的音频还是 11kHz 的单声。

2．MP3

该选项可以使音频输出为 MP3 压缩格式，并且可以输出较长的流式音频（如音乐声道）。

在【声音属性】对话框中，如果启用【使用导入的 MP3 品质】复选框，则系统将使用该 MP3 导入前的原有品质以及默认的比特率。

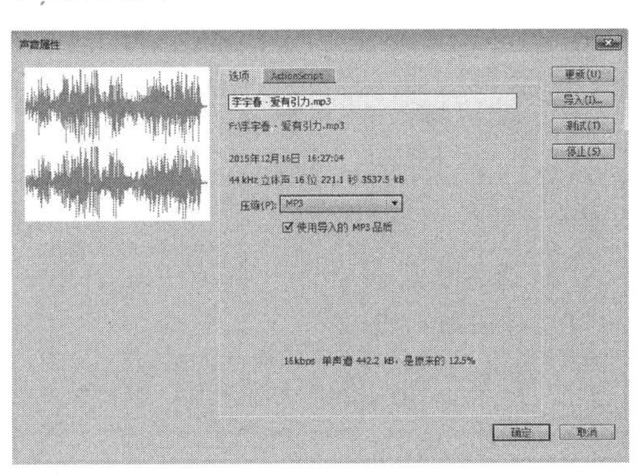

而该复选框被禁用后，系统将新增加【比特率】和【品质】选项。

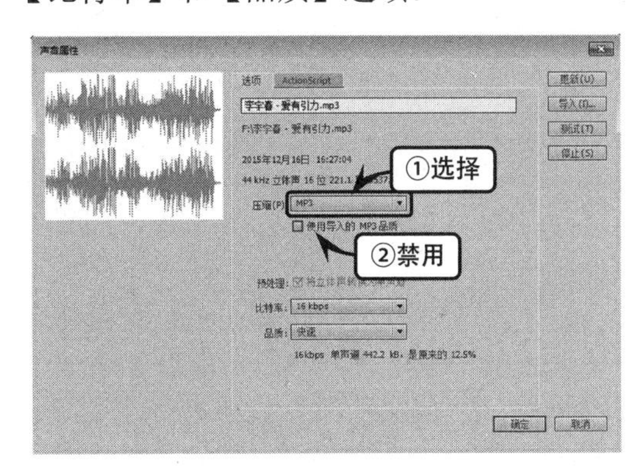

【比特率】和【品质】选项说明如下。

- ❑ **比特率** 用来设置 MP3 音频的最大传输速率。在输出音乐时，最好设置为 16kb/s 以上。如果设置在 16kb/s 以下，【将立体声转换为单声道】复选框将被禁用。
- ❑ **品质** 可以将品质设置为快速、中、最佳。【快速】选项用于将动画发布到 Internet 上，而【中】和【最佳】选项用于在本地计算机上运行动画。

3．Raw 和语音

Raw 选项在导出声音时不进行压缩，当选择该选项时，【声音属性】对话框只能设置【预处理】和【采样率】选项。

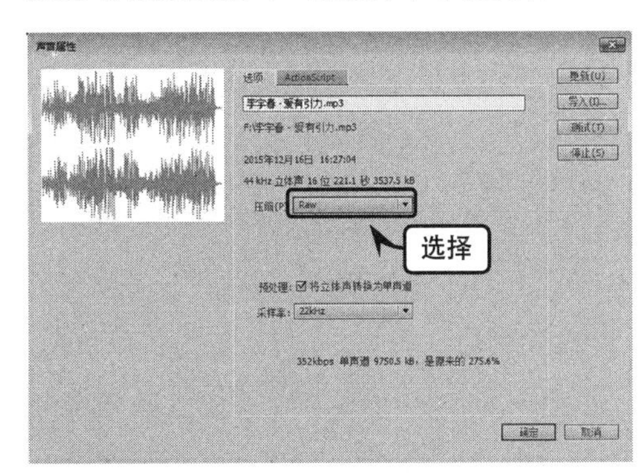

提 示

Raw 选项采样率和 ADPCM 选项的采样率是一样的。

选择【语音】选项，可以使用一个特别适合于语音的压缩方式来导出声音。当选择该选项时，【声音属性】对话框中将出现如下选项。

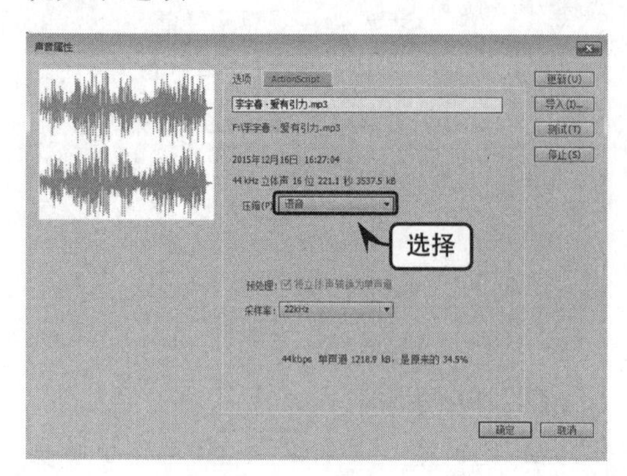

技 巧

设置音频的起点和终点游标，将音频文件中的无声部分从 Flash 文件中删除，以减小声音占用的空间；尽量在不同关键帧上使用相同的音频，对其使用不同的效果；可以利用循环效果将容量很小的音频文件组织成背景音乐，如击鼓声。

9.2 视频的应用

Flash 视频不仅具备创造性的技术优势，还可以将视频、数据、图形、声音和交互式控制融为一体，制作出更多精彩的作品。

在 Flash 文档中加入视频的方法有多种：还可以将 MOV、AVI、MPEG 或者其他格式的视频剪辑导入为 Flash 中的嵌入文件；可以将 Flash 视频（FLV）格式的视频剪辑直接导入到 Flash；可以使用 FLA Playback 组件播放在运行期间回放 Flash 文档中的外部 FLA 文件；还可以将 QuickTime 格式的视频剪辑导入为链接文件。

9.2.1 可导入视频文件类型

在 Flash 中，用户可以通过向导将外部的 FLV 或 F4V 视频文件导入到文档中，使其与 Flash 融为一体。

执行【文件】|【导入】|【导入视频】命令，打开【导入视频】对话框。该对话框提供部署视频的方式，以决定创建视频内容和将它与 Flash 集成的方式。

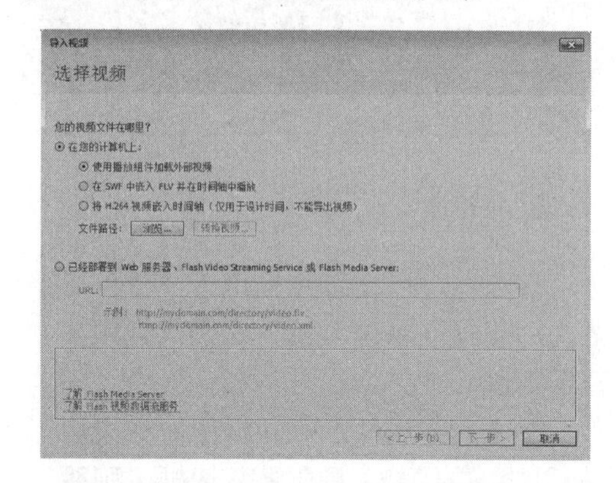

将外部的视频文件与 Flash 集成的方式包括以下三种。

1. 在 Flash 文档中嵌入视频

可以将持续时间较短的小视频文件直接嵌入到 Flash 文档中，然后将其作为 SWF 文件的一部分发布。

将视频内容直接嵌入到 SWF 文件中会显著增加发布文件的大小，因此仅适合于小的视频文件（文件的时间长度通常少于 10s）。

2. 使用 Flash Media Server 流式加载视频

在 Flash Media Server（专门针对传送实时媒体而优化的服务器解决方案）上可以承载视频内容。

提　示

如果要使用视频流创建 Flash 应用，则将本地存储的视频剪辑导入到 Flash 文档中，然后将它们上传到服务器。

3. 从 Web 服务器渐进式下载视频

从 Web 服务器渐进式下载视频剪辑提供的效果比实时效果差（Flash Media Server 可以提供实时效果）；但是，用户可以使用相对较大的视频剪辑，同时将所发布的 SWF 文件大小保持为最小。

提　示

如果要控制视频回放并提供直观的控件方便用户与视频流进行交互，可以使用 FLVPlayback 组件或 ActionScript。

在【导入视频】对话框中提供了三个视频导入选项，可以将存储在本地计算机中的视频文件导入到 Flash 文档中。

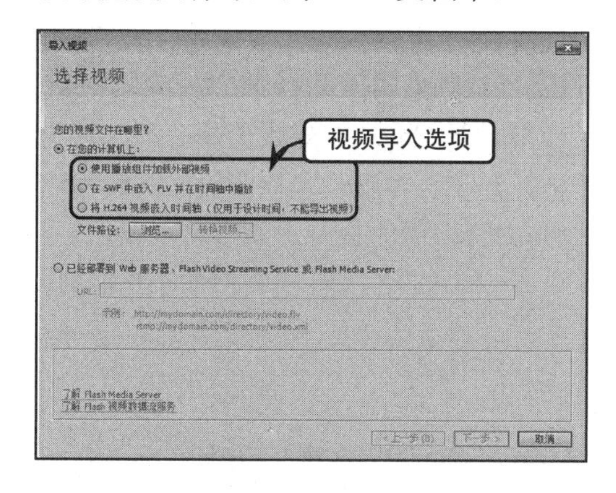

1. 使用播放组件加载外部视频

在【选择视频】对话框中，单击【浏览】按钮，在弹出的【打开】对话框中选择一个 FLV 视频文件，使用默认的【使用播放组件加载外部视频】选项，并单击【下一步】按钮。

在【外观】对话框中，用户可以从【外观】下拉列表中选择所需的播放控制器外观。然后，单击其右侧的【颜色】按钮，可以更改该播放控制器的外观颜色。

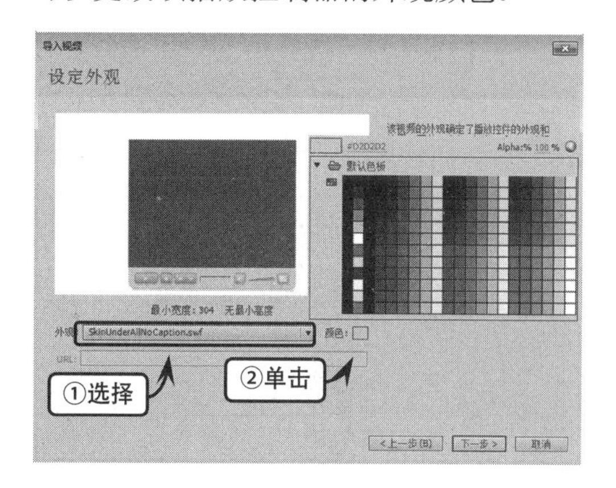

在【完成视频导入】对话框中，将会显示导入视频文件的相关信息，如本地计算机中视频文件的路径、相对于 Flash 文档的路径等。

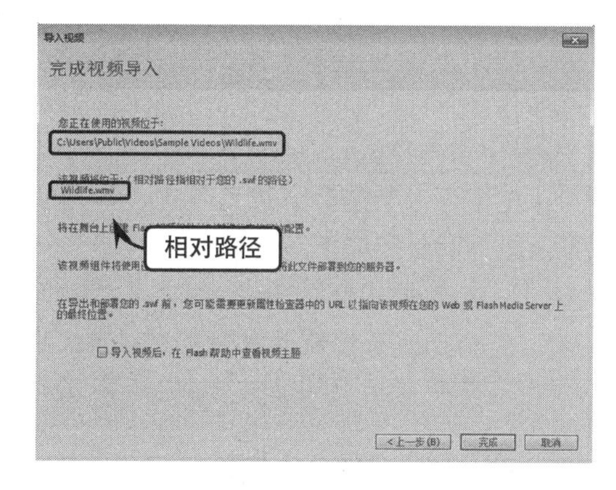

2. 在 SWF 中嵌入 FLV 并在时间轴中播放

在【选择视频】对话框中，选择所要

导入的视频文件后，启用【在 SWF 中嵌入 FLV 并在时间轴中播放】单选按钮，并单击【下一步】按钮。

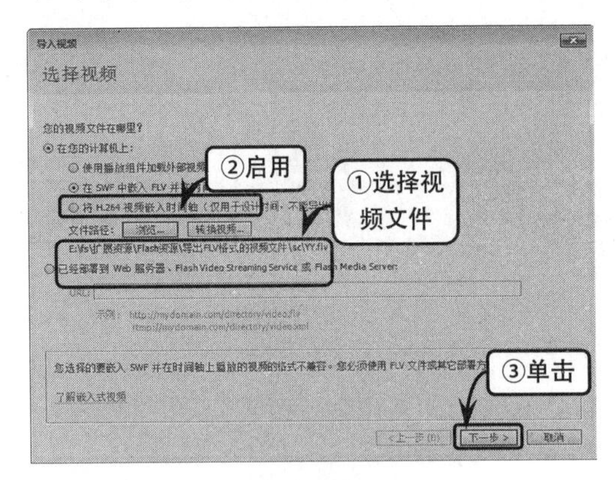

在【嵌入】对话框中，可以选择用于将视频嵌入到 Flash 文档的元件类型，以及是否放置在舞台等选项。

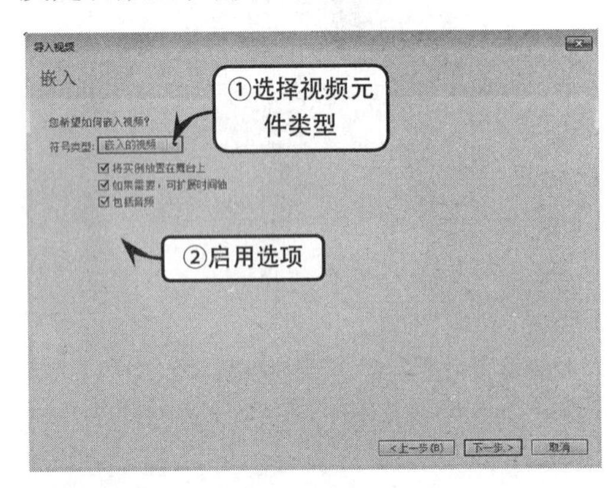

提　示

默认情况下，Flash 将导入的视频放在舞台上。如果仅要导入到库中，可以取消【将实例放置在舞台上】复选框。

在【符号类型】下拉列表中，可选择的元件类型介绍如下。

- **嵌入的视频**　如果要使用在时间轴上线性播放的视频剪辑，那么最合适的方法就是将该视频导入到时间轴。
- **影片剪辑**　将视频置于影片剪辑实例中，这样可以使用户获得对内容的最大控制。视频的时间轴独立于主时间轴进行播放。
- **图形**　将视频剪辑嵌入为图形元件时，用户无法使用 ActionScript 与该视频进行交互。通常，图形元件用于静态图像以及用于创建一些绑定到主时间轴的可重用的动画片段。

在【完成视频导入】对话框中，将会显示导入的视频文件在本地计算机中的路径等相关信息。单击【完成】按钮，即可将该视频文件嵌入到 Flash 文档中。

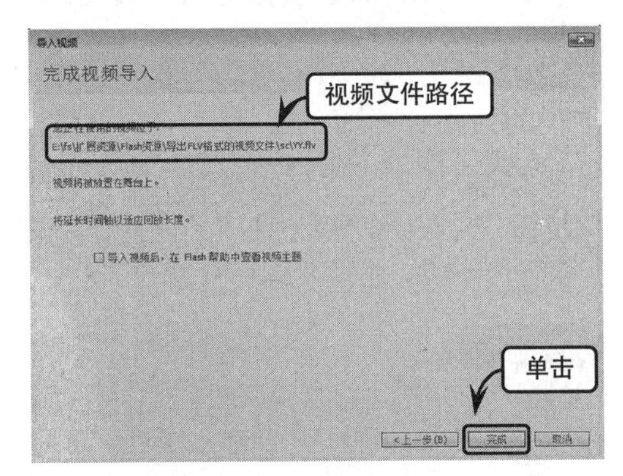

9.2.2 更改视频剪辑属性

如果将导入的视频剪辑转换为影片剪辑元件，此时，可以在【属性】面板中设置该视频剪辑元件的属性。

选择舞台中的视频剪辑实例，打开【属性】面板，可以设置该实例的实例名称，以及在舞台中的高度、宽度和位置。

例如，设置舞台中视频剪辑实例的【实例名称】为“myMovie”；x 和 y 坐标均为 0；宽度为 320；高度为 240。

提　示

在【属性】面板中还可以选择一个视频剪辑，以替换当前分配给实例的剪辑。单击【交换】按钮，在弹出的【交换元件】对话框中可以选择另一个视频剪辑。

右击【库】面板中的视频剪辑，在弹出的菜单中执行【属性】命令，打开【视频属性】对话框。在该对话框中可以查看视频的详细信息，如名称、路径、尺寸、创建时间和文件大小等。

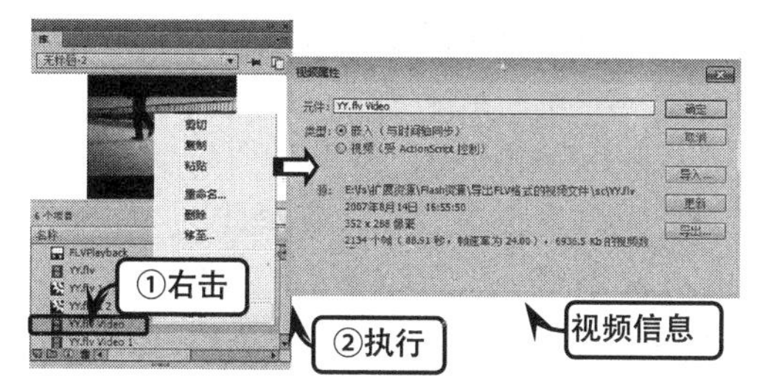

在【视频属性】对话框中可以执行以下 5 种操作。

- ❑ 查看有关导入的视频剪辑的信息，包括它的名称、路径、创建日期、像素尺寸、长度和文件大小。
- ❑ 更改视频剪辑名称。
- ❑ 更新视频剪辑（如果在外部编辑器中修改视频剪辑）。
- ❑ 导入 FLV 文件以替换选定的剪辑。
- ❑ 将视频剪辑作为 FLV 文件导出。

9.2.3 加载和播放外部视频

将视频剪辑嵌入到 Flash 文档中，虽然可以播放视频，但是会导致文件体积过大。为了解决这一问题，可以直接使用 ActionScript 加载外部的视频剪辑。

在 ActionScript 3.0 中，通过创建 NetStream 类、NetConnection 类和 Video 类的对象，可以加载和播放外部的视频剪辑。

在创建实例之前，首先要导入 NetStream 类、NetConnection 类和 Video 类，它们分别位于 flash.net 包和 flash.media 包中。

```
import flash.net.NetStream;
import flash.net.NetConnection;
import flash.media.Video;
```

创建一个 NetConnection 类的对象，该对象用于连接传输 Flash 视频的服务器（如 Flash Media Server）。如果使用本地的视频文件，则向该对象的 connect()方法传递值 null，来从 HTTP 地址或本地驱动器播放流式 FLV 文件。

```
var nc:NetConnection = new
NetConnection();
nc.connect(null);
```

提　示

NetStream 构造函数需要传递给它一个 NetConnection 对象。NetConnection 对象决定 NetStream 对象处理的数据来源。

创建一个 NetStream 对象，该对象将引用 NetConnection 对象作为参数。侦听 NetStream 对象的 asyncError 事件，以忽略 Flash Player 可能会引发的错误。

```
var stream:NetStream = new
NetStream(nc);
stream.addEventListener(AsyncEr
rorEvent.ASYNC_ERROR,
asyncErrorHandler);
function asyncErrorHandler(event:
AsyncErrorEvent):void{
  //忽略错误
}
```

提　示

在预览 Flash 文档时，当本机异步代码中引发异常时调度 asyncError（AsyncErrorEvent.ASYNC_ERROR）事件。

如果想要将加载的视频显示在舞台中，需要创建一个 Video 对象，并使用 attachNetStream()方法附加以前创建的 NetStream 对象。

```
var video:Video = new Video();
video.attachNetStream(stream);
addChild(video);
```

提 示

把 NetStream 对象附加到 Video 对象后，任何由 NetStream 对象控制的视频数据，都会由 Video 对象予以呈现。

最后，通过 NetStream 对象的 play()方法，根据传递的参数将指定的 Flash 视频载入并播放。该参数可以是相对或绝对 URL。

```
stream.play("movie.flv")
```

注 意

如果 FLV 文件与调用它的 SWF 文件在相同的域中，那么调用 play()方法就不受制于 Flash Player 安全机制。

9.2.4 读取视频元数据

使用 onMetaData 回调处理函数可以查看 FLV 文件中的元数据信息。元数据包含 FLV 文件的相关信息，如持续时间、宽度、高度和帧速率。

首先，确定视频已开始播放，使用 NetStream 的 client 属性调度当前播放的视频。

```
NetStreamObject.client=this;
```

然后，实例化 onMetaData()函数，通过 for…in 语句遍历 onMetaData()事件函数的参数，如下所示。

```
function onMetaData(infoObject):
EventFunctionType{
  var key:String;
  for(key in infoObject){
    trace(key + ":" + infoObject
    [key]);
  }
}
```

在上面的代码中，各个参数的含义如下所示。

- **NetStreamObject** 视频数据流对象。
- **EventFunctionType** 事件函数返回值的数据类型。
- **infoObject** 事件函数的参数，数据类型为对象（Object）。
- **key** 实例化的元数据名称。

通过上面的代码，可以方便地将元数据中的信息以 trace()方法输出。

注 意

onMetaData()事件函数并非如其他自定义函数一般，是在程序执行时调度，而是只有在视频播放时才会自动调用。因此，只有在事件函数中才能输出元数据。即使将事件函数中的参数传递到函数外部，也只能输出空的值。

如果想要输出其中一个元数据，可在事件函数中将参数作为元数据的实例名称，并将该元数据的主键作为实例的属性进行输出，如下所示。

```
NetStreamObject.client=this;
function onMetaData(infoObject):
EventFunctionType{
  trace(InfoObject.XMPKeyName);
}
```

在上面的代码中，XMPKeyName 参数就是元数据主键的名称。

onMetaData()事件函数可以输出除了提示点以外所有对视频文件有用的元数据，这些元数据的名称和说明如下所示。

名　称	说　明
audiocodecid	一个数字，指示已使用的音频编解码器（编码/解码技术）
audiodatarate	一个数字，指示音频的编码速率，以每秒千字节为单位
audiodelay	一个数字，指示原始 FLV 文件的"time 0"在 FLV 文件中保持多长时间。为了正确同步音频，视频内容需要有少量的延迟
canSeekToEnd	一个布尔值，如果 FLV 文件是用最后一帧（它允许定位到渐进式下载影片剪辑的末尾）上的关键帧编码的，则该值为 true。如果 FLV 文件不是用最后一帧上的关键帧编码的，则该值为 false
cuePoints	嵌入在 FLV 文件中的提示点对象组成的数组，每个提示点对应一个对象。如果 FLV 文件不包含任何提示点，则值将为空。每个对象都具有以下属性：type、name、time 和 parameters
duration	一个数字，以 s 为单位指定 FLV 文件的持续时间
framerate	一个数字，表示 FLV 文件的帧速率
height	一个数字，以像素为单位表示 FLV 文件的高度
seekpoints	一个数组，其中将可用的关键帧作为时间戳列出，单位为 ms。可选
tags	一个键/值对数组，这些键/值对表示"ilst"原子中的信息，相当于 MP4 文件中的 ID3 标记，主要应用于 iTurns 程序。可用于显示插图（如果有插图）
trackinfo	一个对象，提供有关 MP4 文件中所有轨道的信息（包括其采样描述 ID）
videocodecid	一个数字，表示用于对视频进行编码的编解码器版本
videodatarate	一个数字，表示 FLV 文件的视频数据速率
videoframerate	MP4 视频的帧速率
width	一个数字，以像素为单位表示 FLV 文件的宽度

例如，加载并播放外部的 movie.flv 文件。然后，输出该视频剪辑的持续时间、视频尺寸、编码速率等相关信息。

```
import flash.net.NetStream;
import flash.net.NetConnection;
import flash.media.Video;
var nc:NetConnection = new NetConnection();
nc.connect(null);
var stream:NetStream = new NetStream(nc);
stream.client = this;
stream.play("movie.flv");  //载入并播放 movie.flv 文件
var video:Video = new Video();
video.attachNetStream(stream);
addChild(video);
function onMetaData(infoObject:Object):void{
  var key:String;
  for (key in infoObject){
trace(key + ": " + infoObject[key]);
//输出视频元数据
  }
}
```

9.2.5 控制播放进度

大部分的视频或音频播放器都会提供播放进度条，以告诉用户当前播放的进度。另外，播放进度条还允许用户左右拖曳，以改变视频播放的位置。

在 ActionScript 3.0 中，如果想要读取视频播放的进度，首先需要读取视频已播放的时间和总时间。然后，将视频已播放的时间除以视频总时间，即可计算出视频播放进度的比例，并可根据该值调整进度条位置。

1. 读取视频已播放时间

在 ActionScript 3.0 中，NetStream 类提供了一个 time 属性，用于获取当前视频播放的时间，以 s 为单位。

```
var currentLen:Number = NetStream.time;
```

time 属性通常会精确到小数点后三位，也就是精确到 ms。因此，如果需要显示整数的秒数，用户可使用 Math 类的三种方法将 time 属性值取整，包括 Math.round()、Math.floor() 以及 Math.ceil()。

```
var currentLen:Number = Math.round(NetStream.time);
var currentLen:Number = Math.floor(NetStream.time);
var currentLen:Number = Math.ceil(NetStream.time);
```

提 示

round()方法用于将指定的值向上或向下舍入为最接近的整数并返回该值；floor()方法用于返回指定数字或表达式的下限值；ceil()方法用于返回指定数字或表达式的上限值。

time 属性是一个只读属性，也就是说用户只能通过 time 属性读取当前已播放的时间，而不能通过设置 time 属性的值更改视频的播放进度。

2. 读取视频总播放时间

在 ActionScript 3.0 中，并没有直接提供读取视频总播放时间的属性或方法。因此，想要知道视频的总时间，就需要通过 NetStream 类读取视频的元数据。

首先，创建一个空对象作为回调 onMetaData 事件函数的主体。

```
var ClientObject:Object=new Object();
```

然后，通过空对象调度 onMetaData 事件函数，以 onMetaData 事件函数的参数作为对象，调用 duration 属性，该属性包含 FLV 文件的持续时间。

```
ClientObject.onMetaData=function (XMPKey:Object):void{
  trace(XMPKey.duration);
}
```

最后，为 NetStream 类的 client 属性赋予空对象的值。

```
NetStream.client=ClientObject;
```

在上面的代码中，各个参数的含义如下所示。

- **ClientObject** 回调 onMetaData()事件函数的空对象。
- **XMPKey** 调度元数据主键的实例。
- **NetStream** 视频流数据的实例。

例如，载入并播放外部的 movie.flv 文件，获取该视频的总时间和已播放的时间，将它们相除即可计算出当前已播放的百分比。

```
import flash.net.NetStream;
import flash.net.NetConnection;
import flash.media.Video;
var nc:NetConnection = new NetConnection();
nc.connect(null);
var stream:NetStream = new NetStream(nc);
var customClient:Object = new Object();
var totalLen:Number;  //视频总时间
customClient.onMetaData=function (stream:Object):void{
  totalLen = stream.duration;
  //从元数据中获取视频总时间
}
stream.client = customClient;
stream.play("movie.flv");
var video:Video = new Video();
video.attachNetStream(stream);
addChild(video);
setInterval(Progress,1000);
//使用 setInterval()方法每 1 秒调用一次 Progress()函数
function Progress():void{
  var currentLen:Number = stream.time;
  //视频已播放的时间
  var percent:Number = Math.round(currentLen/totalLen * 100) ;
                                              //计算视频已播放的百分比
  trace(percent + "%");
}
```

3. 控制视频播放

在 ActionScript 3.0 中，控制视频的播放位置需要使用 NetStream 类的 seek()方法。

seek()方法的作用是搜索与指定时间最接近的关键帧，然后从该关键帧处开始播放视频，如下所示。

```
NetStream.seek(offset);
```

在上面的代码中，offset 参数表示要在视频文件中移动到的时间近似值(以 s 为单位)。

提 示

关键帧位于从流的开始处算起的偏移位置（以 s 为单位）。

如果要返回到视频流的开始处，只需将 0 作为参数传递给 seek()方法，这样可以重新播放该视频。

```
NetStream.seek(0);
```

如果从视频流的开始处向前搜寻，应传递将要前进的秒数。例如，将播放头放在距开始处 10s 的位置（或 10s 之前的关键帧）。

```
NetStream.seek(10);
```

如果要搜索当前位置的相对位置，可以以 NetStream.time + *n* 或 NetStream.time − *n* 作为参数进行传递，以分别从当前位置向前或向后搜索 *n*s 的位置。

例如，从视频的当前位置前进或后退 10s，如下所示。

```
NetStream.seek(NetStream.time - 10);  //后退 10s
NetStream.seek(NetStream.time + 10);  //前进 10s
```

9.2.6 暂停和继续播放

在 ActionScript 3.0 中，NetStream 类提供了多种方法控制视频播放，如暂停、继续播放等。

暂停视频播放需要使用 NetStream 类的 pause()方法，如下所示。

```
NetStream.pause();
```

注 意

如果视频正在播放，调用 pause()方法会使视频暂停；如果视频已经暂停，调用 pause()方法则不会执行任何操作。

恢复暂停播放的视频，需要使用 NetStream 类的 resume()方法，如下所示。

```
NetStream.resume();
```

在调用 resume()方法后，当视频已处于暂停状态时，Flash 播放器会根据暂停的时间点继续播放。而当视频正处于播放状态时，则不会执行任何操作。

注 意

在控制视频的暂停播放和继续播放时，不应使用 play()方法。play()方法只适用于从视频的开头播放，即使视频已经处在暂停播放状态，使用该方法仍然会从视频的开头开始播放。

例如，载入并播放外部的 movie.flv 文件，用户可以通过单击舞台中的【暂停】按钮和【继续播放】按钮，来控制视频的暂停与播放。

```
import flash.net.NetStream;
import flash.net.NetConnection;
import flash.media.Video;
var nc:NetConnection = new NetConnection();
nc.connect(null);
```

```
var stream:NetStream = new NetStream(nc);
stream.play("movie.flv");
var video:Video = new Video();
video.attachNetStream(stream);
addChild(video);
aBtn.addEventListener(MouseEvent.CLICK,Pause);
//侦听“暂停”按钮的单击事件
bBtn.addEventListener(MouseEvent.CLICK,Resume);
//侦听“继续播放”按钮的单击事件
function Pause(event:MouseEvent):void{
    stream.pause();  //暂停视频
}
function Resume(event:MouseEvent):void{
    stream.resume();  //继续播放视频
}
```

提　示

“暂停”按钮的实例名称为 aBtn；**“继续播放”按钮的实例名称为** bBtn。

NetStream 类还具有一个特殊的 togglePause()方法，通过该方法可以实现两种不同的功能，即暂停和恢复视频的播放。

```
NetStream.togglePause()
```

第一次调用 togglePause()方法时，将暂停视频播放；下一次再调用该方法时，将恢复该视频的播放。

例如，允许用户通过单击某一个按钮来暂停或恢复播放视频。

```
Btn.addEventListener(MouseEvent.CLICK,control);
function control(event:MouseEvent):void{
    NetStream.togglePause();
}
```

9.2.7 监控加载进度

ActionScript 3.0 允许用户通过 NetStream 类的 bytesTotal 属性和 bytesLoaded 属性监控视频文件加载的进度。

通过 bytesLoaded 属性可以获取已加载到 Flash Player 中的数据大小，以 B 为单位。

```
var Loaded:Number = NetStream.bytesLoaded;
```

通过 bytesTotal 属性可以获取正在加载到 Flash Player 中的文件的总大小，以 B 为单位。

```
var Total:Number = NetStream.bytesTotal;
```

通过以上两种属性，用户可以方便地监控视频文件加载的进度，计算出目前已加载进度的百分比。

```
var percent:Number = Math.round(Loaded / Total * 100);
```

值得注意的是，这两种属性都是只读属性，bytesTotal 属性将随视频载入的大小变更而改变；bytesLoaded 属性则只会随视频加载的进度逐渐增大。

注 意

当加载网络中的视频剪辑时，由于受传输速率的影响，可以明显地表现出加载的进度；而如果加载的是本地计算机中的视频剪辑，则无法明显表现加载进度。

例如，加载并播放网络中的 movie.flv 文件。在加载过程中，将会不断显示视频剪辑的加载进度百分比。

```
var nc:NetConnection = new NetConnection();
nc.connect(null);
var stream:NetStream = new NetStream(nc);
stream.play("http://www.example.com/movie.flv");
var video:Video = new Video();
video.attachNetStream(stream);
addChild(video);
addEventListener(Event.ENTER_FRAME,onEnter);
function onEnter(event:Event):void{
  var Loaded:Number = stream.bytesLoaded;
  var Total:Number = stream.bytesTotal;
  var percent:Number = Math.round(Loaded / Total * 100);
  trace(percent + "%");  //输出加载进度百分比
  if (percent >= 100){
    removeEventListener(Event.ENTER_FRAME,onEnter);  //移除事件侦听器
  }
}
```

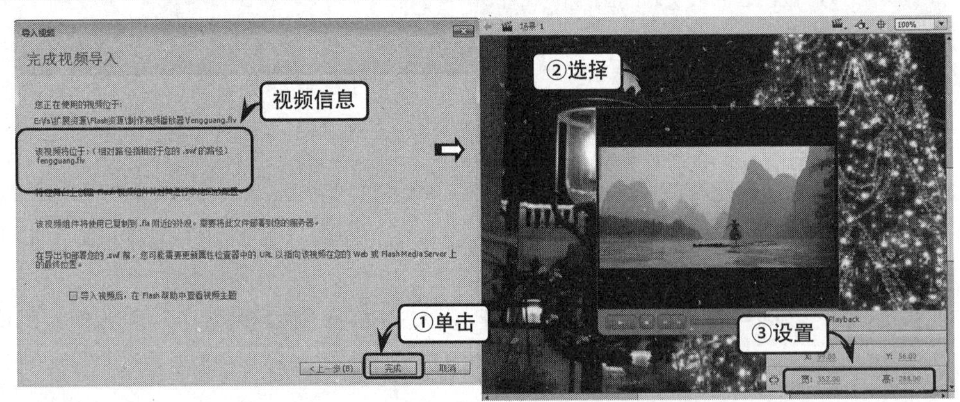

9.3 导入图形与影片

要将 Flash 内容应用于其他应用程序，或以特定文件格式导出当前 Flash 影片的内容，可以执行【导出图像】或【导出影片】命令。

1. 导出图像

执行【文件】|【导出】|【导出图像】命令，在【导出图像】对话框中，可以将当前帧内容或当前所选图像导出为一种静止图像格式，也可以导出为单帧的 swf 格式动画。

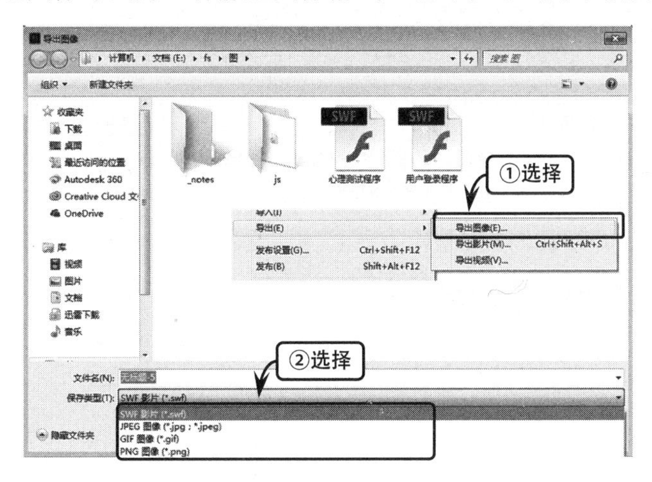

但是，在导出图像时，需要注意以下两点内容。

- 在将 Flash 图像导出为矢量图形文件（Adobe Illustrator 格式）时，可以保留其矢量信息，并能够在其他基于矢量的绘画程序中编辑这些文件。
- 将 Flash 图像保存为位图 GIF、JPEG、BMP 文件时，图像会丢失其矢量信息，仅以像素信息保存。用户可以在图像编辑器（例如 Adobe Photoshop）中编辑导出为位图的 Flash 图像，但不能再在基于矢量的绘画程序中对其编辑。

2. 导出影片

执行【导出影片】命令，可以将影片中的声音导出为 WAV 文件，还可以将 Flash 影片导出为静止图像格式，以及为影片中的每一帧都创建一个带有编号的图像文件夹。

执行【文件】|【导出】|【导出影片】命令，在【导出影片】对话框中输入影片的名称，并在【保存类型】下拉列表中选择要保存的文件类型即可。

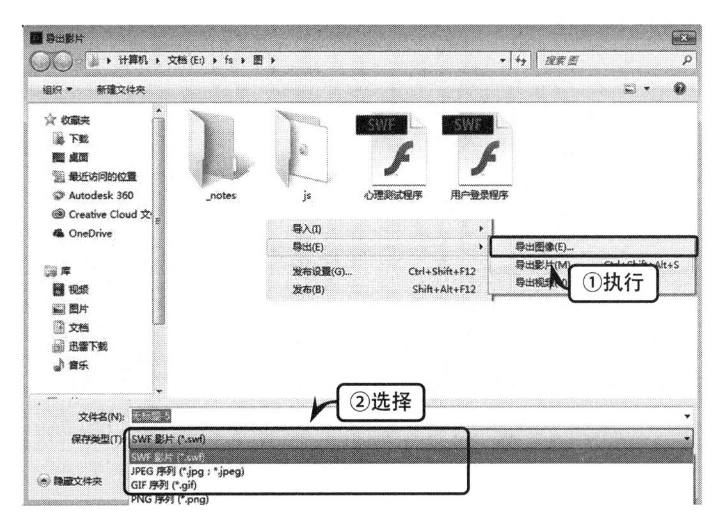

提　示

根据所选保存类型的不同，会弹出相应的参数设置对话框，在对话框中设置关于此格式的一些参数，这是导出电影的关键所在。

9.4　发布影片

在完成 Flash 动画的制作后，即可将 Flash 影片发布为各种格式的文档，以适应不同的播放平台。在发布影片时，用户既可以直接以预置的配置发布，也可以先定义发布的各种属性，以自定义的方式发布。

9.4.1　预览与发布动画

执行【文件】|【发布预览】命令，并从子菜单中选择一种文件类型，即可输出到指定的浏览器上进行预览。同时，Flash 在相同目录中创建该类型的文件。

在发布动画之前，可执行【文件】|【发布设置】命令，打开【发布设置】对话框，在其中设置相应的发布属性。

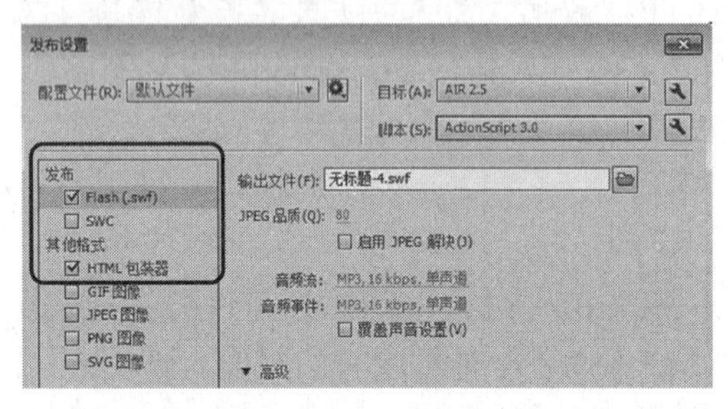

当在对话框中完成所需的设置后，只需单击【发布】按钮，就可以将 Flash 影片发布为指定格式的文件。

如果想要发布成为其他格式的文件，可以在【格式】选项卡的【类型】选项组中启用该格式的复选框，此时对话框的将新增一个相应格式的选项卡。

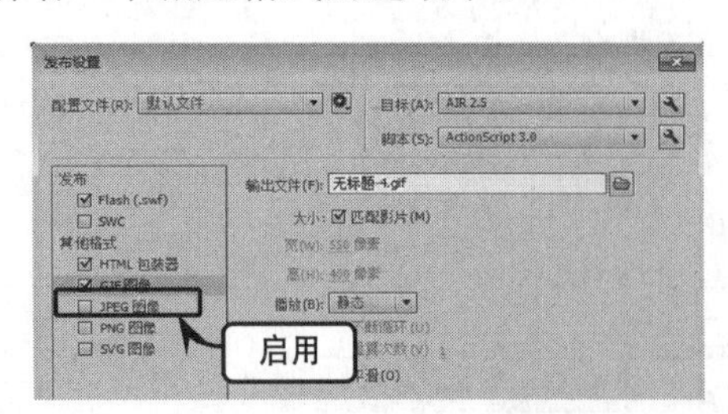

单击 GIF 选项卡，即可在显示出的界面中设置发布该格式文件的相关属性。

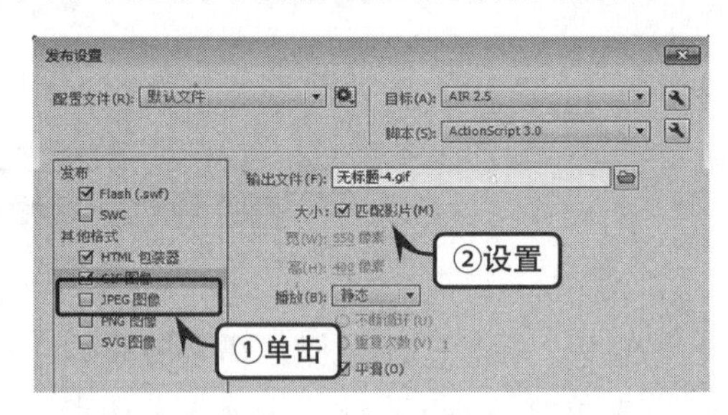

每选择一种文件格式，对话框顶部就会新增一个相应的选项卡。但是，【Windows 放映文件】没有选项卡，因而不需要对其进行设置

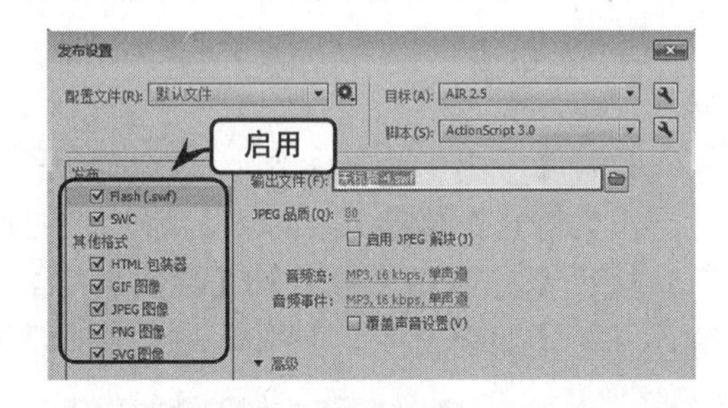

在【文件】文本框中可以设置各种格式文件的名称，并可单击【使用默认名称】按钮，将所有格式的文件使用默认的文件名，也可单击文件夹按钮选择文件的路径。

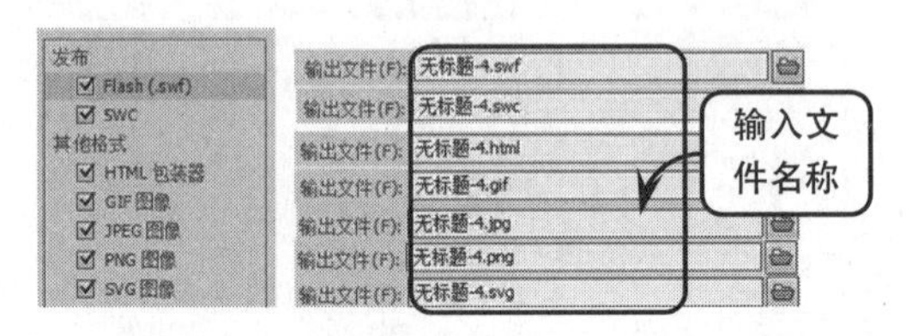

完成各个选项的设置后，单击【发布】按钮，将会按照所设置的属性发布动画。

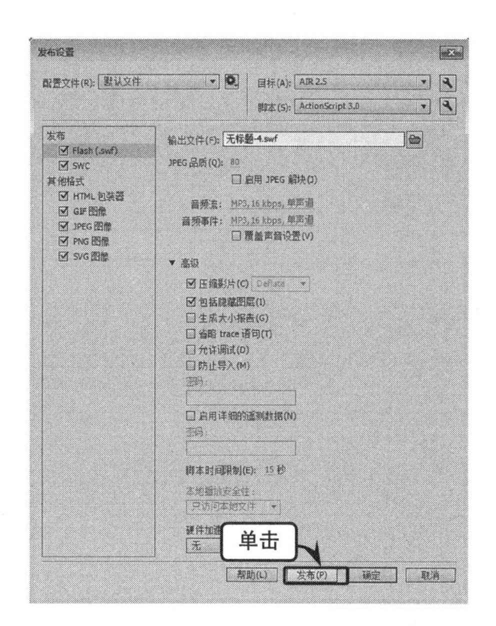

除此之外，还可以单击【确定】按钮，关闭对话框，先不发布。在以后执行【文件】|【发布】命令，将会按照预先的设置发布动画。

9.4.2 发布为网页

如果想要在 Internet 上浏览 Flash 动画，就必须创建包含动画的 HTML 文件，并设置浏览器的属性。

在【发布设置】对话框的 HTML 选项卡中，可以设置动画在 HTML 文件中的模板、尺寸、品质、窗口模式等属性。

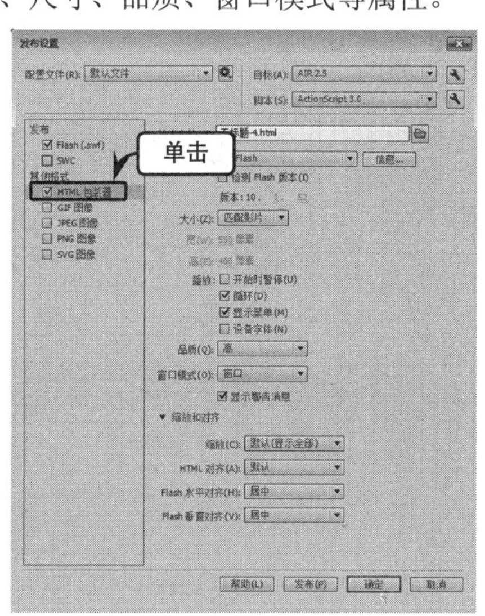

在该对话框中，用户可以通过各个选项的选择以及参数设置，控制所需生成的 HTML 文件。

1. 模板

在【模板】列表框中，可以设定使用何种已经安装的模板。如果没有选择任何模板，Flash 将使用名为 Default.html 的文件作为模板；如果该文件不存在，Flash 将使用列表中的第一个模板。

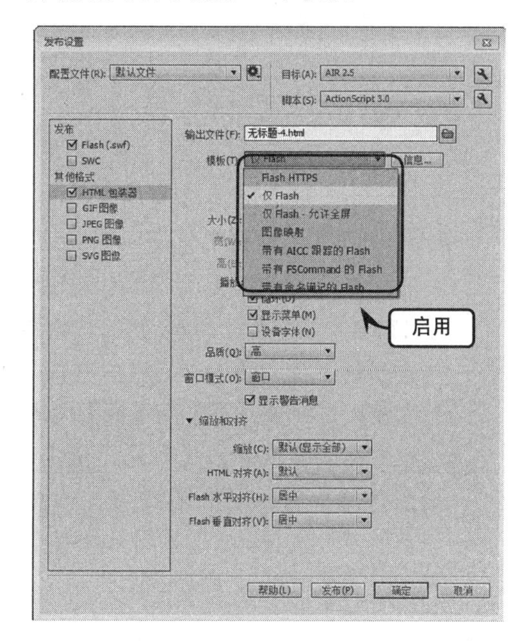

单击右侧的【信息】按钮，将会显示所选模板的信息。

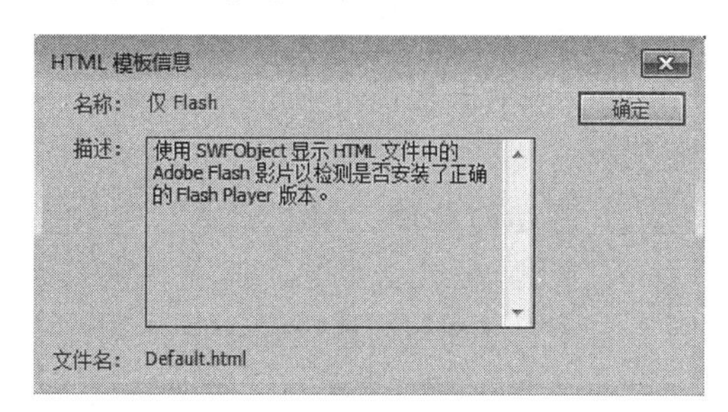

2. 尺寸

【尺寸】选项用于设置所生成的 HTML 文件的宽度和高度属性值的单位。

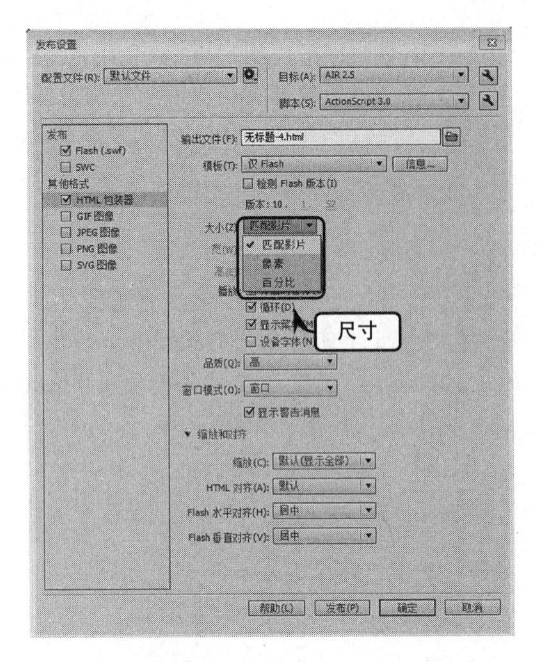

在【尺寸】下拉列表中包括以下选项。

- ❑ **匹配影片**　默认选项，指定发布的HTML 文件大小的度量与原动画作品的单位相同。
- ❑ **像素**　可以在【宽】和【高】文本框中输入宽度和高度的像素值。
- ❑ **百分比**　可以在文本框中输入适当的百分比值，以设置动画相对于浏览器窗口的尺寸大小。

3. 回放

在【回放】选项组中，可以控制播放 Flash 效果的方式。

在【回放】选项组中可以选择以下 4 种选项。

- ❑ **开始时暂停**　将在动画开始时就暂停播放，直到用户再次单击影片中的【播放】按钮或者选择菜单中的【播放】命令。
- ❑ **循环**　重复播放影片，默认为选中状态。
- ❑ **显示菜单**　当用户右击影片时，将显示一个快捷菜单，默认为选中状态。

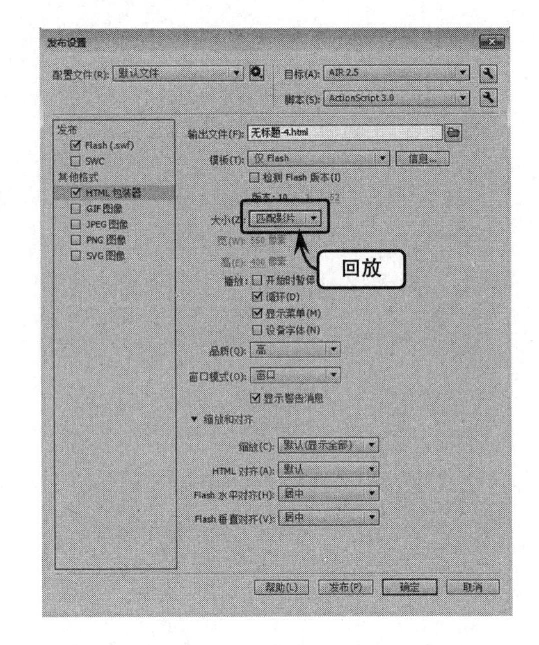

- ❑ **设备字体**　可以使用消除锯齿的系统字体替换未安装在用户系统上的字体，使用设备字体能使小号字体清晰易辨，并且可以减小影片文件的大小。

4. 品质

【品质】选项用来设置消除锯齿功能的程度。

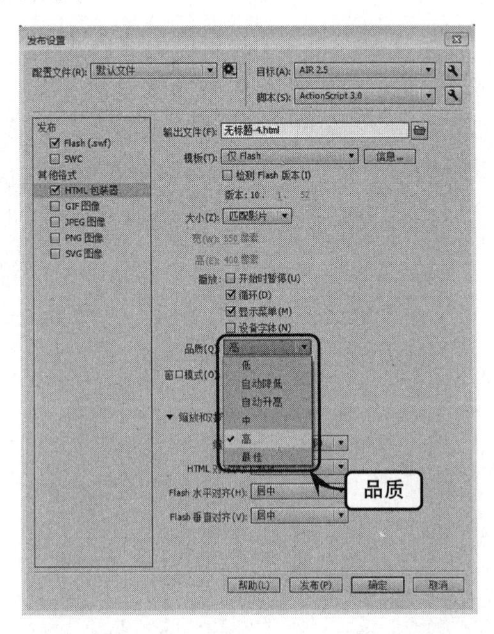

在【品质】下拉列表中可以选择以下

6 个选项。

- ❑ **低**　不进行任何消除锯齿功能的处理。
- ❑ **自动降低**　在播放动画时，会尽可能打开消除锯齿功能，以提高图形的显示质量。
- ❑ **自动升高**　在播放动画时，自动牺牲图形的显示质量以保证播放的速率。
- ❑ **中**　可以运用一些消除锯齿功能，但是不会平滑位图。
- ❑ **高**　播放动画时打开消除锯齿功能，并且如果动画影片中不包含动画时，将对位图进行处理，这是系统的默认选项。
- ❑ **最佳**　在播放动画时自动提供最佳的图形显示质量，并且不考虑播放速率。

5. 窗口模式

【窗口模式】选项用来设置在 IE 浏览器中预览发布动画作品时，动画显示与网页上其他内容的显示关系。

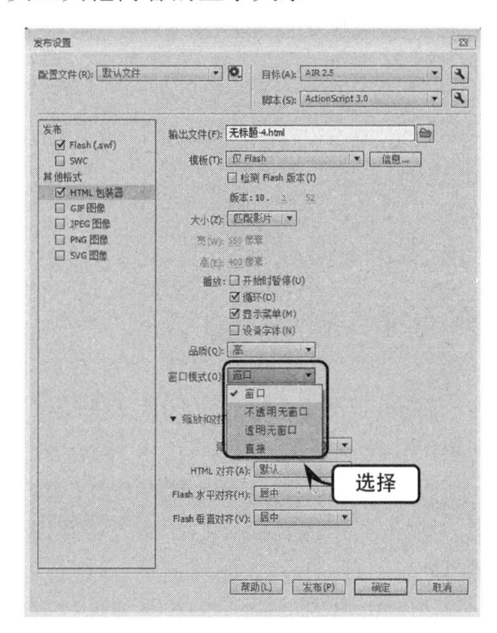

在【窗口模式】下拉列表中可以选择以下三个选项。

- ❑ **窗口**　将使动画在网页中指定的位置播放。
- ❑ **不透明无窗口**　使动画的效果遮住网页上动画后面的内容。
- ❑ **透明无窗口**　将使网页上动画中的透明部分显示网页的内容与背景。

6. HTML 对齐

【HTML 对齐】选项用来设置 Flash 动画在浏览器中播放时的位置。其中选择【默认】选项，可以使影片在浏览器窗口内居中显示。

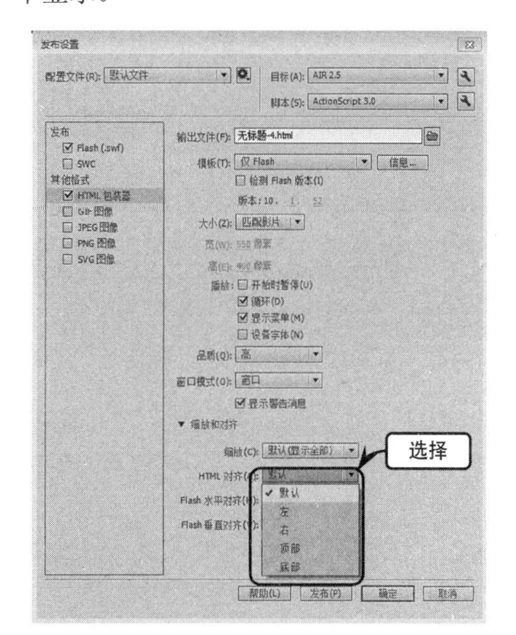

提　示

当选择【默认】选项时，如果浏览器窗口尺寸比动画所占区域尺寸小，将会裁剪影片的边缘。

选择【左】、【右】、【顶部】以及【底部】选项，会使影片与浏览器窗口的相应边缘对齐，并且在需要时裁剪其余的三边。

7. 缩放

【缩放】选项用来设置 Flash 动画被如

何放置在指定长宽尺寸的区域中，该设置只有在输入的长宽尺寸与原 Flash 动画尺寸不相同时才起作用。

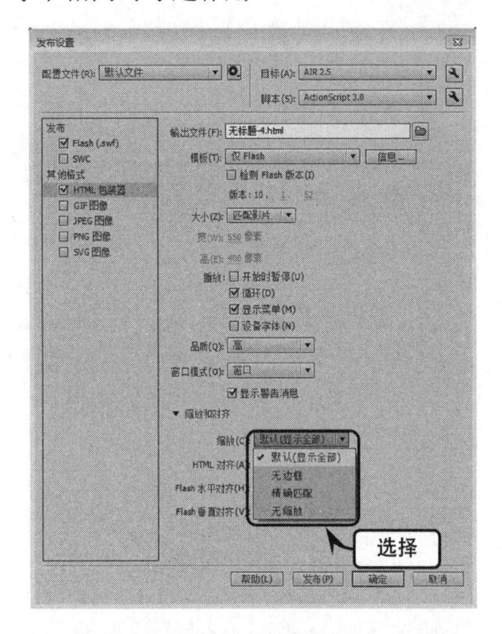

在【缩放】下拉列表中可以选择以下4个选项。

- ❑ **默认（显示全部）** 可以在指定的区域显示整个影片，并且不会发生扭曲，同时保持影片的原始高宽比，边框可能会出现在影片的两侧。
- ❑ **无边框** 可以对影片进行缩放，以使它填充指定的区域，并且保持影片的原始高宽比，同时不会发生扭曲。
- ❑ **精确匹配** 可以在指定区域显示整个影片，它不保持影片的原始高宽比，这可能会发生扭曲。
- ❑ **无缩放** 可以禁止影片在调整 Flash Player 窗口大小时进行缩放。

8. Flash 对齐

在【Flash 对齐】选项中可以设置如何在影片窗口内放置影片以及在必要时如何裁剪影片边缘。

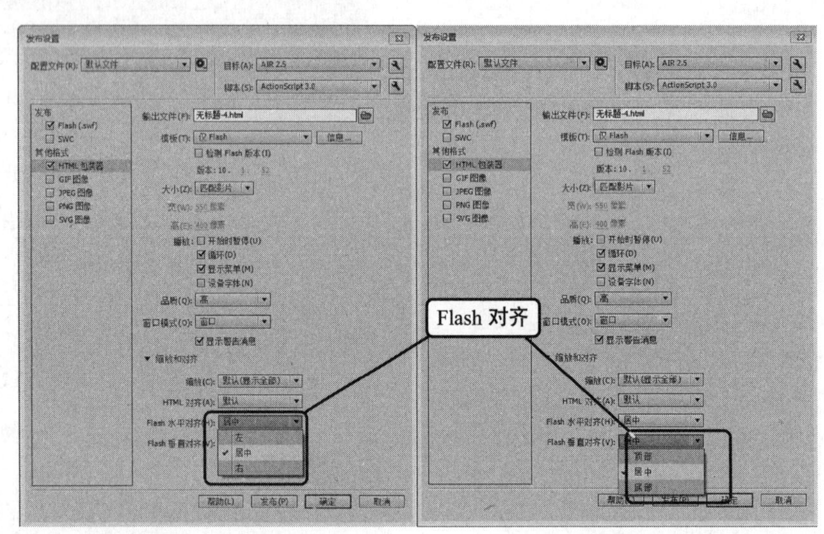

其中，【水平】对齐包括【左】、【居中】、【右】选项；【垂直】对齐包括【顶部】、【居中】和【底部】选项。

9.4.3 发布 GIF 动画

GIF 动画文件是目前网络上较为流行的一种动画格式。标准的 GIF 文件是一种简单的压缩位图。

在【发布设置】对话框的 GIF 选项卡中，可以设置 GIF 的大小、播放和平滑的属性。

在 GIF 选项卡中，各个选项的详细介绍如下。

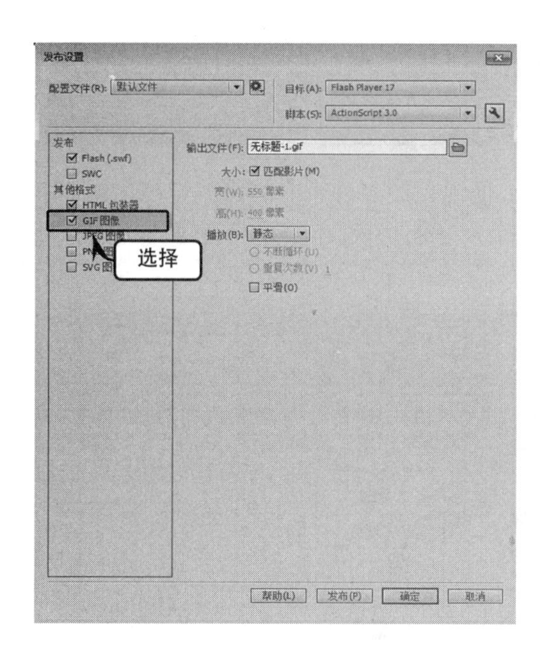

1．播放

【播放】选项用于选择发布的图形是静态的还是动态的。如果启用【静态】选项，则将发布静态的 GIF 图形；如果启用【动画】选项，将发布为动态的 GIF 动画。

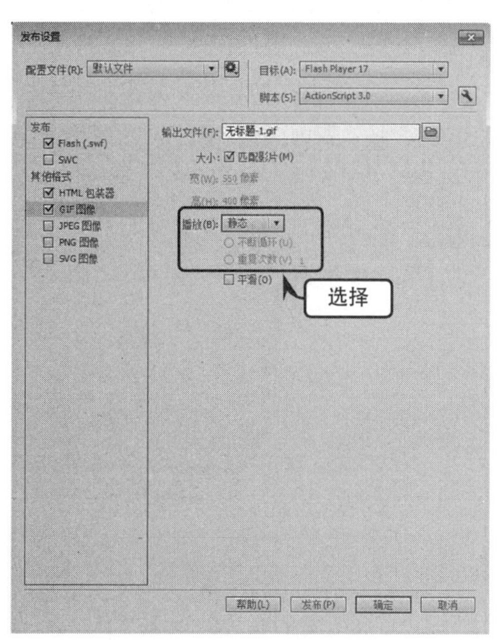

当启用【动画】选项后，将可以启用【不断循环】和【重复次数】单选按钮。

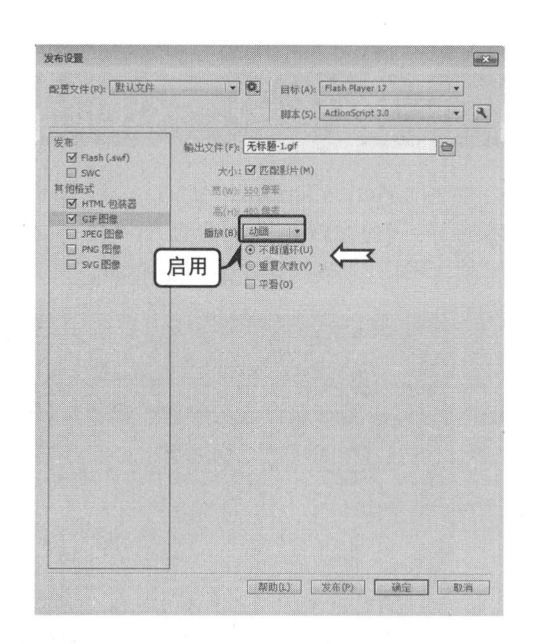

提　示

启用【不断循环】单选按钮，将会进行无限次循环播放；如果启用【重复次数】单选按钮，则可以按照文本框中输入的次数重复播放。

2．外观选项

在【选项】组中提供了一个选项，用于设置发布的 GIF 动画的外观。

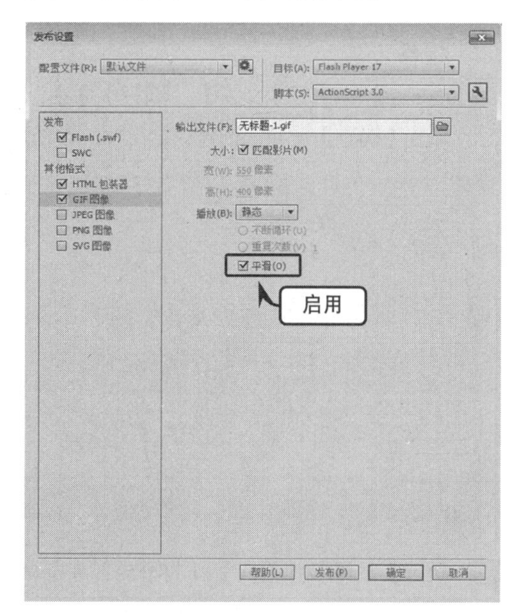

在【选项】组中，【平滑】选项说明了使用消除锯齿功能，生成更高画质的图形。

9.5 课堂练习：设计音乐贺卡

使用 ActionScript 3.0 脚本语言，用户可以方便地控制各种声音的播放与停止，同时，还可为一个 Flash 影片加载多个声音，并控制多个声音的切换。本节就将通过 ActionScript 的声音类，制作一个音乐贺年卡动画。

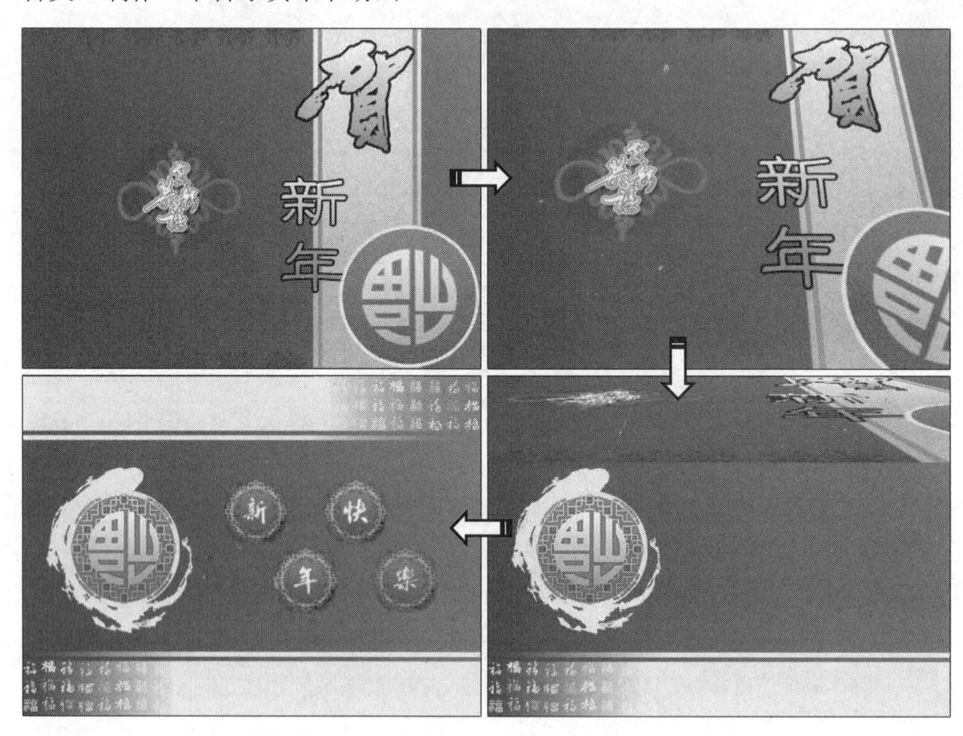

操作步骤：

1 在 Flash 中执行【文件】|【新建】命令，在【新建文档】对话框中选择 ActionScript 3.0 选项，单击【确定】按钮，创建固定尺寸的空白文档。

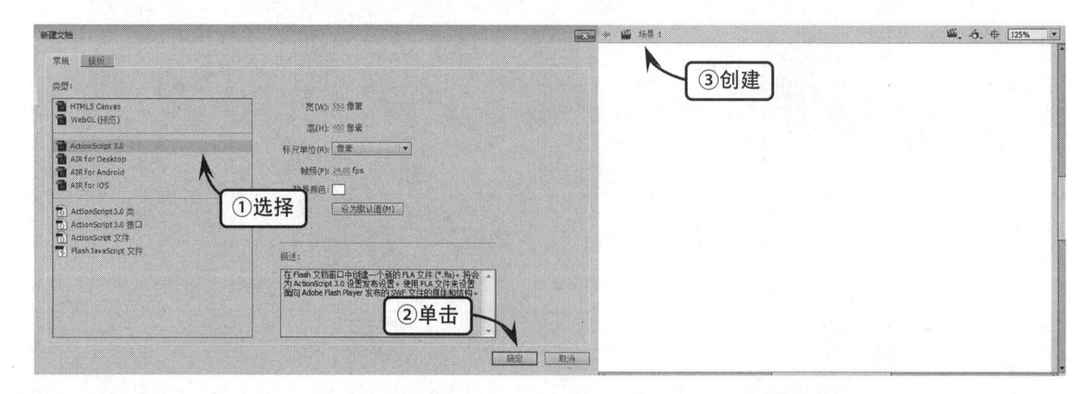

2 执行【文件】|【导入】|【打开外部库】命令，打开 res.fla 外部库文件，导入素材元件和素材图像。在【图层 1】中将 background 影片剪辑元件拖曳到舞台中，然后制作该元件自舞台左侧向舞台中移动的补间动画。

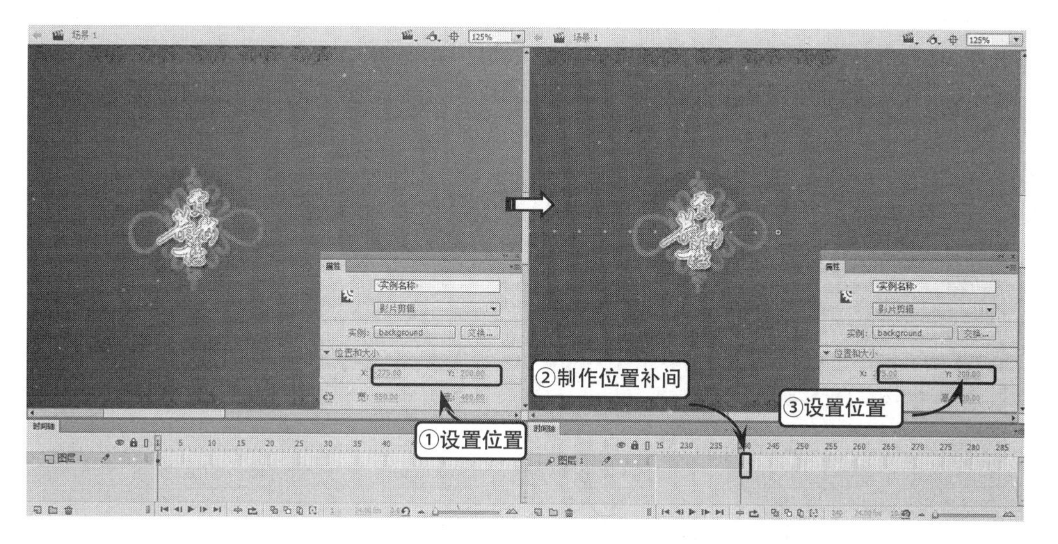

3 新建【图层 2】，在第 216 帧处插入关键帧，然后，将 barbg 元件拖曳到影片中，制作金色的竖幅下坠的位置补间动画。

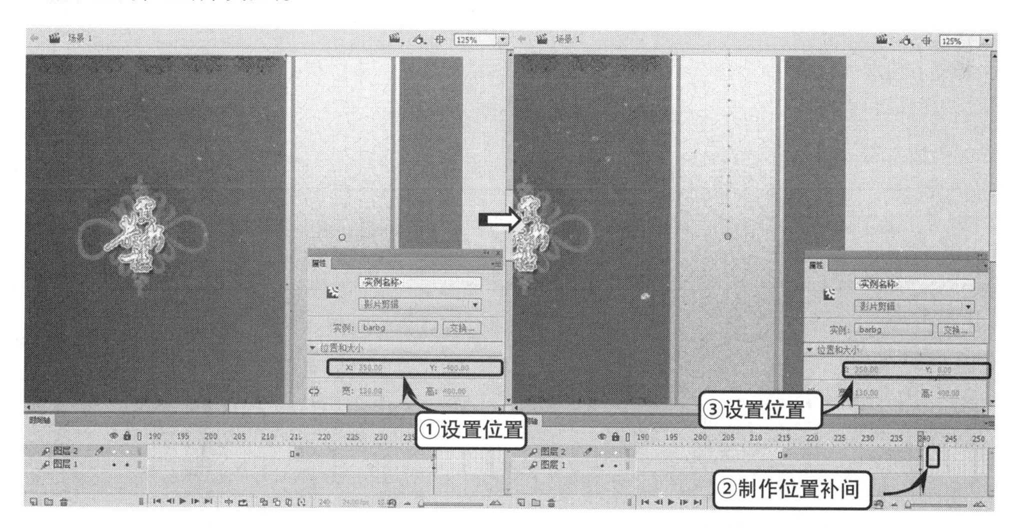

4 分别为【图层 1】和【图层 2】的第 360 帧处插入普通帧，然后新建【图层 3】，在第 241 帧处创建关键帧，将 heword 元件拖曳到舞台中。在【变形】面板中设置其缩放为 800%，并设置其透明度为 0，添加模糊滤镜，设置水平和垂直模糊值为 255。

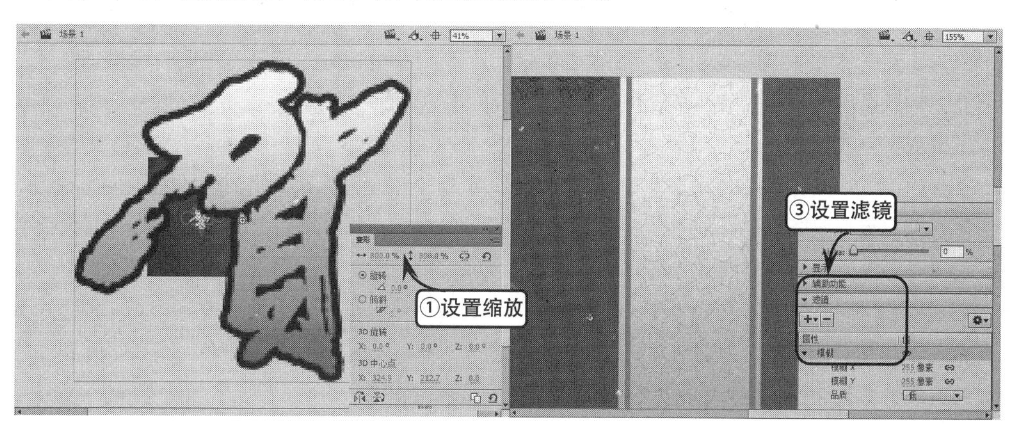

5 在【图层 3】中，选择第 288 帧，插入帧，创建补间，并添加关于颜色、滤镜和缩放的关键帧，制作“贺”字从放大、模糊和透明的状态转变为正常状态的动画。最后，选择第 360 帧，插入普通帧。

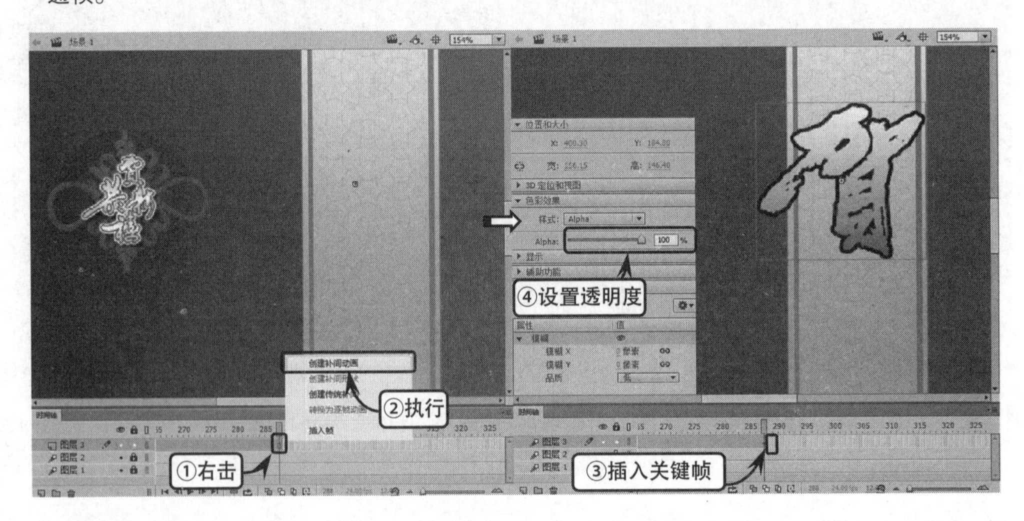

6 新建【图层 4】图层，选择第 289 帧，将其转换为关键帧。从【库】面板中，将 xinnian 元件拖曳到舞台中，制作元件透明度从 0%到 100%之间变化的颜色补间动画。然后，在【图层 4】第 360 帧处插入普通帧。

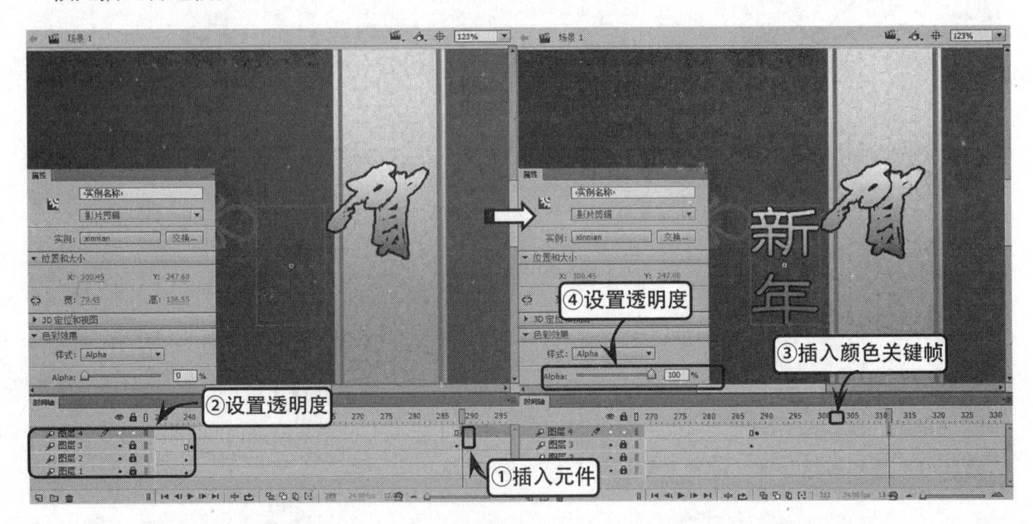

7 新建【图层 5】，在图层第 313 帧处插入关键帧，将 furtuneMovie 元件拖曳到舞台中。然后，制作元件以抛物线的方式缩小移动到舞台右下角的补间动画。在【属性】面板中，设置 furtuneMovie 元件的实例名称为 furtuneMovie。

8 新建【图层 6】图层，并在图层第 361 帧处插入关键帧，在【库】面板中将 light 位图、background2 影片剪辑元件以及 upsideFortune 元件拖曳到舞台的相应位置。然后，选择【图层 6】第 500 帧，插入普通帧，作为贺卡的封底。

9 新建【图层 7】图层，在图层第 361 帧处插入关键帧，然后从【库】面板中导入 cover 影片剪辑元件。在图层上右击，创建补间动画，然后创建 3D 补间。选中元件，选择【3D 旋转工具】，将元件的 3D 中心点拖曳到影片的 X 轴上。

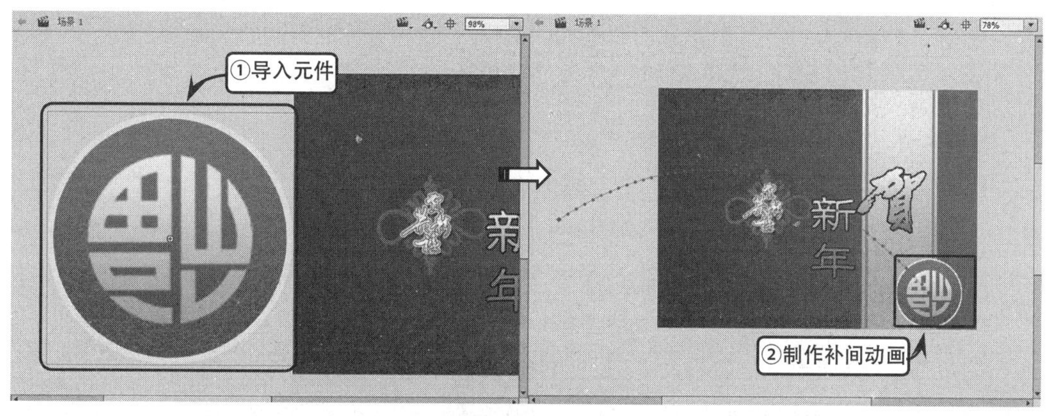

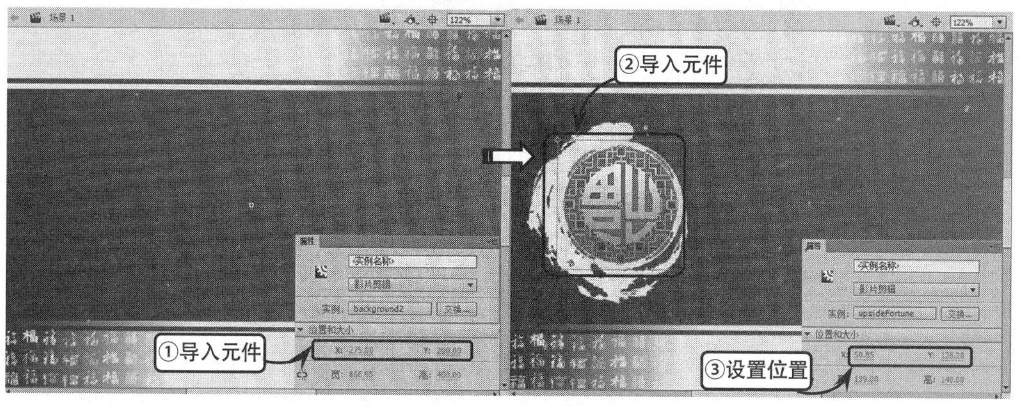

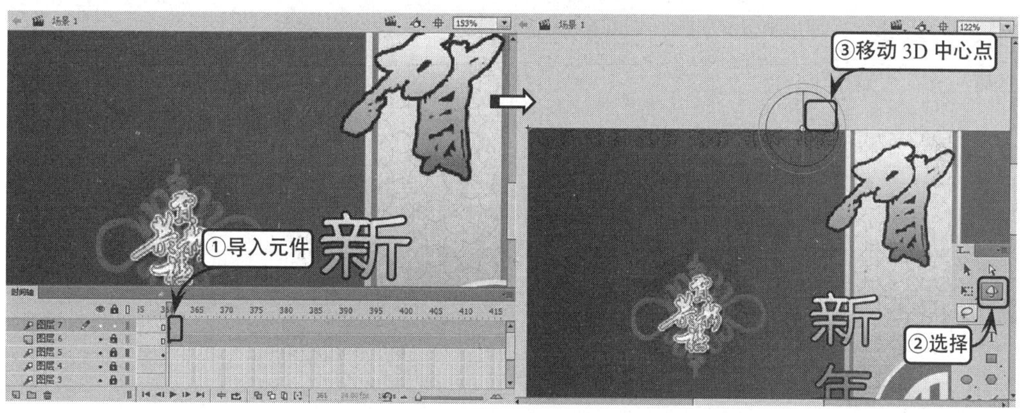

10 在【图层 7】图层中第 384 帧处插入【旋转】关键帧，然后，选中元件的 3D 中心点，打开【变形】面板，设置【3D 旋转】中的 X 为-90，即可完成翻开封面的动画制作。

11 新建【图层 8】～【图层 12】等 5 个图层，制作 xinMC、nianMC、kuaiMC、leMC 等按钮元件以及 seal 影片剪辑元件依次出现在舞台中的动画，并分别为按钮元件设置 xinBtn、nianBtn、kuaiBtn 和 leBtn 等实例名称，完成动画部分的制作。

12 新建【图层 13】图层，选中第一帧，然后打开【动作】面板，为影片添加背景音乐，并加载影片需要播放的几首音乐。

```
var soundRequest1:URLRequest=new URLRequest("mp3/track01.mp3");
var soundRequest2:URLRequest=new URLRequest("mp3/track02.mp3");
```

```
var soundRequest3:URLRequest=new URLRequest("mp3/track03.mp3");
var soundRequest4:URLRequest=new URLRequest("mp3/track04.mp3");
var soundRequest5:URLRequest=new URLRequest("mp3/track05.mp3");
//实例化各种声音请求对象
var mainSound:Sound=new Sound(soundRequest1);
//加载第一个声音
var currentSoundChannel=mainSound.play();
//播放加载的声音
```

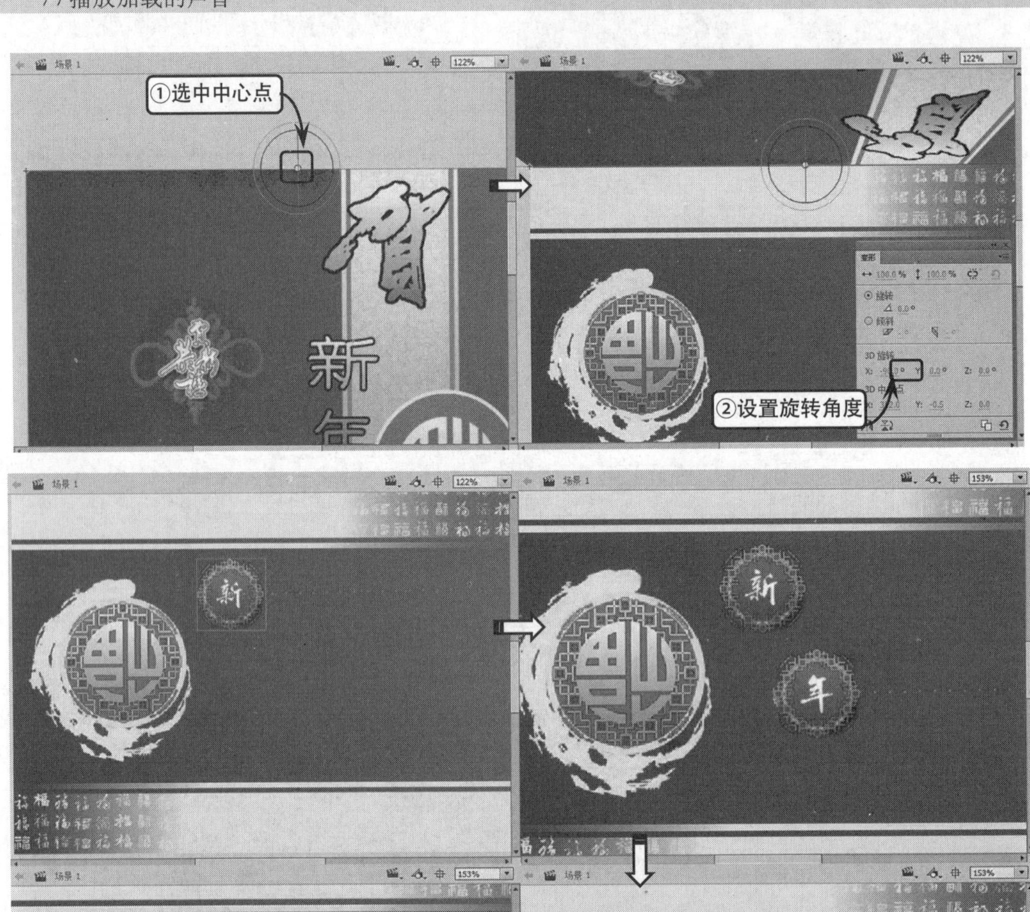

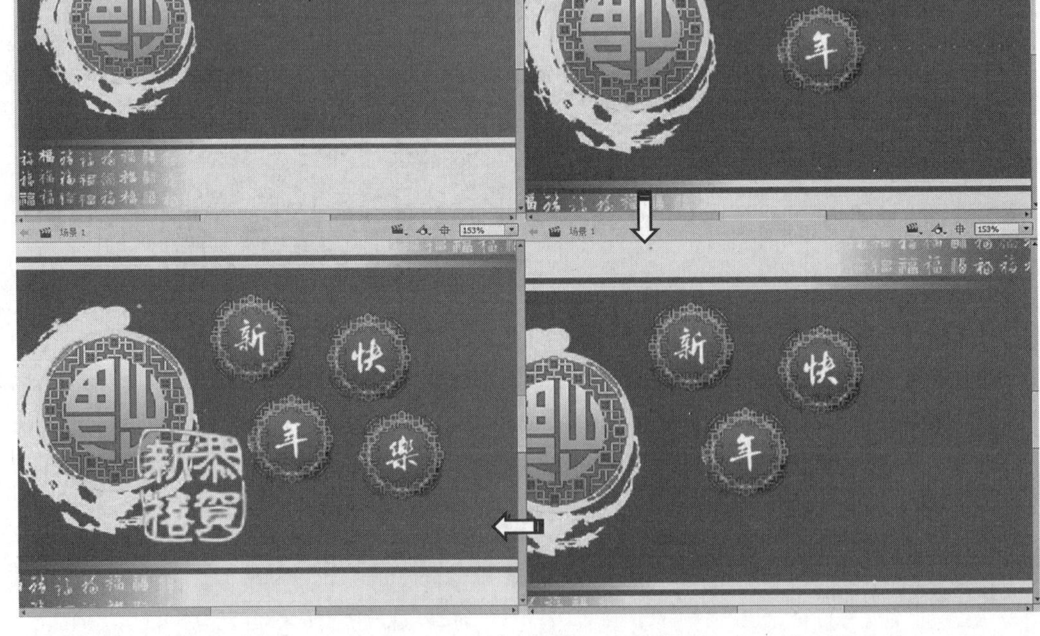

13 选中【图层 13】图层中第 360 帧，然后在【动作】面板中添加 stop()方法，暂停影片播放。同时，为 fortuneMovie 按钮元件添加鼠标单击事件，控制影片继续播放。

```
stop();
//暂停动画播放
fortuneMovie.addEventListener(MouseEvent.CLICK,playNextFrame);
//为福字添加鼠标单击事件
function playNextFrame(event:MouseEvent=null):void {
  //福字的鼠标单击事件
  play();
  //继续播放
}
```

14 选中【图层 13】图层中第 500 帧，在【动作】面板中添加 stop()方法，暂停影片播放。然后使用 switch…case 语句，分别为 xinBtn、nianBtn、kuaiBtn 和 leBtn 等按钮元件添加鼠标单击事件。

```
stop();
//停止播放
xinBtn.addEventListener(MouseEvent.CLICK,playNewTrack);
nianBtn.addEventListener(MouseEvent.CLICK,playNewTrack);
kuaiBtn.addEventListener(MouseEvent.CLICK,playNewTrack);
leBtn.addEventListener(MouseEvent.CLICK,playNewTrack);
//为新年快乐等 4 个按钮添加鼠标单击事件
function playNewTrack(event:MouseEvent=null):void {
  //鼠标单击按钮的事件
  currentSoundChannel.stop();
  //暂停当前声音的播放
  switch (event.target.name) {
    //判断被单击的按钮实例名称
    case "xinBtn" :
    //当实例名称为“xinBtn”时
      mainSound=new Sound(soundRequest2);
      //选择第二个请求的声音
      break;
      //中止
```

9.6 课堂练习：导出 FLV 格式视频文件

Adobe Flash 视频（FLV）文件格式使用户可以导入或导出带编码音频的静态视频流。此格式适用于通信应用程序（如视频会议），以及包含从 Flash Communication Server 中导出的屏幕共享编码数据的文件。

操作步骤：

1 新建 1000×660 像素的空白文档，执行【文件】|【导入】|【导入视频】命令，打开【导入视频】对话框。

2 在该对话框中，启用【在 SWF 中嵌入 FLV 并在时间轴中播放】单选按钮。然后，单击【文件路径】选项右侧的【浏览】按钮，在弹出的【打开】对话框中选择需要导入的 FLV 视频文件。

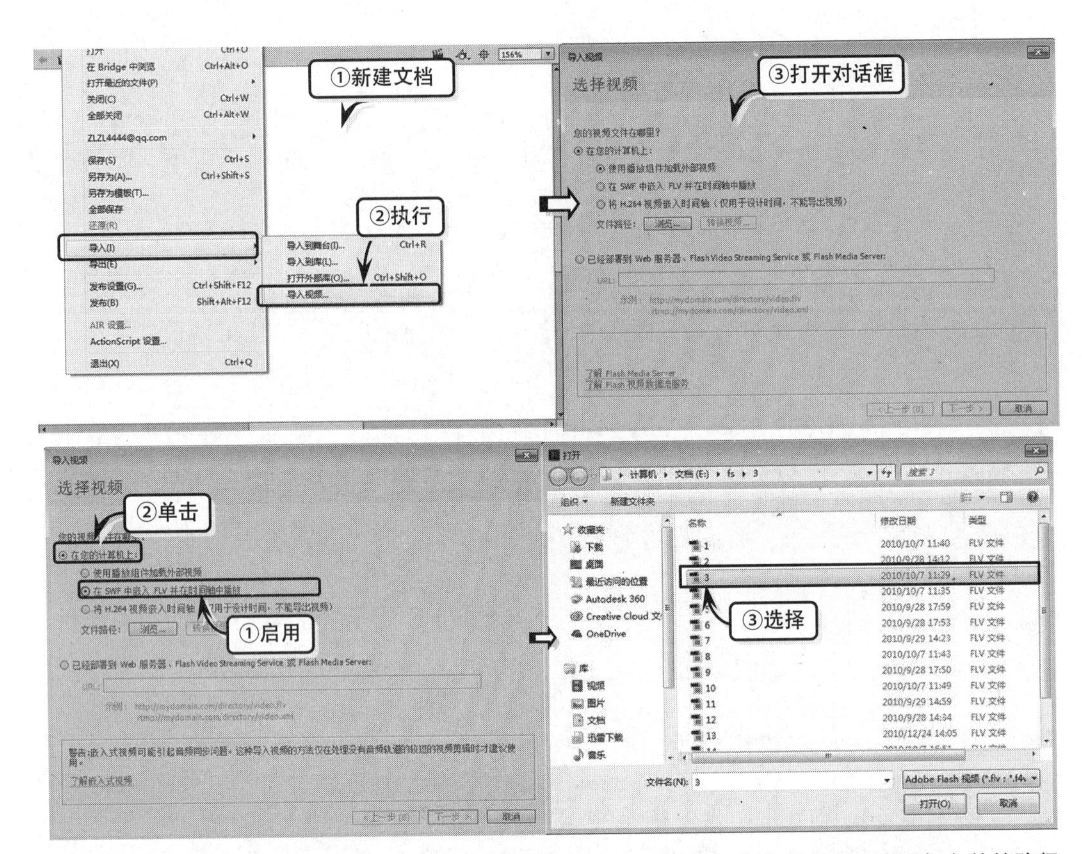

3 选择 FLV 视频文件后，将会在【导入视频】对话框的【文件路径】选项中显示该视频文件的路径。然后单击【下一步】按钮，打开【嵌入】对话框，在【符号类型】下拉列表中选择【嵌入的视频】选项，启用其他所有的复选框，并单击【下一步】按钮。

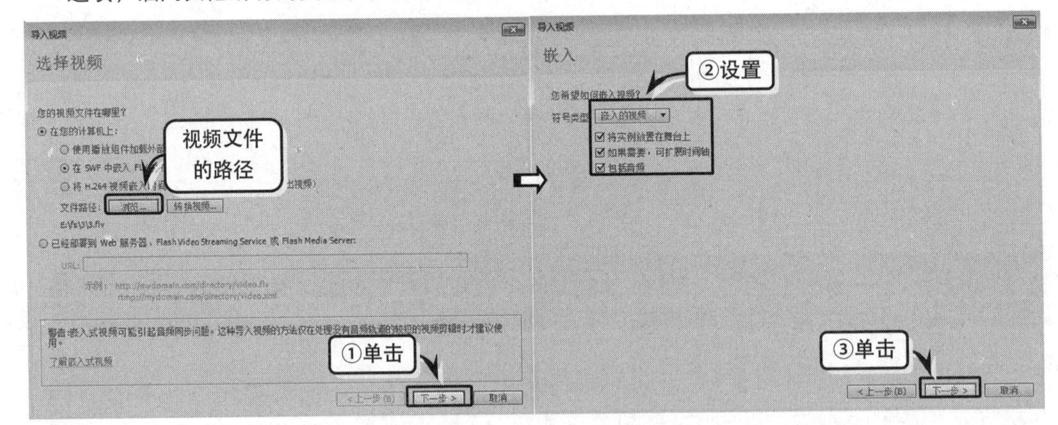

4 单击【下一步】按钮后进入【完成视频导入】选项，该选项显示外部 FLV 视频的路径以及其他相关信息，此时直接单击【完成】按钮即可。然后可以发现，外部的 FLV 视频已经添加到 Flash 的时间轴上。

5 执行【窗口】|【库】命令，打开【库】面板。然后，右击该面板中的 3.flv 视频文件，在弹出的菜单中执行【属性】命令，打开【视频属性】对话框。

6 在【视频属性】对话框中，单击右侧的【导出】按钮，打开【导出 FLV】对话框。然后，选择保存导出视频的文件夹，并在【文件名】右侧的文本框中输入“new_happy”，单击【保存】按钮即可。

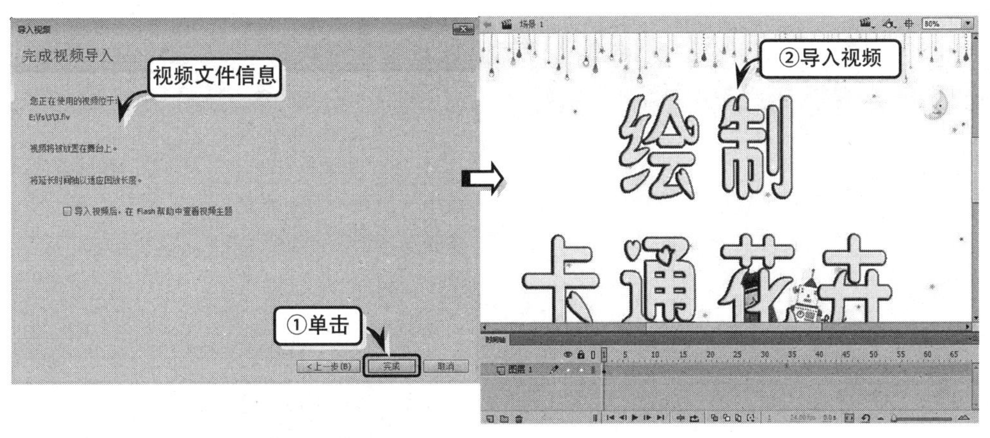
导入视频
完成视频导入
视频文件信息
您正在使用的视频位于：
E:\fs\3\3.flv
视频将被放置在舞台上。
将延长时间轴以适应回放长度。
导入视频后，在 Flash 帮助中查看视频主题
①单击
<上一步(B)
完成
取消
②导入视频
场景 1
绘制
卡通花卉
时间轴
图层 1

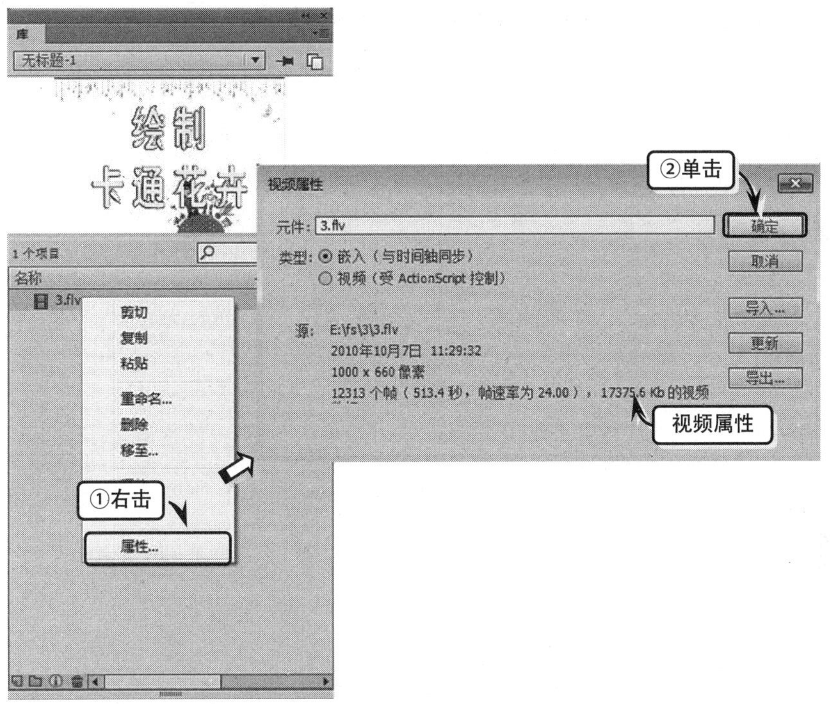
库
无标题-1
1 个项目
名称
3.flv
剪切
复制
粘贴
重命名...
删除
移至...
①右击
属性...
视频属性
②单击
元件：3.flv
确定
类型：嵌入（与时间轴同步）
视频（受 ActionScript 控制）
取消
导入...
源：E:\fs\3\3.flv
2010年10月7日 11:29:32
1000 x 660 像素
12313 个帧（513.4 秒，帧速率为 24.00），17375.6 Kb 的视频
更新
导出...
视频属性

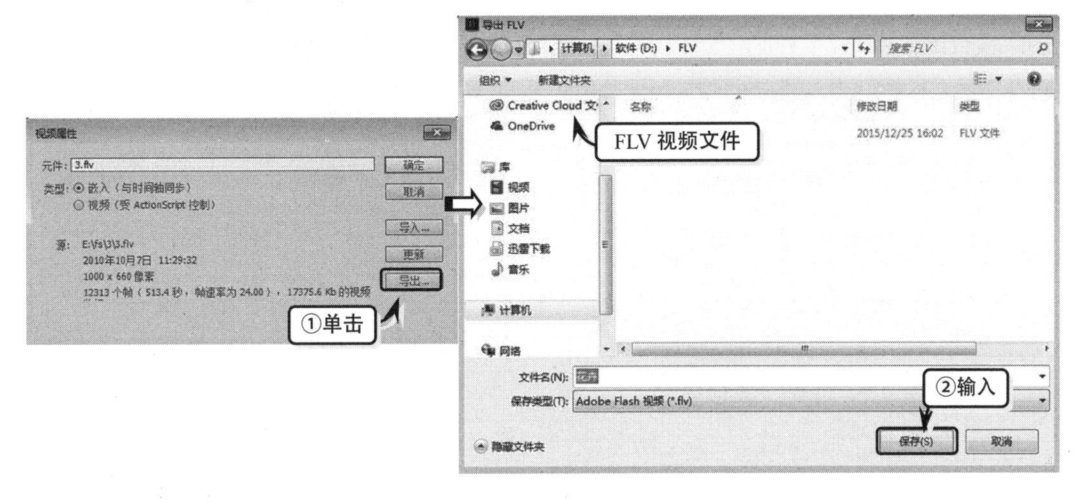
视频属性
元件：3.flv
确定
类型：嵌入（与时间轴同步）
视频（受 ActionScript 控制）
取消
导入...
源：E:\fs\3\3.flv
2010年10月7日 11:29:32
1000 x 660 像素
12313 个帧（513.4 秒，帧速率为 24.00），17375.6 Kb 的视频
更新
导出...
①单击
导出 FLV
计算机 ▸ 软件 (D:) ▸ FLV
搜索 FLV
组织
新建文件夹
Creative Cloud 文
OneDrive
名称
修改日期
类型
2015/12/25 16:02
FLV 文件
FLV 视频文件
库
视频
图片
文档
迅雷下载
音乐
计算机
网络
文件名(N)：花卉
保存类型(T)：Adobe Flash 视频 (*.flv)
②输入
隐藏文件夹
保存(S)
取消

思考与练习

一、填空题

1. Flash 允许用户导入多种类型的音频，包括__________和__________等。

2. 包络线可定制声音播放时的__________。

二、选择题

1. 在 Flash 中，编辑声音时【编辑封套】对话框中没有的效果是__________。

A. 淡入　　B. 左声道

C. 停止　　D. 自定义

2. 在发布 Flash 时，发布设置中没有的选项是__________。

A. MCA　　B. PNG

C. SVG　　D. JPEG

三、简答题

1. Flash 压缩音频的方法有哪几种？

2. Flash 允许用户导出哪些类型的数据？

四、操作练习

1. 读取音频 ID3 信息

ID3 信息是 MP3 格式音频文件的一种元数据，其通常位于 MP3 音频文件的头部预留字符位置中，用于存储歌曲的基本信息。用户可以通过 flash.media.ID3info 类的属性读取这些信息。

属　性	信　息
album	歌曲的专辑名称
comment	录制的相关注解
songName	歌曲的名称
year	录制歌曲的年份
artist	歌曲的艺术家名
genre	歌曲的曲风流派
track	在专辑中的曲目编号

在已经加载完成的实例名为sound的音频对象中，用户可以直接通过对象的 ID3 属性的子属性实现读取。例如，读取 sound 音频对象的专辑名，代码如下。

```
Sound.id3.album;
```

2. 管理发布设置方案

Flash 提供了管理发布设置方案的功能，允许用户在进行发布影片时，将影片的发布设置方案以文件的形式存储到本地计算机中或读取已存储的发布设置方案等。

在【发布设置】对话框中的【当前配置文件】下拉列表框右侧，提供了一个下拉列表框用于显示当前已存在的发布设置方案。

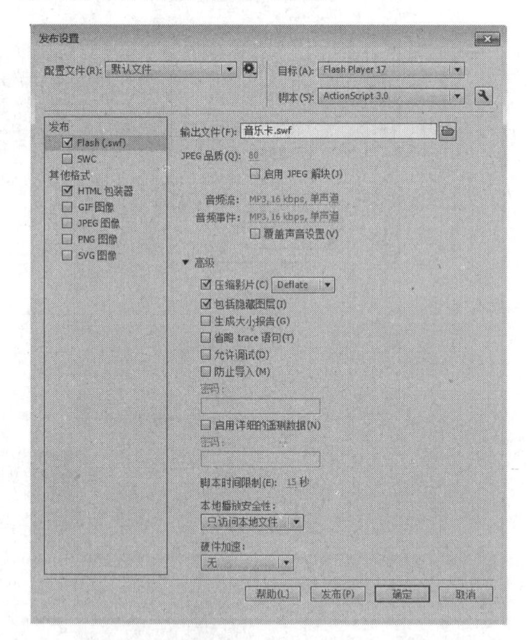

第 10 章

综合案例

随着计算机技术的发展和个人计算机的普及，多媒体教学在课堂中的应用越来越广泛，传统教学所用的幻灯片已经不能满足当代教学的需求。因此，作为功能强大的动画制作软件，Flash 在教学课件制作方面逐渐崭露头角，它制作的课件具有交互性、趣味性、娱乐性等特点，深受广大教师和学生的喜爱。

10.1 课堂练习：制作客厅场景

在设计室内场景时，除需要注意场景的灯光与阴影外，还需要合理地为室内场景规划空间结构图，使室内场景更加有立体感。在绘制室内场景的各种布景时，则需要注意不同位置的物品阴影的角度。

操作步骤：

1. 绘制结构轮廓

1 设置【文档属性】中的【尺寸】为 970px×414px，然后设置【背景颜色】为橙色（#2F65FA）。在【工具】面板中选中【线条工具】，绘制室内场景的空间结构图。

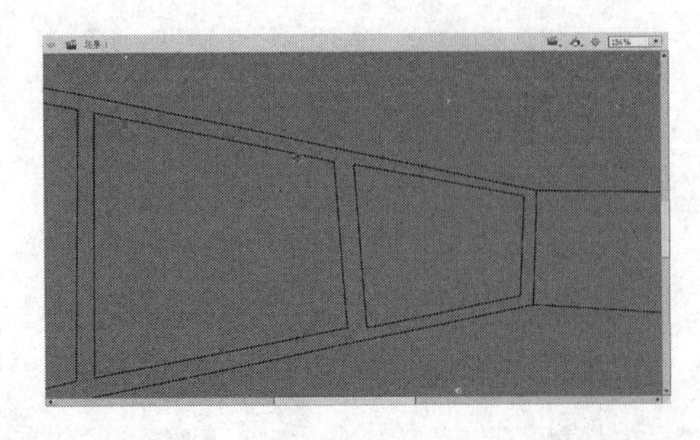

2 新建图层，在新图层中绘制室内场景的各种布景轮廓，并填充为深蓝色。

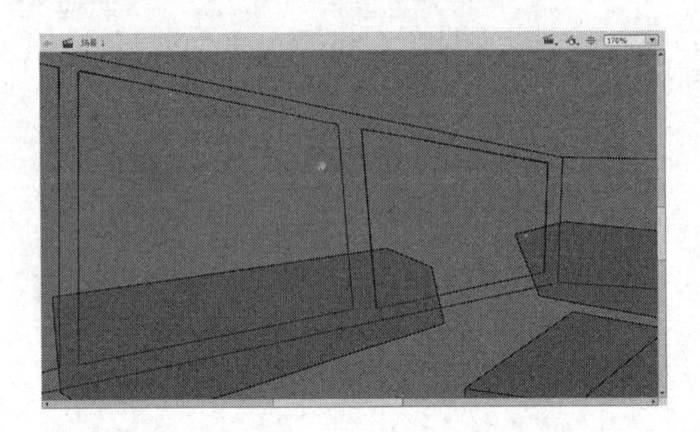

3 再次新建图层，在图层中绘制窗外走廊的窗口轮廓，并填充白色（#FFFFFF），设置透明度为47%。

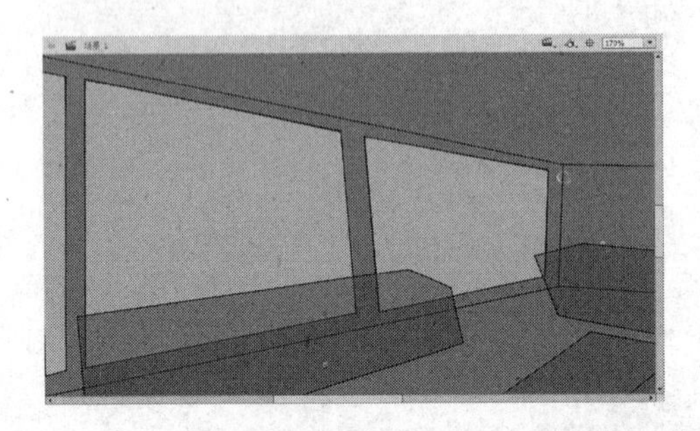

2. 绘制房屋内部

1 隐藏布景轮廓所在的图层，然后新建【地板】图层，根据空间结构图的轮廓线绘制地板，并填充渐变颜色。

2 新建【侧墙】图层，绘制房屋的侧面墙，并为其填充渐变颜色。

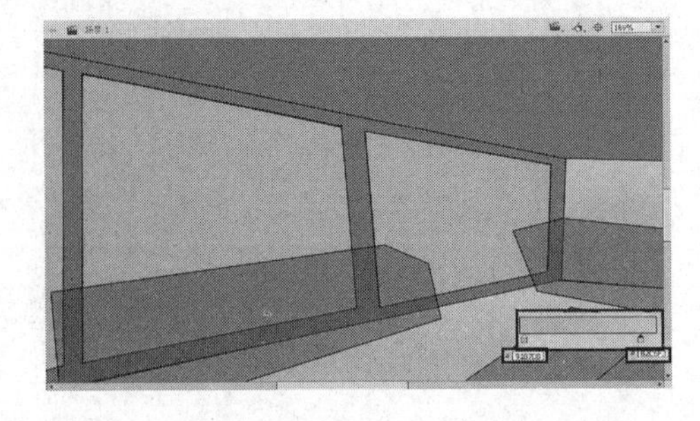

3 新建“落地窗”图层，绘制落地窗的图形，并为其填充白色（#FFFFFF），设置其透明度为69%。

4 新建【窗外树叶】图层，使用【钢笔工具】绘制树叶，并为其填充半透明的渐变颜色。将树叶编组并复制一份。

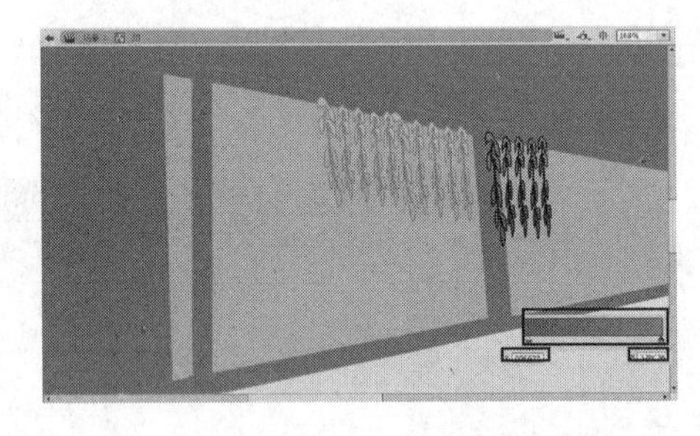

5 新建【窗框】图层，绘制窗框，并为其填充颜色。

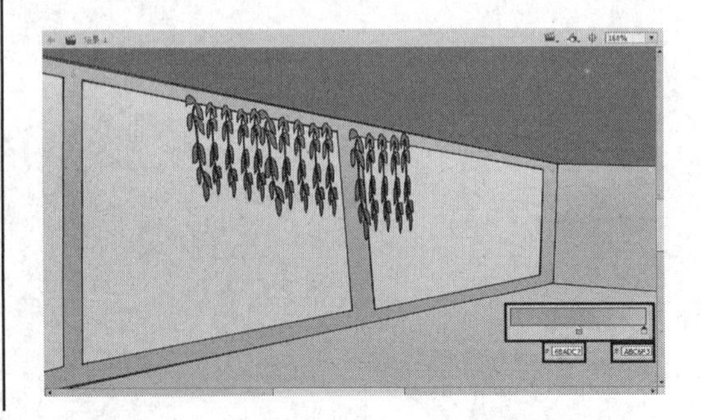

6 新建【侧墙灯】图层，绘制侧墙上的壁灯以及其发出的灯光。

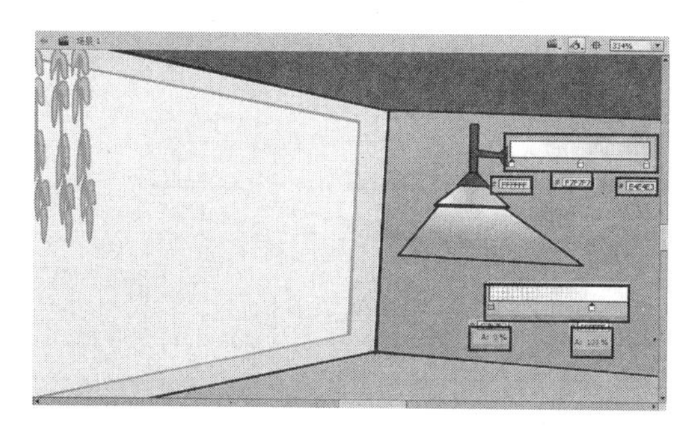

7 新建【天花板灯】图层，绘制圆形天花板灯，并为其填充放射状的渐变色，将其复制并分布到天花板位置上。

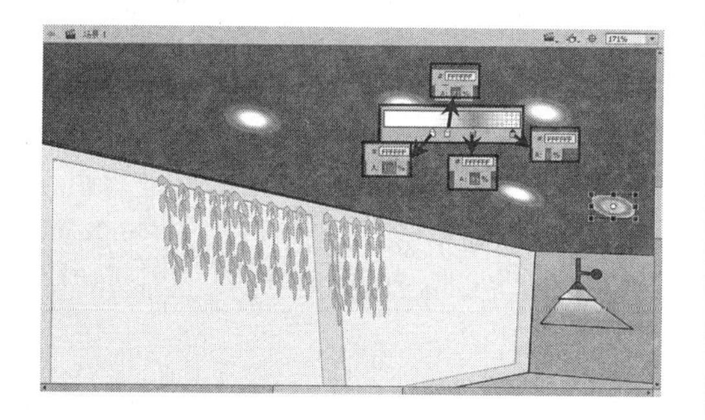

3. 绘制家具及阴影

1 将布局轮廓的图层拖动到【天花板灯】图层上方。然后新建【写字台】图层，绘制写字台的图形，为其填充颜色。

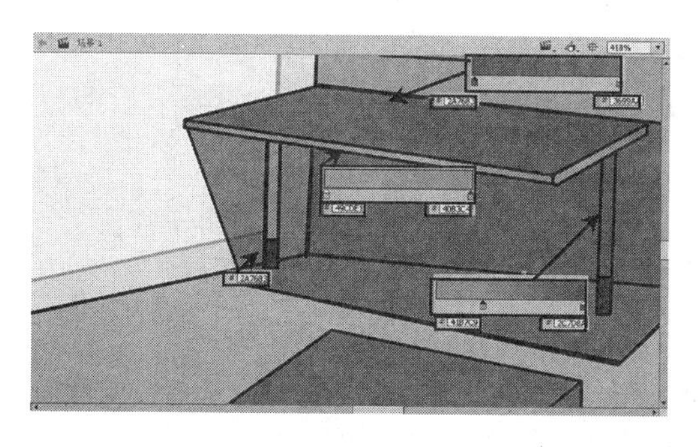

2 新建【写字台投影】图层，绘制写字台的投影轮廓并填充为黑色，其透明度为32%。

3 新建【椅子】图层，绘制椅子的靠背以及底座、轮子等轮廓，并为这些轮廓填充颜色。

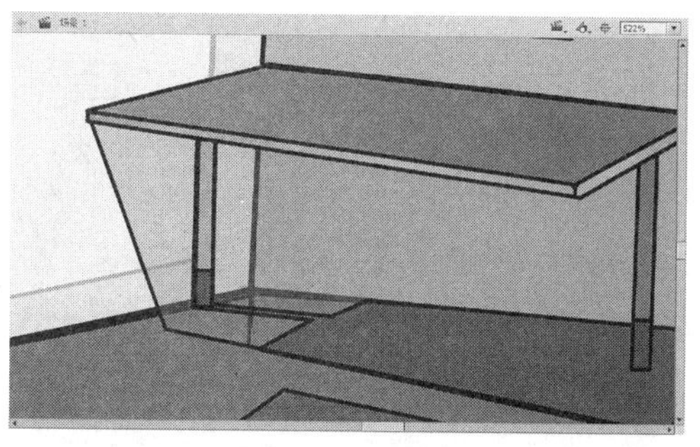

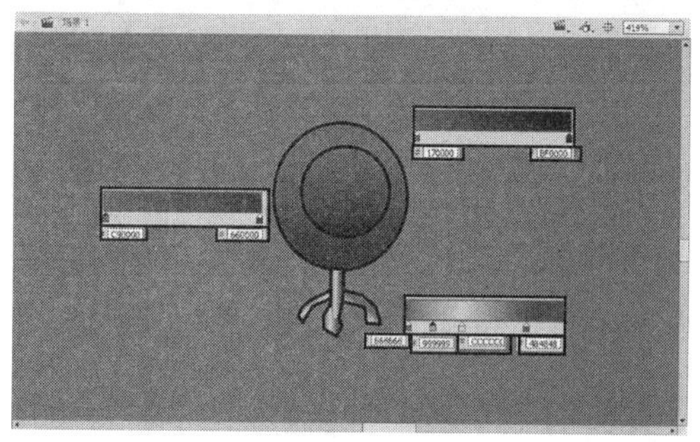

4 新建【茶几】图层，绘制茶几的轮廓，并为其填充颜色。

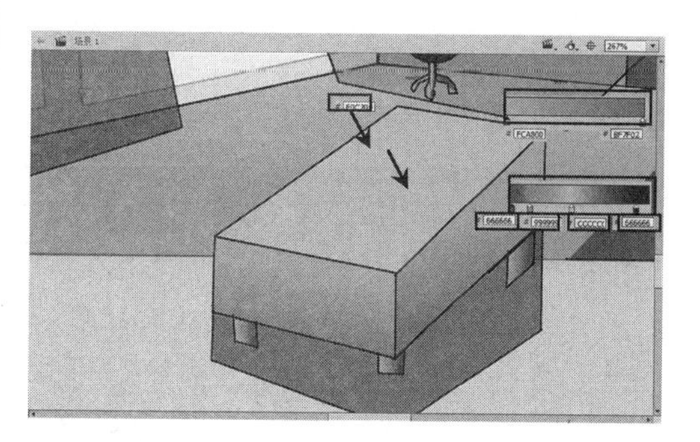

5 将【茶几】图形进行编组，然后在【茶几】上绘制三本书，为书填充颜色。

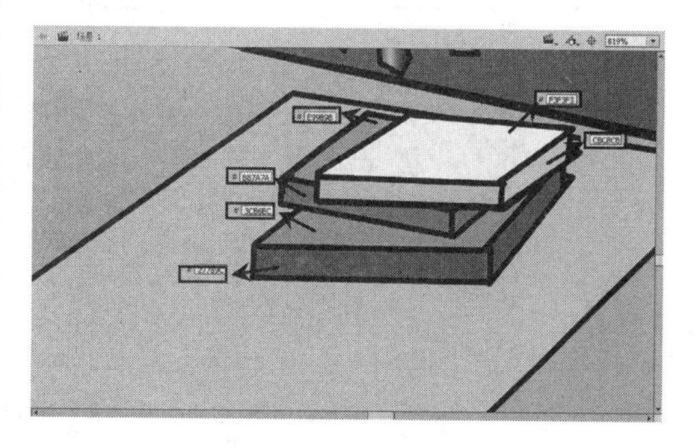

6 新建【灯】图层，绘制三个矩形分别作为落地灯的灯罩、支架和反光区，并为其填充颜色。

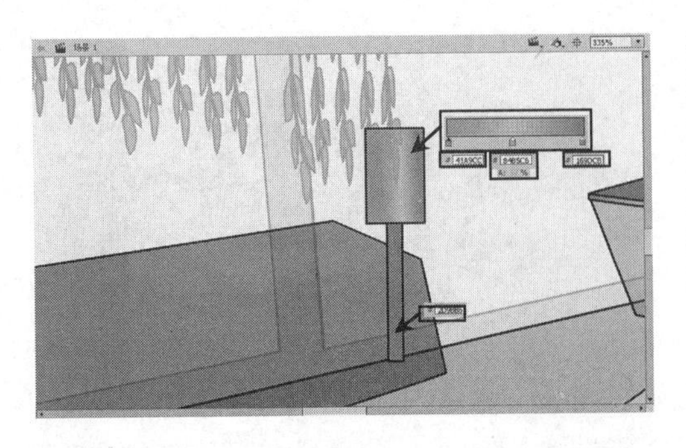

7 新建【沙发】图层，根据沙发的轮廓绘制沙发，并填充颜色。将沙发的所有图形进行编组。

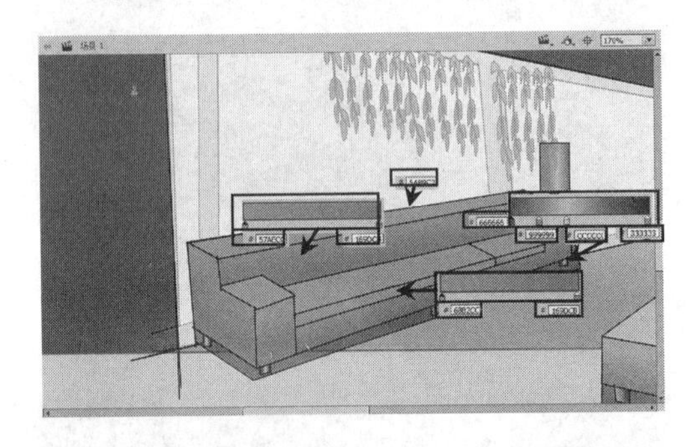

8 在【沙发】图层下，新建【沙发投影】图层，并绘制沙发的投影。其填充透明度为 32% 的深灰色（#060101）。

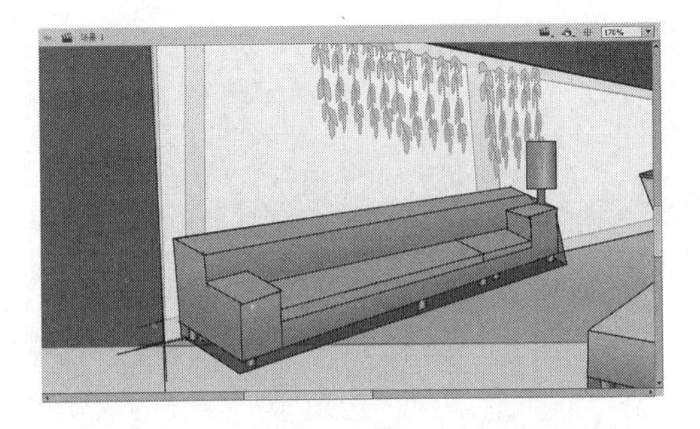

9 删除三个结构图的图层，并清除所有图形的轮廓线，即可完成室内场景的制作。

10.2　课堂练习：制作网页导航条

网页动画导航条通常是由各种带有动画效果的按钮组成的。设计动画导航条时，应首先为动画导航条添加背景，然后再为导航条制作各种按钮，为按钮添加各种动画效果。例如，使用 Flash 的动画预设为按钮添加飞入效果等。

操作步骤：

1 新建fla文件，执行【修改】|【文档】命令，设置【尺寸】为800px×518px。然后执行【文件】|【导入】命令，导入素材图像，并作为导航条的背景。

2 执行【文件】|【导入】|【导入到库】命令，导入5个素材图标。新建whirl01影片剪辑元件，将index图标拖动到元件中。

3 新建hover01影片剪辑元件，将whirl01元件拖动到hover01影片剪辑元件中。然后，在图层第50帧按F5键插入帧。

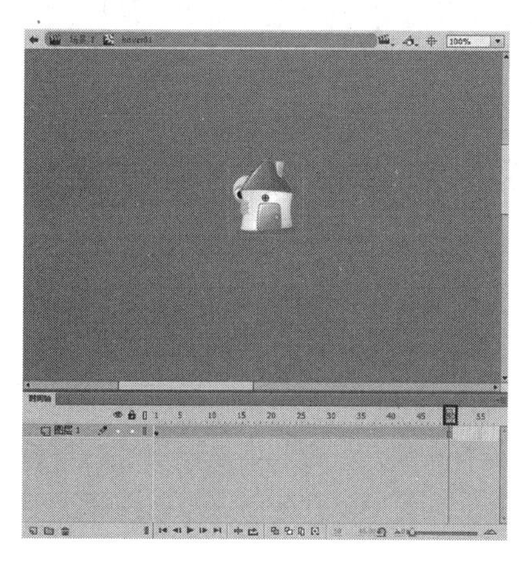

4 右击第50帧，执行【创建补间动画】命令，然后再次右击第50帧，执行【3D补间】命令，元件上方将出现3D旋转的坐标指针。

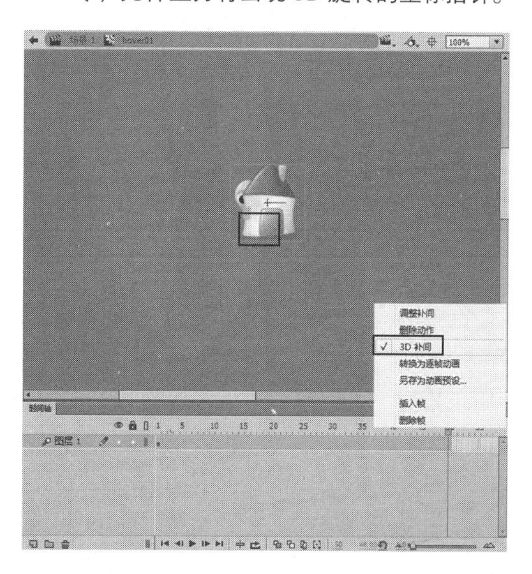

5 右击第50帧，执行【插入关键帧】|【旋转】命令，创建旋转补间动画。

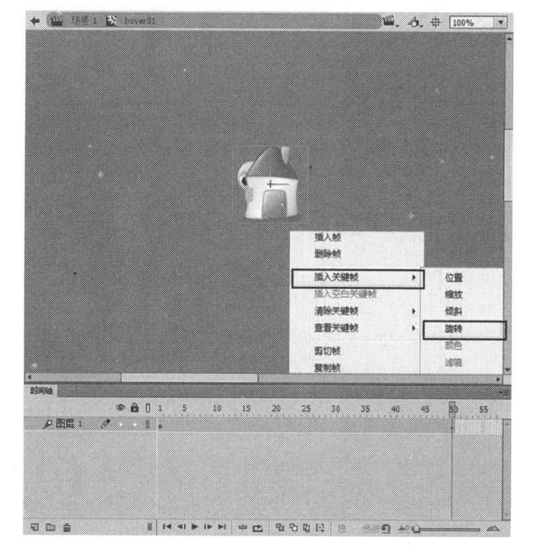

6 单击第25帧，用同样的方式创建旋转补间动画，并执行【窗口】|【变形】命令，在【变形】面板中设置元件【3D旋转】的Y值为180。

7 用相同的方法设置第50帧处的元件【3D旋转】的Y值为180。

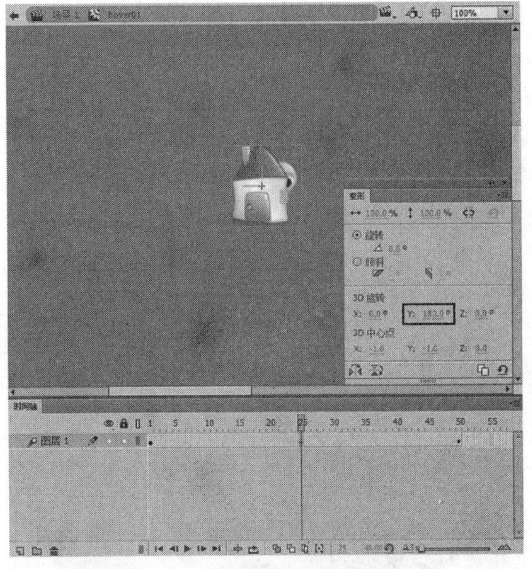

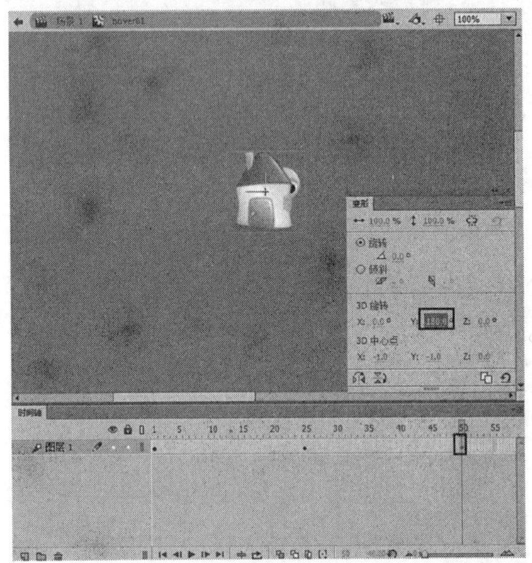

8 在元件中创建新的图层，然后在图层第 50 帧处按 F6 键插入关键帧，添加“stop();”代码。

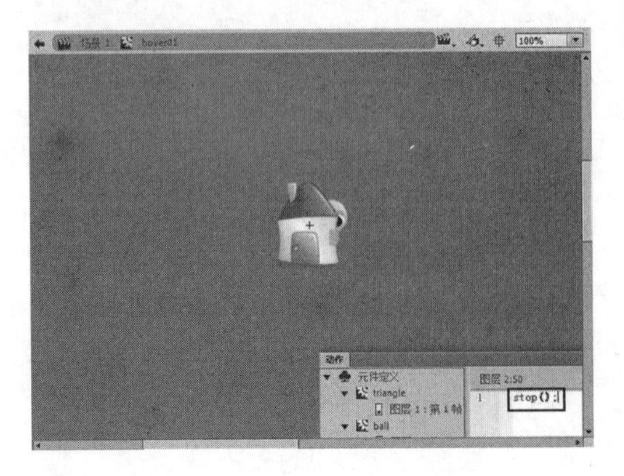

9 新建 btnindex 按钮元件，在元件的【弹起】帧处插入元件 whirl01，并输入文本“首页”，为文本设置【发光】滤镜。

10 在按钮的【指...】帧处，按 F7 键，插入空白关键帧，并将制作好的 hover01 元件插入到影片的相应位置。输入“首页”文本，并设置【投影】滤镜和【发光】滤镜。

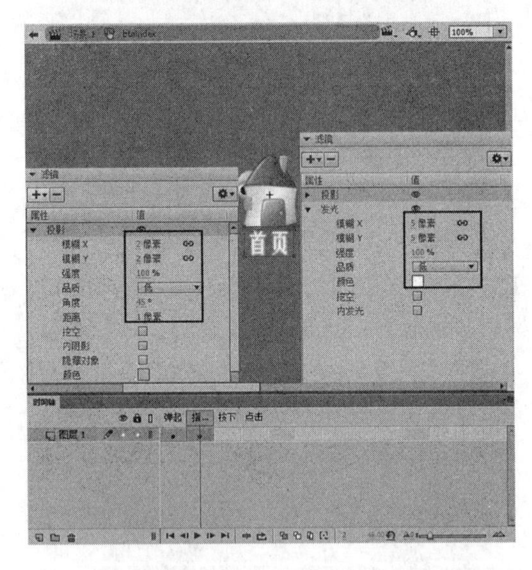

11 在按钮的【按下】帧处，按 F7 键，插入空白关键帧。右击【弹起】帧，执行【复制帧】命令，然后右击【按下】帧，执行【粘贴帧】命令。

12 选择按钮元件的【点击】帧，按 F5 键插入帧，即可完成 btnindex 按钮元件。

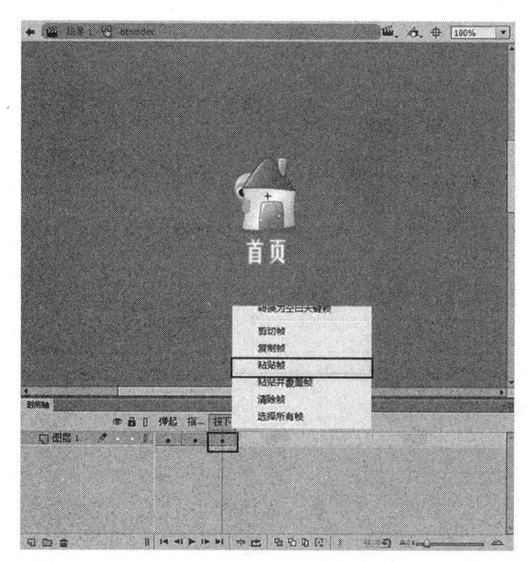

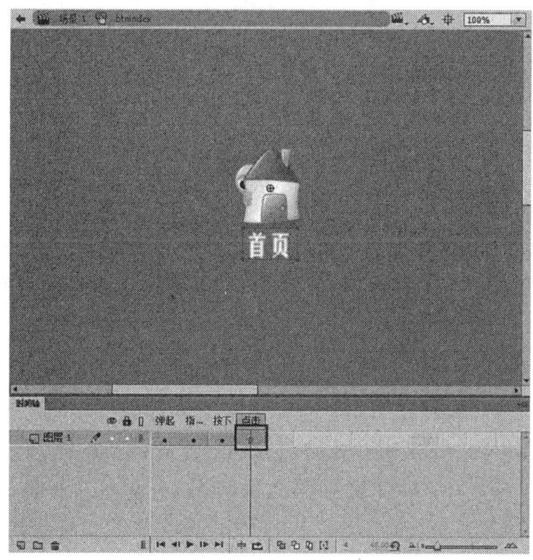

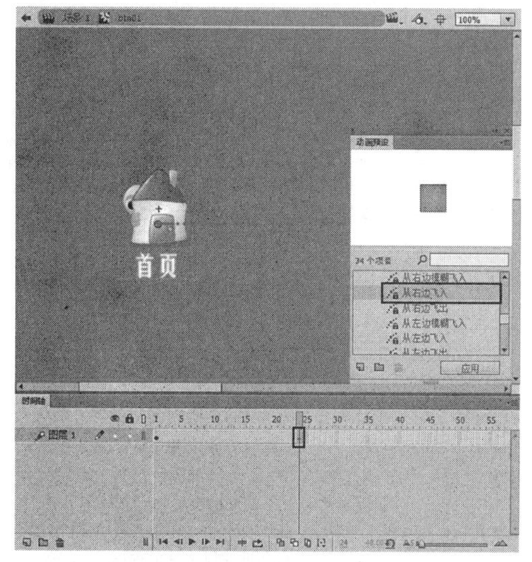

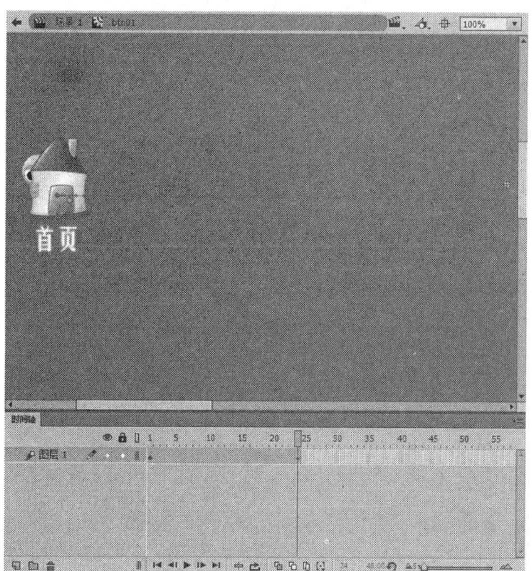

13 新建 btn01 影片剪辑元件，执行【窗口】|【动画预设】命令，在【动画预设】面板中选中【从右边飞入】。然后单击【应用】按钮，将预设动画应用到元件上。

14 选中第 24 帧处的关键帧，单击【选择工具】，并调整运动路径中的控制柄，使用元件飞入的距离以适应影片播放宽度。

15 在元件中新建图层，并在图层第 24 帧处按 F6 键将该帧转换为关键帧。在关键帧上按 F9 键，打开【动作】面板输入“stop();”代码。

16 用同样的方法，制作其他 5 个按钮，并将按钮依次排放到影片中，即可完成导航条的制作。

10.3 课堂练习：制作圣诞卡片

简易的 Flash 贺卡中只要包括合适的背景、祝福语即可。本例中设计的 Flash 贺卡包含动画、祝福语，从多个方面衬托出贺卡所要表现主题（圣诞）的特点，如欢乐、热闹、喜庆等。

操作步骤：

1 新建 600×450 像素的文档，将背景图像导入到【库】面板中，然后将其拖至舞台中。

2 新建【开场动画】影片剪辑，将绘制完成的钟元件拖至舞台中，并设置【钟】影片剪辑元件的【实例名称】为 Bell。然后，制作开场上下飘动的动画。

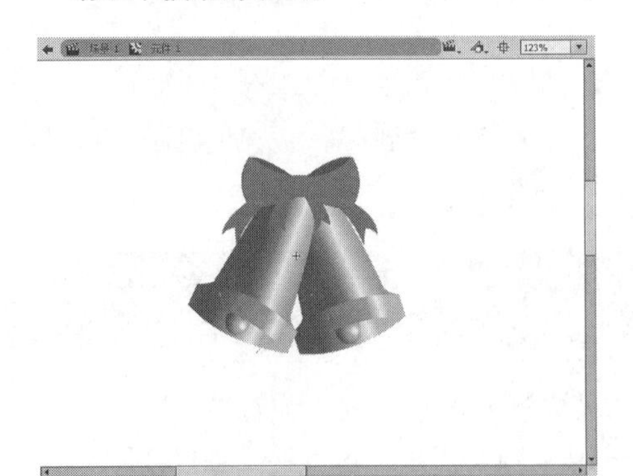

3 返回场景，将【开场动画】拖至舞台中，并设置其【实例名称】为 MC_Play。

4 新建【烟花】影片剪辑，在舞台中制作烟花绽放的动画，并在最后一帧处输入 stop(); 命令。

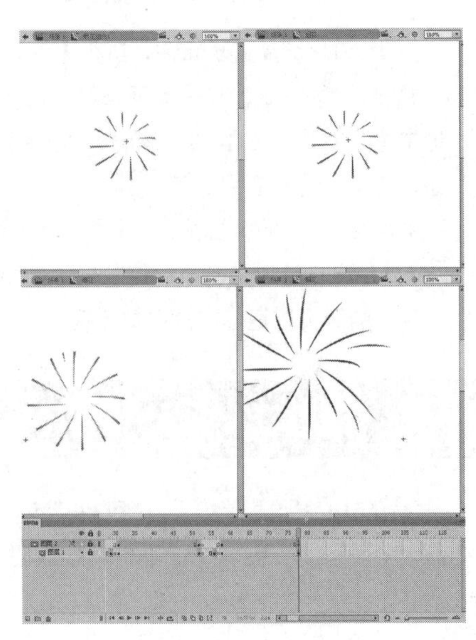

5 新建【船】影片剪辑元件，用绘制完成的【木船】影片剪辑元件制作左右摆动的动画。

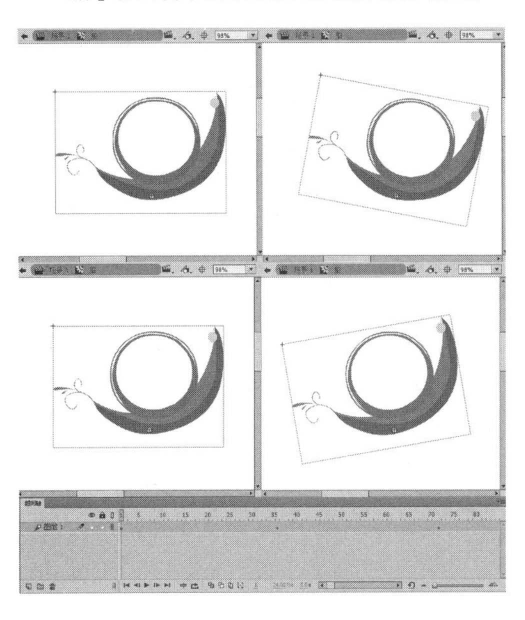

6 新建图层创建“贺词”，制作走动贺词的动画，最后新建遮罩图层，并将其影片剪辑元件拖到舞台中。

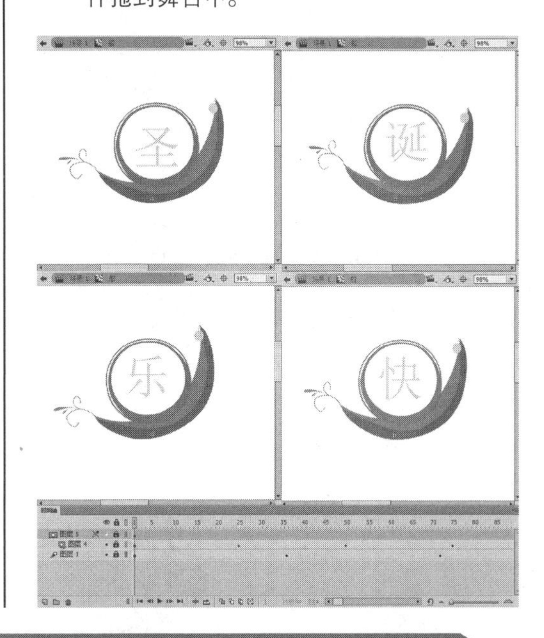

10.4 课堂练习：制作 ActionScript 视频播放器

在 10.3 节的练习中学习了使用导入视频的方法制作视频播放器。本练习将采用 ActionScript 3.0 技术制作一个视频播放器，首先读取外部 XML 文件中的视频文件 URL 地址，然后根据该地址加载相同目录中的 FLV 视频文件，并实现播放、暂停、停止等基本功能。

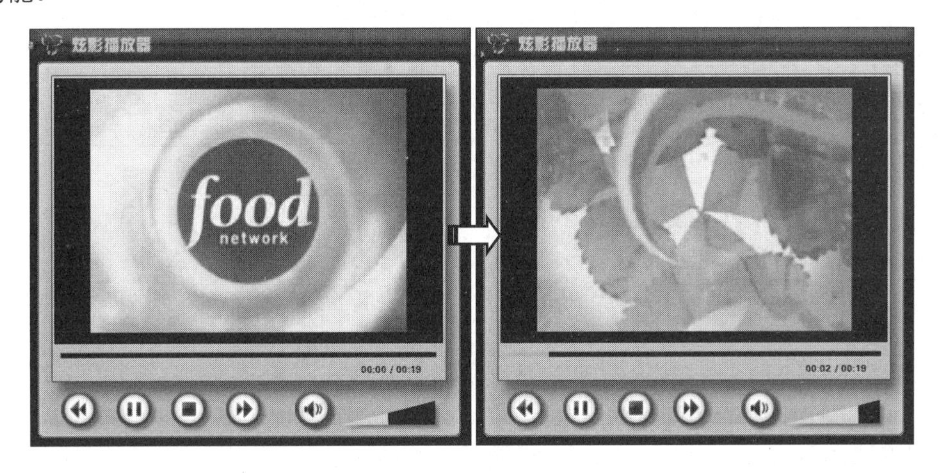

操作步骤：

1 新建 470×440 像素的空白文档，导入所有素材图像到【库】面板中，并将【播放器】素材图像拖入到舞台中。然后新建【播放】按钮元件，将【播放】素材图像拖入到舞台中，在【属性】面板中为其添加【投影】滤镜，并设置【强度】为 30%。

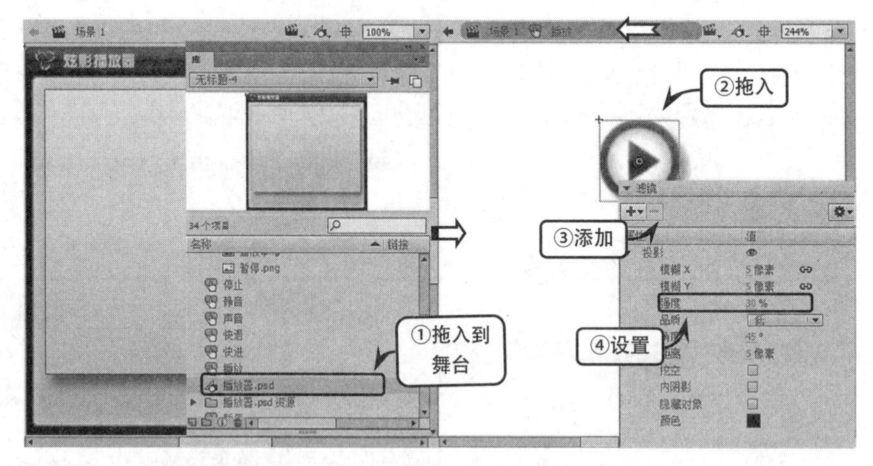

2 右击【指针经过】状态帧，在弹出的菜单中执行【插入关键帧】命令插入关键帧，使其与【弹起】状态帧中的内容相同。然后，在【按下】状态帧处插入关键帧，选择该影片剪辑元件，在【属性】面板中更改【投影】滤镜的【强度】为 10%，并向下移动两个像素。

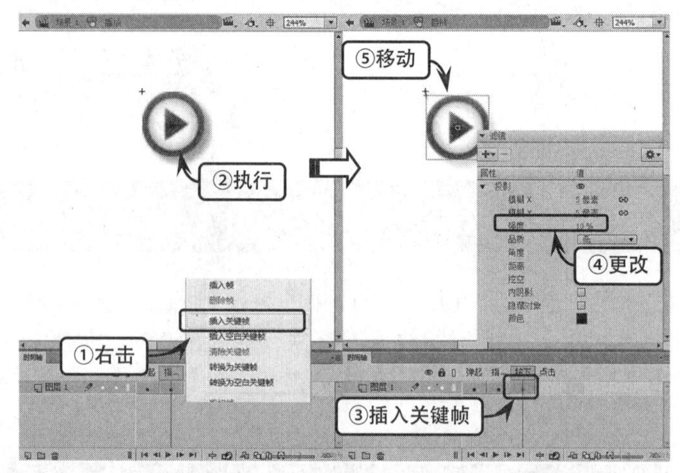

3 使用相同的方法，创建【暂停】、【停止】、【快进】和【快退】等按钮元件。新建【按钮】图层，将关于控制播放的 5 个按钮元件拖到舞台的底部，并设置【实例名称】分别为 playBtn、pauseBtn、stopBtn、ffBtn 和 rewBtn。然后新建【音量】图层，将【声音】和【静音】按钮元件拖到其右侧，并设置【实例名称】分别为 voiceBtn 和 muteBtn。

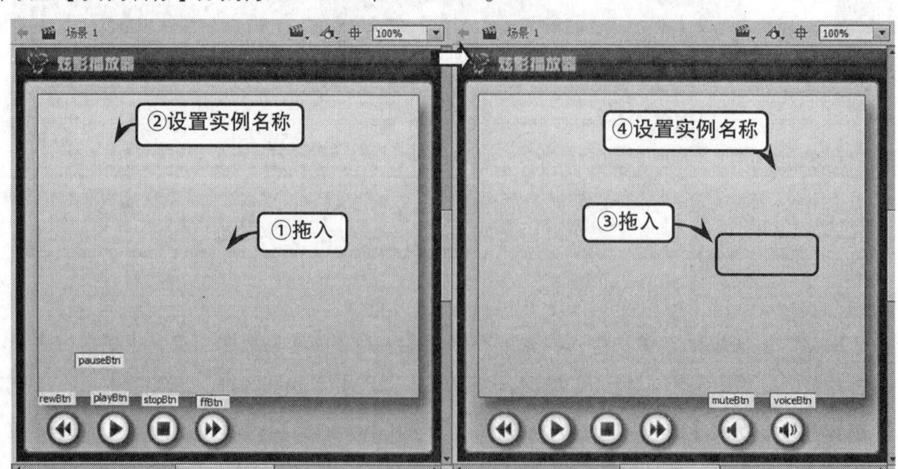

4 新建【音量】影片剪辑元件，使用【多角星形工具】在舞台中绘制一个黑色（#000000）的三角形。新建【矩形】图层，使用【矩形工具】绘制一个与三角形等宽的黄色(#F6D961)矩形，将其转换为影片剪辑元件，并设置其【实例名称】为 voiceBar。

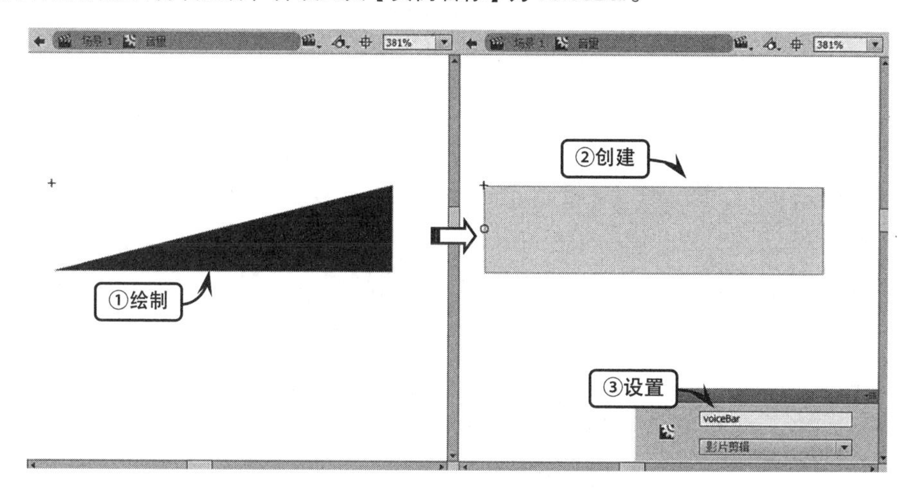

5 新建【遮罩】图层，将【三角形】图层第一关键帧中的三角形复制到该图层中的相同位置，并右击该图层执行【遮罩层】命令将其转换为遮罩层。然后返回场景，将【音量】影片剪辑元件拖到舞台的右下角，并设置其【实例名称】为 Voice。

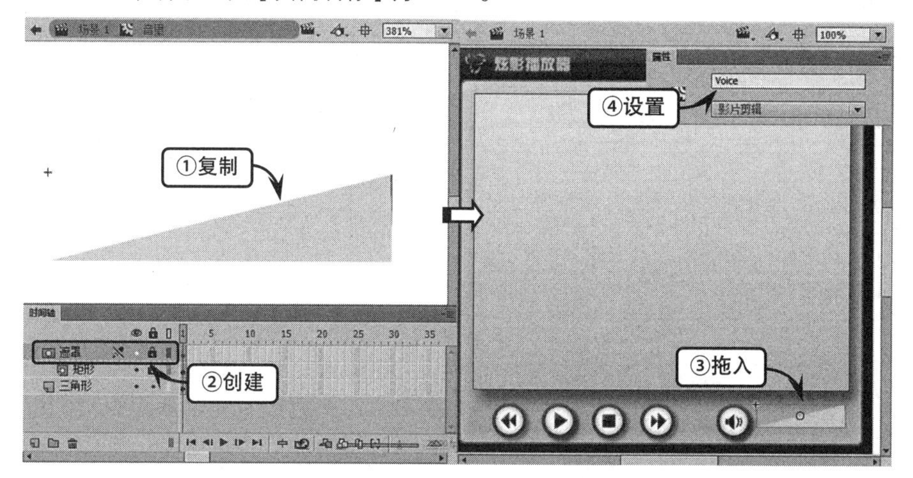

6 创建【进度条】影片剪辑元件，根据上述步骤制作一个进度条，并设置【进度矩形】影片剪辑元件的【实例名称】为 progressBar。然后返回场景，新建【进度条】图层，将【进度条】影片剪辑元件拖到舞台中，设置其【实例名称】为 Progress。使用【文本工具】，在【进度条】影片剪辑元件的右下角创建一个动态文本，并设置【实例名称】为 Time。

7 新建名称为 AS 的图层，在第一帧处打开【动作】面板，通过 URLLoader 对象根据指定的 URL 地址加载外部 XML 文件，并侦听该文件的加载完成事件。当加载完成时调用 xmlLoaded()函数，获取 XML 文件中存储的视频 URL 地址。

```
var url:String = "playlist.xml";
//创建存储有 XML 文件地址的变量
var urlRequest:URLRequest = new URLRequest(url);
//获取 XML 文件的 URL 地址
```

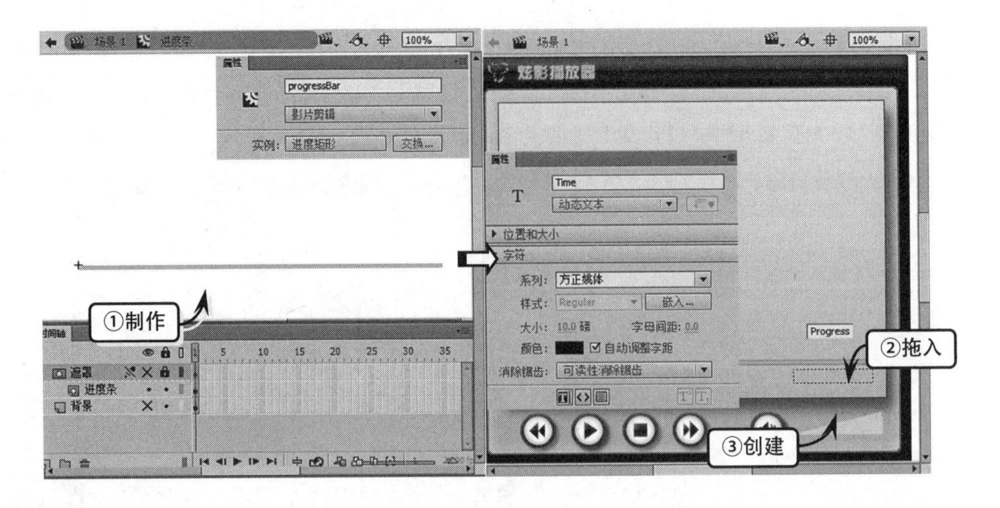


```
var loader:URLLoader = new URLLoader();
//创建 URLLoader 对象，用于加载外部的 XML 文件
loader.load(urlRequest);
//加载 XML 文件
loader.addEventListener(Event.COMPLETE,xmlLoaded);
//侦听加载 XML 文件完成事件
function xmlLoaded(event:Event):void {
  try {
    var xml:XML = new XML(event.target.data);
    //将下载的文本转换成 XML 实例
    var urltxt = String(xml.flv. @ url);
    playAuto(urltxt);
    //调用 playAuto()函数开始播放视频
  } catch (event:TypeError) {
//如果加载失败
    trace("加载 XML 文件失败！");
    trace(event.message);
    //输出加载错误信息
  }
}
```

8 创建 playAuto()函数，该函数首先创建并初始化 NetConnection 对象，以用于渐进式下载的视频。通过 play()方法根据参数中传递的 URL 地址开始播放视频。然后，通过创建 Video 对象设置视频在舞台中的位置和大小，并将其显示在舞台上。

```
var ns:NetStream;
function playAuto(url:String):void {
  var nc:NetConnection = new NetConnection();
  nc.connect(null);
  //创建并初始化 NetConnection 对象，以用于渐进式下载的视频
  ns = new NetStream(nc);
  ns.addEventListener(AsyncErrorEvent.ASYNC_ERROR, asyncErrorHandler);
  //侦听视频异步引发异常事件
```

```
    ns.play(url);
    //根据参数中的 URL 地址播放外部视频
    var video:Video = new Video();
    //创建 Video 对象
    video.attachNetStream(ns);
    //把 NetStream 对象关联到 Video 对象
    video.x = 26;
    video.y = 52;
    //视频显示的位置
    video.width = 414;
    video.height = 280;
    //视频显示的尺寸大小
    addChild(video);
    //将视频显示在舞台
    lastTime();
    //调用 lastTime()函数，用于显示视频已播放时间和总持续时间
}
function asyncErrorHandler(event:AsyncErrorEvent):void {
    // 忽略错误
}
```

9 创建 lastTime()函数，该函数通过回调的方法获取视频的总持续时间。然后侦听时间轴事件，当事件发生时调用 timeCounter()函数，以在动态文本中显示已播放时间和总持续时间。

```
var _duration:uint;
function lastTime():void {
    var client:Object = new Object();
    client.onMetaData = onMetaData;
    ns.client = client;
    //调用 onMetaData()回调方法获取视频的总持续时间
    addEventListener(Event.ENTER_FRAME,timeCounter);
    //侦听时间轴事件，调用 timeCounter()函数显示已播放时间和总持续时间
}
function onMetaData(data:Object):void {
    _duration = data.duration;
    //获取视频播放的总持续时间
}
```

10 创建 timeCounter()函数，该函数首先通过 if 语句判断视频总持续时间和当前已播放时间是否大于 0。如果是，则将总持续时间和已经播放时间取整，并显示在舞台中名称为 Time 的动态文本中。

```
function timeCounter(event:Event):void {
    if (_duration > 0 && ns.time > 0) {
        var str:String;
        var played:uint = Math.floor(ns.time);
        //已播放视频的时间
```

```
    var total:uint  = Math.floor(_duration);
    //视频的总时间
    if (played >= 10) {
      str = "";
    } else {
      str = "0";
    }
    //如果显示的秒数小于10，则在其前面添加“0”
    Time.text = "00:" + str + played + " / 00:" + total;
    //在动态文本中显示视频的已播放时间和总持续时间
    var per:Number = played / total;
    //播放视频进度的百分比
    Progress.progressBar.width = 420 * per;
    //根据播放进度的百分比设置进度条的宽度
  }
}
```

11 侦听【播放】、【暂停】和【停止】按钮的鼠标单击事件，当事件发生时分别调用playFLV()、pauseFLV()和 stopFLV()函数，以实现视频的播放、暂停和停止功能，并显示/隐藏【播放】或【暂停】按钮。

```
playBtn.visible = false;
var playBool:Boolean = true;
//用于判断当前的状态是暂停还是播放
playBtn.addEventListener(MouseEvent.CLICK,playFLV);
//侦听【播放】按钮的鼠标单击事件，当事件发生时调用playFLV()函数
function playFLV(event:MouseEvent):void {
  ns.resume();  //回放视频
  hidePlayButton();
  //调用hidePlayButton()函数，以显示/隐藏【播放】按钮
}
pauseBtn.addEventListener(MouseEvent.CLICK,pauseFLV);
//侦听【暂停】按钮的鼠标单击事件，当事件发生时调用pauseFLV()函数
function pauseFLV(event:MouseEvent):void {
  ns.pause();  //暂停视频
  hidePlayButton();
  //调用hidePlayButton()函数，以显示/隐藏【暂停】按钮
}
stopBtn.addEventListener(MouseEvent.CLICK,stopFLV);
//侦听【停止】按钮的鼠标单击事件，当事件发生时调用stopFLV()函数
function stopFLV(event:MouseEvent):void {
  ns.pause();
  ns.seek(0);
  //播放头跳转到视频开头并停止播放
  playBool = false;
  playBtn.visible = true;
```

```
  //显示【播放】按钮
  pauseBtn.visible = false;
  //隐藏【暂停】按钮
}
```

12 创建 hidePlayButton()函数，该函数使用 if 语句判断当前的视频是否正在播放。如果是，将显示【播放】按钮并隐藏【暂停】按钮；如果不是则反之。

```
function hidePlayButton():void {
  if (playBool == true) {
  //如果 playBool 为真，则为播放状态
    playBool = false;
    playBtn.visible = true;
    pauseBtn.visible = false;
    //显示【播放】按钮；隐藏【暂停】按钮
  } else {
    playBool = true;
    playBtn.visible = false;
    pauseBtn.visible = true;
    //隐藏【播放】按钮；显示【暂停】按钮
  }
}
```

13 侦听【快进】和【快退】按钮的鼠标单击事件，当事件发生时分别调用 forward()和 rewind()函数，以在当前播放时间的基础上向前快进 2s 或向后快退 2s 进行播放。

```
var num:int = 0;
//创建 num 变量，用于指定已播放的秒数
ffBtn.addEventListener(MouseEvent.CLICK,forward);
//侦听【快进】按钮的鼠标单击事件
function forward(event:MouseEvent):void{
  if (ns.time <= _duration-2){
  //如果已播放秒数小于等于总持续秒数
    num = ns.time + 2;
    ns.seek(num);
    //向前快进 2s 并播放
  }
}
rewBtn.addEventListener(MouseEvent.CLICK,rewind);
//侦听【快退】按钮的鼠标单击事件
function rewind(event:MouseEvent):void{
  if (ns.time >= 2){
  //如果已播放秒数大于等于 2
    num = ns.time - 2;
    ns.seek(num);
    //向后快退 2s 并播放
  }
```

```
}
```

14 侦听【声音】和【静音】按钮的鼠标单击事件，当事件发生时分别调用 muteFLV()和 voiceFLV()函数，以实现静音和打开声音的功能，并显示/隐藏【声音】和【静音】按钮。

```
var voiceBool:Boolean = true;
Voice.voiceBar.width= 50;
//音量进度条的宽度
var trans:SoundTransform = new SoundTransform();
trans.volume = 0.5;  //当前视频的音量
voiceBtn.addEventListener(MouseEvent.CLICK,muteFLV);
function muteFLV(event:MouseEvent):void {
  hideVoiceButton();
  trans.volume = 0;//定义音量为 0，即静音
  ns.soundTransform = trans;
//将新的音量大小应用到视频
}
muteBtn.addEventListener(MouseEvent.CLICK,voiceFLV);
function voiceFLV(event:MouseEvent):void {
  hideVoiceButton();
  trans.volume = 1;  //定义音量为 1
  ns.soundTransform = trans;
}
function hideVoiceButton():void {
  if (voiceBool == true) {
    voiceBool = false;
    voiceBtn.visible = false;
    muteBtn.visible = true;
  } else {
    voiceBool = true;
    voiceBtn.visible = true;
    muteBtn.visible = false;
  }
}
```

15 侦听音量进度条的鼠标单击事件，当事件发生时调用 voice()函数。该函数根据用户单击进度条的 x 坐标，更改进度条的宽度，并将音量调整为相应的大小。

```
Voice.addEventListener(MouseEvent.CLICK,voice);
function voice(event:MouseEvent):void{
  var voiceNum:Number = event.localX/100;
  trans.volume = voiceNum;
  ns.soundTransform = trans;
  Voice.voiceBar.width= 100 * voiceNum;
}
```

10.5 操作练习

ID3 信息是 MP3 格式音频文件的一种元数据，其通常位于 MP3 音频文件的头部预留字符位置中，用于存储歌曲的基本信息。用户可以通过 flash.media.ID3info 类的属性读取这些信息。

1. 视频数据

要想获取视频数据当前存在于缓冲区中的秒数，以及所占总时间的百分比。就要在设置缓冲区的大小后，ActionScript 3.0 还允许用户获取已加载到缓冲区的视频时间。这时，就需要使用到 NetStream 类的 bufferLength 属性。

```
var loadedSec:Number = NetStream.
bufferLength;
```

提　示

bufferLength 属性与 bufferTime 属性相同，都是以秒为单位。

与 bufferTime 属性结合使用，还可以计算缓冲区已加载的百分比，这样可以向正等待数据加载到缓冲区中的用户显示反馈。

```
var totalSec:Number = NetStream.
bufferTime;
var loadedSec:Number = NetStream.
bufferLength;
var percent:Number = Math.round
(loadedSec / totalSec * 100);
```

2. 视频播放显示尺寸

视频播放的尺寸是由 Video 对象的 width 和 height 属性决定的。当创建 Video 对象时，就可以指定显示时视频的初始宽度和高度。

创建一个 Video 对象，并指定视频可显示的尺寸为 500×400 像素。

```
var video:Video = new Video(500,
400);
```

在创建 Video 对象后，还可以通过其 width 和 height 属性改变视频显示的尺寸。

```
video.width = 600;
video.height = 500;
```

Video 类也定义了两个只读属性 videoWidth 和 videoHeight，它们返回视频编码时的宽度和高度。用户可以使用这两个属性来设置 Video 对象的 width 和 height。

```
video.width = video.videoWidth;
video.height = video.videoHeight;
```

在 FLV 开始下载之前，videoWidth 和 videoHeight 属性的值并不准确。因此，想要根据编码的尺寸设置 Video 对象的 width 和 height 属性，就必须等待下载完成。这时，就需要使用 netStatus 事件侦听器。

```
NetStream.addEventListener(NetS
tatusEvent.NET_STATUS,onStatus);
```

然后创建 onStatus()函数，使用 if 语句判断 videoWidth 和 videoHeight 是否大于 0，以及 width 和 height 是否不等于 videoWidth 和 videoHeight。

```
function onStatus(event:
NetStatusEvent):void {
  if (video.videoWidth>0 && video.
  width != video.videoWidth) {
    video.width = video.
    videoWidth;
    video.height = video.
    videoHeight;
  }
}
```

注　意

因为 videoHeight 和 videoWidth 是同时设置的，所以只需要在 if 语句中测试其中的一个。